MicroPython para Raspberry Pi Pico

Curso Práctico de Formación

MicroPython para Raspberry Pi Pico
Curso Práctico de Formación

Juan Carlos Orós Cabello

MicroPython para Raspberry Pi Pico. Curso práctico de formación
Juan Carlos Orós Cabello

ISBN: 978-84-127825-1-6
EAN: 9788412782516
IBIC: TJ, TJFM1, UM

RC Libros
Calle Mar Mediterráneo, 2. N-6
28830 SAN FERNANDO DE HENARES, Madrid
Teléfono: +34 91 677 57 22
Correo electrónico: info@rclibros.es
Internet: www.rclibros.es
Diseño de colección y preimpresión: Grupo RC
Diseño de cubierta: Cuadratín
Impresión y encuadernación: Safekat
Depósito Legal: M-16144-2024
Impreso en España
28 27 26 25 24 (1 2 3 4 5 6 7 8 9 10 11 12)

*Dedicado a la mejor amiga y compañera del mundo
por su constante apoyo en todos mis proyectos
a pesar del aislamiento que eso supone.*

Con todo mi cariño para Nieves.

VISITE LA PÁGINA WEB DEL AUTOR EN:

https://www.carlosys.com

ÍNDICE

INTRODUCCIÓN

INTRODUCCIÓN

Esta obra está dirigida a todas aquellas personas que quieran aprender a programar con **MicroPython**, el microcontrolador **Raspberry Pi Pico**. El libro está preparado para ser una guía integral en el descubrimiento y dominio de estas dos poderosas herramientas.

La Raspberry Pi Pico ha revolucionado la manera en que entendemos y utilizamos la electrónica. Con su procesador RP2040 de doble núcleo y su versatilidad en cuanto a la conexión y ejecución de proyectos, se ha convertido en una pieza fundamental para entusiastas, educadores y profesionales en el campo de la informática.

Por otro lado, MicroPython representa una forma elegante y accesible de programar dispositivos como la Raspberry Pi Pico. Con su sintaxis sencilla y su amplia gama de funcionalidades, este lenguaje de programación ofrece un punto de entrada perfecto para aquellos que desean adentrarse en el mundo de la programación de microcontroladores sin perderse en complejas líneas de código.

En las páginas de este libro te sumergirás en un viaje desde los fundamentos esenciales de la programación con MicroPython hasta la creación de proyectos prácticos y emocionantes. Aprenderás a manipular sensores, controlar actuadores, construir interfaces de usuario y mucho más, todo ello utilizando la Raspberry Pi Pico como tu plataforma de desarrollo principal.

Ya seas un novato absoluto o un experto en la materia, este libro está diseñado para ofrecerte una experiencia educativa sólida y atractiva. Prepárate para explorar el fascinante mundo de la programación de microcontroladores con **MicroPython y Raspberry Pi Pico.**

MicroPython

MicroPython es una implementación del lenguaje de programación Python 3 optimizada para funcionar en microcontroladores y sistemas embebidos, ofreciendo una manera poderosa y accesible de interactuar con hardware integrado como el de la Raspberry Pi Pico (objetivo de este libro) u otros como Arduino, ESP8266, ESP32, etc., muy usados para proyectos IoT, o bien para iniciarse en la programación de robótica.

Sus principales ventajas son:

- **Sintaxis Python familiar:** MicroPython está basado en Python 3 y utiliza una sintaxis similar a la del Python estándar, lo que facilita a los usuarios familiarizados con Python el proceso de programación en dispositivos embebidos, y a usuarios noveles, un aprendizaje intuitivo y rápido.

- **Bajo consumo de recursos:** A pesar de su tamaño reducido, MicroPython ofrece un alto rendimiento y consume pocos recursos, lo que lo hace ideal para dispositivos con restricciones de memoria y procesamiento.

- **Interactividad y desarrollo rápido:** Su intérprete interactivo permite probar código y realizar pruebas de manera rápida, facilitando el proceso de desarrollo y depuración.

- **Amplio soporte:** MicroPython cuenta con una comunidad activa que proporciona bibliotecas y herramientas, además de ofrecer soporte a través de sus foros o grupos de discusión.

MicroPython se utiliza en una variedad de aplicaciones, desde proyectos de **IoT** (*Internet de las cosas*) hasta sistemas embebidos en robótica, automatización del hogar, monitoreo ambiental, control de dispositivos, etc. Su facilidad de uso y versatilidad lo convierten en una opción atractiva para programadores principiantes y experimentados que desean trabajar con microcontroladores.

Raspberry Pi Pico

La Raspberry Pi Pico es un microcontrolador de bajo coste y alto rendimiento desarrollado por la **Raspberry Pi Foundation** a principios de 2021. Presenta un diseño compacto y poderoso, incorporando el chip RP2040 diseñado por Raspberry Pi.

El RP2040 integra un procesador ARM Cortex M0+ de doble núcleo que funciona a 133 MHz, y proporciona un excelente equilibrio entre rendimiento y eficiencia energética. Cuenta con 264KB de RAM, memoria que le permite ejecutar una amplia gama de proyectos y aplicaciones.

Placa Raspberry Pi Pico W

Las características más destacadas de la Raspberry Pi Pico son:

- **Potencia de procesamiento:** Gracias a su procesador de doble núcleo, ofrece un rendimiento sólido para aplicaciones diversas, desde proyectos de IoT hasta controladores embebidos.

- **Conectividad:** A pesar de su tamaño compacto, la Pico está equipada con entradas y salidas **GPIO** (General Purpose Input/Output) flexibles que permiten la conexión de periféricos y componentes externos.

- **Lenguajes de programación variados:** La Pico es compatible con MicroPython y C/C++, lo que la hace accesible para usuarios con diferentes niveles de experiencia en programación.

- **Bajo consumo:** El diseño eficiente de energía del RP2040 optimiza el dispositivo para proyectos alimentados por baterías o energía limitada.

- **Versatilidad:** Su flexibilidad y capacidad de adaptación hace que sea ideal para una amplia gama de proyectos, desde controladores de robots hasta sensores ambientales, dispositivos de automatización del hogar o incluso industriales como, por ejemplo, un control semafórico.

- **Precio asequible:** La Pico tiene un precio asequible, lo que la hace accesible para estudiantes, entusiastas de la electrónica y profesionales que buscan una solución económica pero potente.

En resumen, la Raspberry Pi Pico es una placa microcontroladora versátil, potente y barata, adecuada para proyectos de diferentes niveles de complejidad y aplicaciones dentro del ámbito de la electrónica, robótica y automatización.

Cómo trabajar con este libro

Para aprovechar al máximo este curso, se recomienda seguir todos los capítulos por orden y realizar los distintos ejercicios que van apareciendo. Probar los ejemplos, modificarlos y ver cómo actúa el programa sobre la Raspberry Pi Pico y sus dispositivos es una forma estupenda de empezar a familiarizarse con el entorno de desarrollo.

El libro sigue una estructura dividida en cuatro temáticas diseñadas para que el lector avance de manera progresiva y pueda asimilar los conocimientos necesarios para el siguiente paso. Estas partes están interconectadas, para asegurar que los lectores consolidan los fundamentos necesarios antes de avanzar:

- La primera parte del libro está dedicada al conocimiento de la **Raspberry Pi Pico** y sus diferentes versiones y a la actualización de su firmware para **MicroPython**.

- La segunda parte analiza al **IDE (Entorno de desarrollo integrado) Thonny**, donde el lector podrá adquirir las habilidades necesarias para utilizar de manera efectiva esta magnífica aplicación de desarrollo Python, que, obviamente, se configurará para poder trabajar con MicroPython. Se abordan aspectos como la instalación y el conocimiento de las funciones básicas que ofrece para editar, ejecutar y depurar código.

- La tercera parte está dirigida al aprendizaje del lenguaje **MicroPython.** Abarca desde conceptos básicos como variables, tipos de datos y estructuras de control, hasta aspectos más avanzados específicos de MicroPython. Se enfoca en garantizar que los lectores comprendan plenamente la sintaxis y las particularidades de este lenguaje, para posteriormente, aplicar dichos conocimientos en la parte práctica del libro.

- La cuarta y última parte es la más interesante y objetivo principal de este libro. En ella tratamos a fondo **Proyectos Prácticos con Raspberry Pi Pico**, clasificados por temáticas y objetivos. Aquí, los lectores encontrarán una serie de proyectos progresivos que les permitirán poner en práctica lo aprendido en las secciones anteriores. Estos proyectos están diseñados para desafiar y reforzar la comprensión de MicroPython, mostrando cómo implementar soluciones reales.

La obra se complementa con apéndices dedicados al listado reservado de palabras de MicroPython, uso de la protoboard y resolución de problemas comunes.

En resumen, la estructura del libro sigue un orden secuencial cuidadosamente diseñado para que los lectores construyan, sobre una base sólida, el interesante mundo de la programación de la Raspberry Pi Pico con MicroPython.

Convenciones utilizadas en este libro

En este libro se utilizan una serie de convencionalismos que permiten hacer más claros la lectura de la obra y el seguimiento del curso.

Veamos a continuación cuáles son:

Cuando aparezca este icono en algún punto del texto, es importante prestar atención. Encontraremos una advertencia que evitará futuros problemas o quebraderos de cabeza.

Este icono indica que nos encontramos antes una nota curiosa, idea o comentario que puede resultar útil al lector. Se trata de información importante para tener en cuenta.

Este icono nos avisa de que nos encontramos ante un programa que podrá ser descargado desde la web de la editorial.

Los códigos de ejemplo que van a ir saliendo a lo largo del curso aparecerán destacados de varias formas.

Cuando estemos representando información desde el entorno interactivo de la consola de **Thonny** el código aparecerá de esta forma:

```
>>> # Ejemplo de código MicroPython desde Shell
>>> a= '1 '
>>> b= '2 '
>>> print (a+b)

12
```

El símbolo >>> no hay que escribirlo, sirve solamente para representar dónde escribimos nosotros el código y lo que responde el ordenador (sin >>>).

Cuando estamos trabajando desde la ventana de programación (como en la mayoría de los ejemplos finales de este libro) no aparecerán los símbolos del *prompt*.

El resultado del programa, en caso de que sea necesario mostrarlo, aparecerá debajo del código, tal y como se puede ver a continuación.

```
1. # Ejemplo de código MicroPython escrito desde ventana programación
2.
3. nombre = 'Carlos'
4.
5. if nombre == 'Carlos':
6.     print('Carlos')
7. else:
8.     print('No eres Carlos')
9.

Carlos
```

Los códigos aparecen con los esquemas de colores típicos de los programas de edición para mejor comprensión y seguimiento.

Materiales

Para trabajar en los proyectos que se presentarán en este libro y utilizar eficazmente la Raspberry Pi Pico, es fundamental contar con una serie de materiales básicos adicionales. Estos materiales complementarios son esenciales para realizar los proyectos propuestos y sacar todo el potencial de la Raspberry Pi Pico en diversas aplicaciones.

Principalmente serían:

- **Raspberry Pi Pico**. El microcontrolador en sí mismo esencial para cualquier proyecto que deberá de ir acompañado de un cable USB para la alimentación del microcontrolador y la conexión al ordenador para su programación.

- **Protoboard y jumpers**. Para conectar componentes y circuitos de manera provisional y facilitar la creación de prototipos.

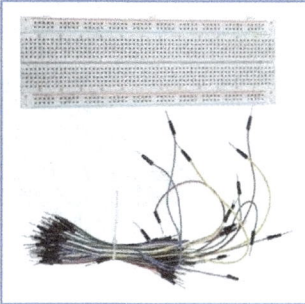

- **Breakout board Raspberry Pi Pico** (Opcional). Placa de desarrollo que permite conocer el estado de las GPIO de la Raspberry Pi Pico.

- **Diodos LED y resistencias**. Para realizar pruebas básicas y visualizar el funcionamiento y control de las salidas. Las resistencias serán necesarias para limitar la corriente que fluye a través de los diodos LED, aparte de otras posibles utilidades.

- **Sensores**. Dispositivos que capturan temperatura, luz, humedad, etc., para experimentar con entradas analógicas y digitales.

- **Servos.** Dispositivo electromecánico que permite controlar el movimiento angular preciso de un eje.

- **Display.** Para mostrar información o resultados en una pantalla e interactuar con el usuario.

Recuerda que estos son materiales básicos y la elección de componentes específicos dependerá del tipo de proyecto que desees realizar.

Proyectos propuestos

Los diferentes proyectos que se irán viendo a lo largo de esta guía están perfectamente estructurados tanto a nivel de hardware como de software, para que el lector pueda implementar sin problema, los ejemplos propuestos.

Cada proyecto está estructurado de la siguiente forma:

1. **Objetivo**. Descripción de la funcionalidad que se quiere conseguir con el montaje.

2. **Materiales**. Componentes, sensores y elementos necesarios para conseguir el objetivo.

3. **Conexionado**. Se facilita al lector un diagrama de conexión o una descripción detallada del conexionado, dependiendo del proyecto. Se destacarán los pines utilizados y su función específica en el proyecto.

4. **Código**. Descripción detallada y funcional del programa a desarrollar para conseguir la funcionalidad deseada. Este código estará adaptado al proyecto específico y mostrará cómo interactuar con los componentes conectados a la Raspberry Pi Pico explicando los métodos utilizados y cómo adaptar el código a diferentes escenarios.

Como ya se ha comentado anteriormente, los ejemplos que están disponibles para su descarga desde la web de la editorial estarán indicados con el icono de MicroPython en la esquina superior derecha, indicándose en los comentarios el nombre del programa.

El aspecto será similar al siguiente:

```
1.  # ------------------------------------------------
2.  #    Encendido alternativo de dos diodos LED
3.  #    Proyecto_XX.py
4.  # ------------------------------------------------
5.
6.  import machine
7.  import utime
8.
9.  # Configuración de los pines GPIO para los LEDs
10.
11. led_rojo  = machine.Pin(16, machine.Pin.OUT)
12. led_verde = machine.Pin(17, machine.Pin.OUT)
13.
14. # Definición del bucle que ejecuta el encendido alternativo
15.
16. while True:
17.     led_rojo.on()    # Enciende el LED rojo
18.     led_verde.off()  # Apaga el LED verde
19.     utime.sleep(0.5)        # Espera 0.5 segundos antes de
seguir
20.
21.     led_rojo.off()   # Apaga el LED rojo
22.     led_verde.on()   # Enciende el LED verde
23.     utime.sleep(0.5)        # Espera 0.5 segundos antes de
seguir
24.
```

Agradecimientos

Escribir un libro implica consumir parte del escaso y valioso tiempo libre disponible para la familia; por este motivo, deseo reconocer una vez más la comprensión y el apoyo incondicional de mi esposa Nieves por haber aguantado una vez más mi encierro en el estudio mientras lo escribía.

El segundo de los agradecimientos va para mi amigo Juan Benítez, con quien, fruto de un café, surgió la idea de la realización de este libro. Espero que los siguientes cafés mantengan el mismo nivel de interés que el que dio origen a este manual.

Nuevamente, tengo que agradecer a mis lectores de España e Hispanoamérica las felicitaciones recibidas de mis otros libros de programación web. Sin duda, esos reconocimientos animan a afrontar el reto de escribir un libro inédito en mí, sobre MicroPython para la Raspberry Pi Pico.

Finalmente, y como no puede ser de otra forma, dar las gracias a todo el equipo de **RC Libros** y en especial a José Luis Ramírez, por seguir confiando en mi trabajo después de tantos años.

Gracias a todos.

Juan Carlos Orós

RASPBERRY PI PICO 1

INTRODUCCIÓN

Como ya comentamos en la introducción, la Raspberry Pi Pico es un microcontrolador de bajo coste y alto rendimiento desarrollado por la **Raspberry Pi Foundation** a principios de 2021.

La familia Raspberry Pi Pico consta actualmente de cuatro versiones:

- Raspberry Pi Pico

- Raspberry Pi Pico H

- Pico W

- Pico WH

Las diferencias entre las cuatro versiones Pico, Pico W, Pico H y Pico WH radican principalmente en sus características de hardware. Vamos a ver un resumen de cada una de ellas:

- La **Raspberry Pi Pico** es la primera versión del microcontrolador Raspberry Pi Pico. Esta versión no dispone de las tiras de pines soldadas. Es una tarea que deberá realizar el usuario.

- La **Raspberry Pi Pico H** es la versión optimizada para soportar temperaturas elevadas. Funciona en un entorno de temperaturas más elevadas (de -20°C a +85°C, a diferencia de los modelos W y WH que pueden alcanzar un máximo de +70°C), lo que lo hace adecuado para determinadas aplicaciones industriales. Esta versión viene con las tiras de pines ya soldadas e incluye un conector JTAG de 3 pines para facilitar la depuración.

- La **Raspberry Pi Pico W** es una versión inalámbrica de la Raspberry Pi Pico. Utiliza el chip Infineon CYW43439 y ofrece las mismas características que la Raspberry Pi Pico estándar, pero con soporte wifi integrado de 2,4 GHz que admite LAN inalámbrica IEEE 802.11 b/g/n. También es compatible con la conectividad Bluetooth. Esto permite una cómoda conexión inalámbrica con otros dispositivos y redes.

- La **Raspberry Pi Pico WH** es la fusión perfecta de los modelos W y H. Sería el modelo más versátil de todos los microcontroladores Raspberry Pi.

Resumiendo, la Raspberry Pi Pico es la versión básica, la Pico W añade conectividad inalámbrica, la Pico H tiene rango de temperatura mejorado y la Pico WH viene con conectividad inalámbrica y rango de temperatura mejorado.

 Para realizar los proyectos de este libro, cualquiera de los modelos indicados será perfectamente útil. Obviamente, aquellos proyectos que requieran de conectividad wifi necesitarán la versión W o WH.
Algunas versiones con USB-C disponen los pines de manera totalmente diferente. Revise el Apéndice C para más detalles, o bien verifique las características de su Raspberry Pi Pico en su Data Sheet.

Diferentes versiones de Raspberry Pi Pico. Por orden de izquierda a derecha, Raspberry Pi Pico, Pi Pico H, Pi Pico W y Pi Pico WH

Las características de los modelos Pi Pico y Pi Pico H son principalmente:

- Chip microcontrolador RP2040 diseñado por Raspberry Pi en el Reino Unido con Procesador Arm Cortex M0+ de doble núcleo, reloj flexible que funciona hasta 133 MHz.

- 264 kB de SRAM y 2 MB de memoria flash integrada.

- USB 1.1 con soporte para dispositivos y hosts.

- Modos inactivos y de suspensión de bajo consumo de energía.

- Programación de arrastrar y soltar usando almacenamiento masivo a través de USB.

- 26 × pines GPIO multifunción.

- 2 × SPI, 2 × I2C, 2 × UART, 3 × ADC de 12 bits, 16 × canales PWM controlables.

- Reloj y temporizador precisos en chip.

- Sensor de temperatura.

- Bibliotecas aceleradas de punto flotante en chip.

- 8 × máquinas de estado de E/S programables (PIO) para soporte periférico personalizado.

Los modelos W y WH añaden, al modelo básico, estas características:

- Inalámbrico (802.11n), banda única (2,4 GHz).

- WPA3.

- Punto de acceso suave que admite hasta cuatro clientes.

- Bluetooth 5.2.

- Compatibilidad con funciones centrales y periféricas de Bluetooth LE.

- Soporte para Bluetooth clásico.

Diagramas de distribución de pines

Se muestran a continuación los diagramas de distribución de pines para las diferentes versiones de Raspberry Pi Pico.

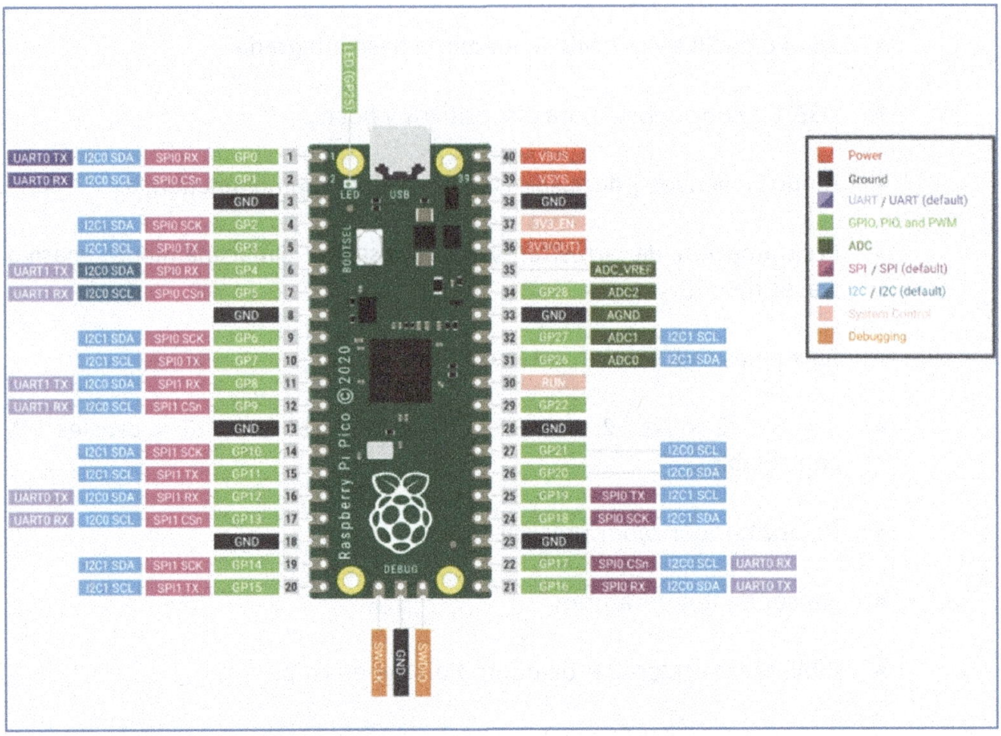

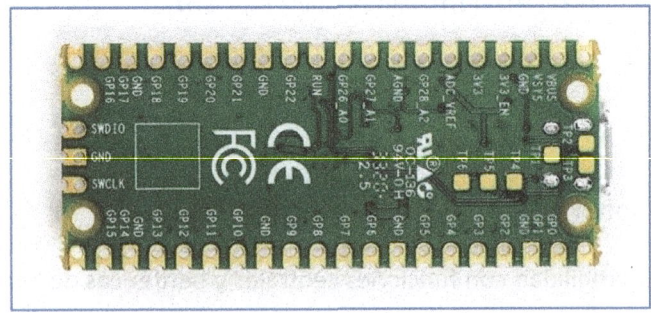

Pines Raspberry Pi Pico y Pi Pico H

Las placas tienen las etiquetas de los pines en la parte inferior, lo que impide ver su valor cuando tenemos la placa insertada en una protoboard de pruebas.

Etiquetas de los pines en la parte inferior de la placa

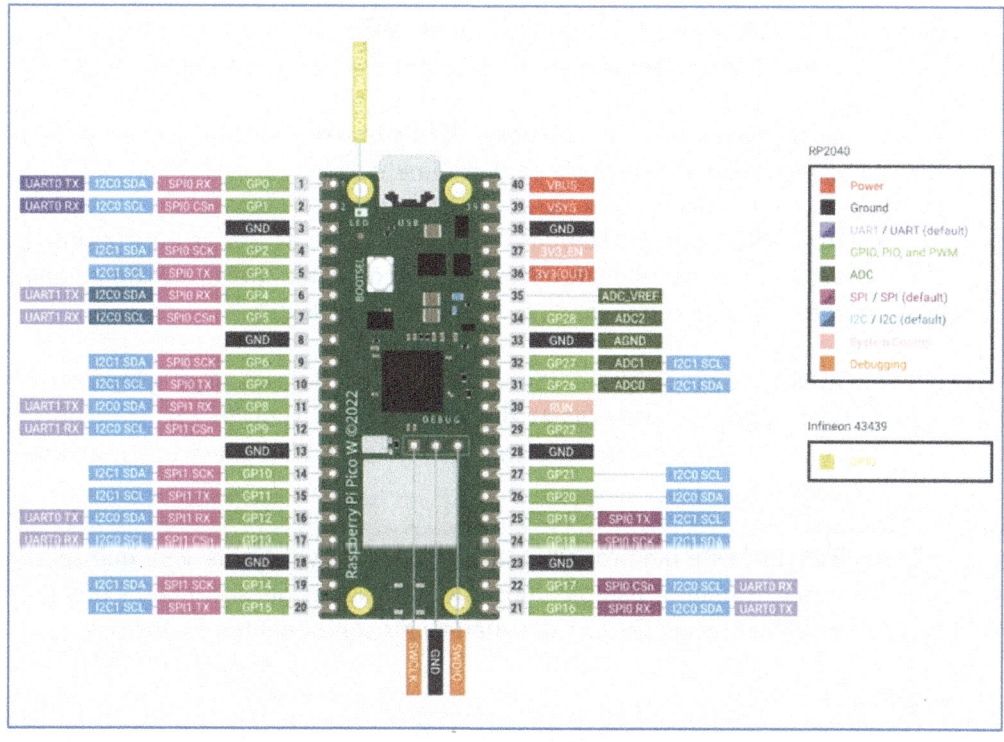

Pines Rasbperry Pi Pico W y Pi Pico WH

Aunque los diagramas de distribución de pines puedan parecer complejos a primera vista, en realidad estos se pueden simplificar en bloques fáciles de recordar. Vamos a verlos, a continuación, agrupados por bloques.

Pines de alimentación

La Raspberry Pi Pico tiene varios pines de alimentación que pueden ser utilizados para suministrar energía a la placa. Los pines más relevantes para la alimentación son:

- **VSYS.** Este pin se utiliza para suministrar energía a la Raspberry Pi Pico. Acepta un rango de voltaje de entrada de 1.8V a 5.5V. Es el principal punto de entrada de alimentación para la placa.

- **VBUS.** Este pin se usa para alimentar el Pico a través de su propio USB y está conectado al pin 1 del puerto micro-USB, mientras que el pin **VSYS** permite conectar una fuente de alimentación externa para proporcionar energía a la placa.

- **3V3 OUT.** Este pin proporciona una salida de voltaje fijo de 3.3V, que se puede utilizar para alimentar otros dispositivos que requieran 3.3V.

- **GND (masa).** Hay varios pines GND distribuidos en la placa que se utilizan como referencia de masa para la alimentación.

- **ADC_VREF**. Este pin se utiliza como referencia de voltaje para las entradas analógicas del convertidor analógico-digital (ADC). Proporciona la referencia de voltaje para las mediciones analógicas.

- **AGND**. AGND es el pin de masa analógico. Se usa como referencia de la masa para las entradas analógicas del ADC (GPIO26-29). Es importante conectar este pin al negativo del sistema para mediciones analógicas precisas.

- **3V3_EN**. Este pin proporciona una salida de voltaje de 3.3V que se utiliza específicamente para las funciones analógicas del sistema. Es una fuente de alimentación de 3.3V destinada a los componentes analógicos.

Pines GPIO

Hay 30 pines GPIO. De estos, 26 están disponibles para su uso a través de los pines etiquetados del GP0 al GP28, pudiendo manejar operaciones de entradas y salidas digitales a excepción de los GPIO de uso interno (no disponibles en la placa) GP23, GP24, GP25 y GP29.

- **GP23**. Controla la funcionalidad de ahorro de energía.

- **GP24**. Indicador de presencia de BUS.

- **GP25**. Conexión al led de la placa base para la versión Pi Pico y Pi Pico H.

- **GP29**. Modo ADC (ADC3) para medir VSYS/3. Se emplea para monitorizar los niveles del lenguaje.

 GPIO significa "General Purpose Input/Output" (Entrada/Salida de Propósito General). Es una abreviatura comúnmente utilizada en electrónica y programación para referirse a los pines de un dispositivo. Estos pines pueden ser utilizados para leer datos provenientes de sensores o para enviar señales a dispositivos como LEDs, motores, relés, etc.

 A diferencia de la Raspberry Pi Pico, el LED integrado en la versión W y WH no está conectado al GP25 en RP2040, sino a un pin GPIO del chip inalámbrico. Este cambio no nos permitirá encender el LED de la placa base actuando sobre el GP25 en la Raspberry Pi Pico W.

Pines analógicos

La placa Pico tiene cuatro pines analógicos dedicados que cuentan con un ADC (convertidor analógico/digital) de 12 bits. Tres de ellos son accesibles en la placa y uno de uso interno.

- **ADC0**. Asignado a GP26.

- **ADC1**. Asignado a GP27.

- **ADC2**. Asignado a GP28.

 El pin **ADC4** no aparece como pin GPIO físico ya que está conectado internamente a un sensor de temperatura. Este diseño permite leer el valor del sensor de temperatura directamente de ADC4.

La placa también tiene ocho bloques PWM (modulación de ancho de pulso) numerados del 1 al 8, cada uno con dos salidas PWM que puede controlar simultáneamente.

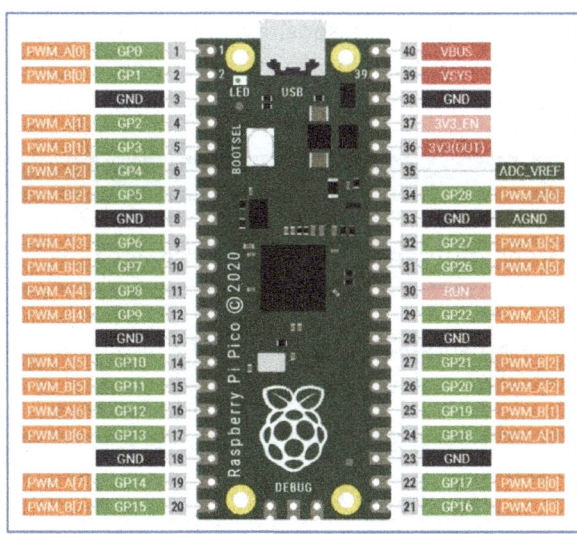

Distribución de los pines PWM en Rasbperry Pi Pico

Como vemos en la imagen anterior, disponemos de 16 canales de salida PWM que se pueden utilizar en cualquier momento.

 Es importante tener en cuenta que dos pines GPIO que comparten la misma designación PWM no se pueden usar simultáneamente. Esta restricción garantiza una funcionalidad adecuada y evita conflictos al configurar la salida de señal PWM. Más adelante será tratado con profundidad.

Pines de comunicación

Para la comunicación con diferentes dispositivos, la Raspberry Pi Pico se basa en pines específicos SCL, SDA, TX y RX, con la particularidad, que podemos configurarlos en cualquiera de los 26 pines de uso general. Repasemos los pines específicos utilizados para cada protocolo.

El **SPI** (Serial Peripheral Interface) dispone de dos interfaces SPI para la comunicación.

SPI	RX	TX	CLK	CSn
SPI0	GP0/GP4/GP16	GP3/GP7/GP19	GP2/GP6/GP18	GP1/GP5/GP17
SPI1	GP8/GP12	GP11/GP15	GP10/GP14	GP9/GP13

El **I2C** (Inter-Integrated Circuit) utiliza los puertos **SDA** (Serial Data Line) encargado transportar los datos entre los dispositivos y el **SCL** (Serial Clock Line), que proporciona el pulso de reloj que sincroniza la transmisión de datos para el tiempo de lectura y escritura en la línea SDA. Podemos asignarlos a los siguientes GPIO.

I2C	SDA	SCL
I2C0	GP0/GP4/GP8/GP12/GP16/GP20	GP1/GP5/GP9/GP13/GP17/GP21
I2C1	GP2/GP6/GP10/GP14/GP18/GP26	GP3/GP7/GP11/GP15/GP19/GP27

UART (Universal Asynchronous Receiver/Transmitter) se puede configurar en varios pares de pines GPIO.

UART	TX	RX
UART0	GP0/GP12/GP16	GP1/GP13/GP17
UART1	GP4/GP8	GP5/GP9

Pines de debug

La placa Raspberry Pi Pico tiene tres pines de debug que se pueden utilizar para solucionar problemas y depurar.

- **SWD GND**. Este pin actúa como pin de masa para la interfaz de dos cables.

- **SWCLK**. Este pin está asociado con la interfaz SWD y proporciona la señal de reloj para la comunicación sincronizada durante la depuración.

- **SWDIO**. Este pin bidireccional también forma parte de la interfaz SWD y transporta señales de control y datos durante la depuración.

Estos pines brindan acceso directo a señales e interfaces importantes en la placa Pi Pico, lo que le permite monitorizar y analizar el comportamiento del sistema durante el proceso de depuración.

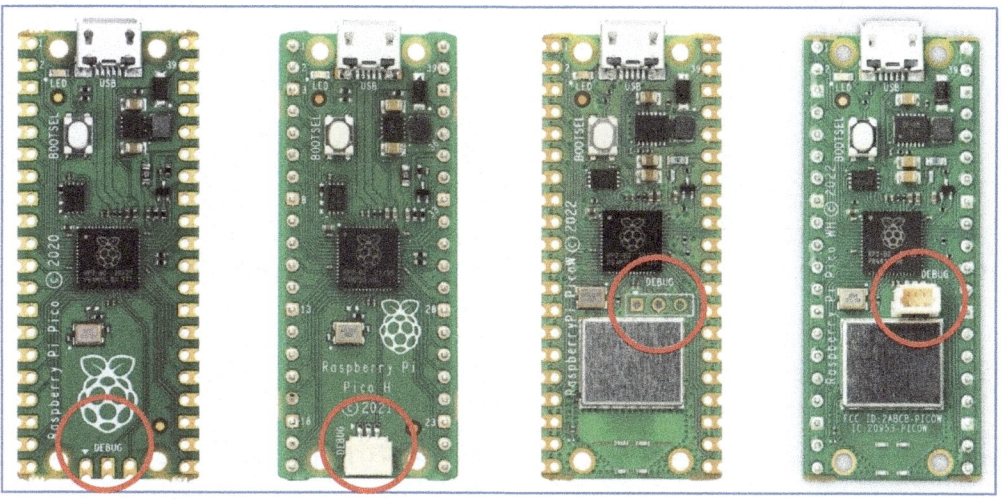

Ubicación de los pines de debug en las diferentes versiones (Pi Pico, Pi Pico H, Pi Pico W y Pi Pico WH

Pines Raspberry Pi Pico vs Pi Pico W

Los pines GPIO de la Raspberry Pi Pico y la Pi Pico W son idénticos, lo que significa que el código se puede copiar entre ambas placas sin necesidad de reprogramar estos pines.

No obstante, debemos tener en cuenta que la versión W incorpora conectividad inalámbrica, por lo que hay pequeños cambios en el control de los pines internos.

Estos son:

- El LED de usuario de la placa base de la Raspberry Pi pico asignado al GPIO25 pasa a ser en la Pi Pico W, el WL_GPIO0.

- La fuente de alimentación PS asignada en la Raspberry Pi Pico al GPIO20 pasa a ser en la Pi Pico W, el WL_GPIO1.

- Y finalmente, el VBUS asignada en la Raspberry Pi Pico al GPIO24 pasa a ser en la Pi Pico W, el WL_GPIO2.

INSTALACIÓN DE MICROPYTHON

Raspberry Pi Pico, en cualquiera de sus versiones, acepta los siguientes lenguajes de programación:

- C/C++.

- MicroPython.

Aunque Pico está configurado de forma predeterminada para su uso con el lenguaje C/C++, resulta más fácil usar MicroPython, objetivo de este libro.

Vamos a ver, en los siguientes pasos, cómo cambiar el firmware de la Raspberry para que permita su programación en MicroPython.

Instalación del Firmware UF2 MicroPython

El procedimiento para la instalación del firmware de MicroPython en la Raspberry Pi Pico es sumamente sencillo ya que la placa tiene un modo especial de carga que simplifica el proceso.

En primer lugar, necesitaremos conectar la Raspberry al PC a través del puerto USB que tiene la placa. Dependiendo de la versión, será un puerto USB-B o USB-C. Deberemos usar el cable adecuado a la placa que tengamos.

Con todo preparado, presionaremos el pulsador **BOOTSEL** de la Raspberry Pi Pico y conectaremos la placa al puerto USB del PC. De esta forma, activamos el modo de carga en la Pico y aparecerá en el PC una nueva una unidad de disco llamada **RPI-RP2**.

Si todo ha ido bien, deberemos ver en nuestra lista de dispositivos, una nueva unidad llamada **RPI-RP2**.

Para seguir con el proceso de instalación, deberemos abrir la unidad RPI-RP2 y ejecutar el archivo INDEX.HTM.

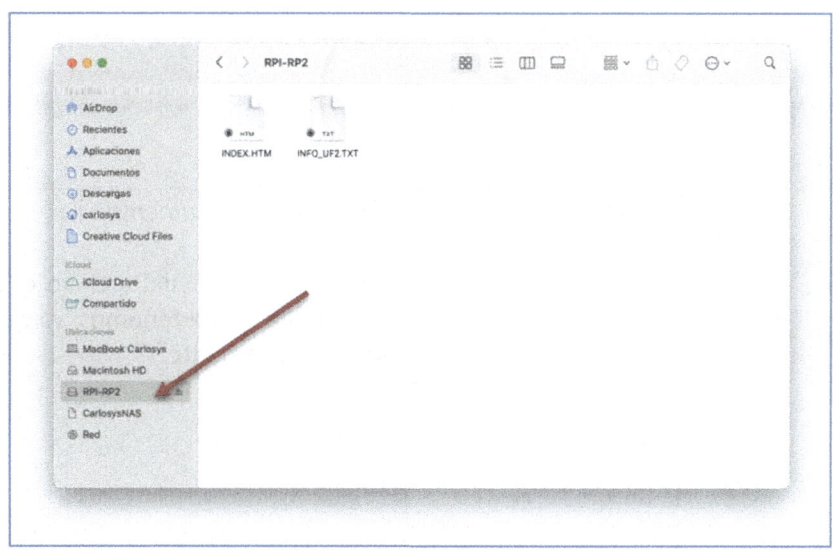

Contenido de la unidad RPI-RP2 de la Raspberry Pi Pico

Al hacer doble clic en el archivo INDEX.HTM se abrirá la página **Raspberry Pi Documentation** del sitio de Raspberry, debiendo seleccionar la pestaña **Getting started with Micropython**, desde donde podemos descargar la última versión de MicroPython disponible haciendo clic en el botón **Download UF2 file.**

Dentro de la página de MicroPython deberemos **buscar y descargar** la versión de archivo **UF2** que se corresponde con la placa de Raspberry que queremos actualizar. Básicamente dispondremos de dos opciones, la versión estándar para la Raspberry Pi Pico y la versión con Wifi y Bluetooth para la versión W.

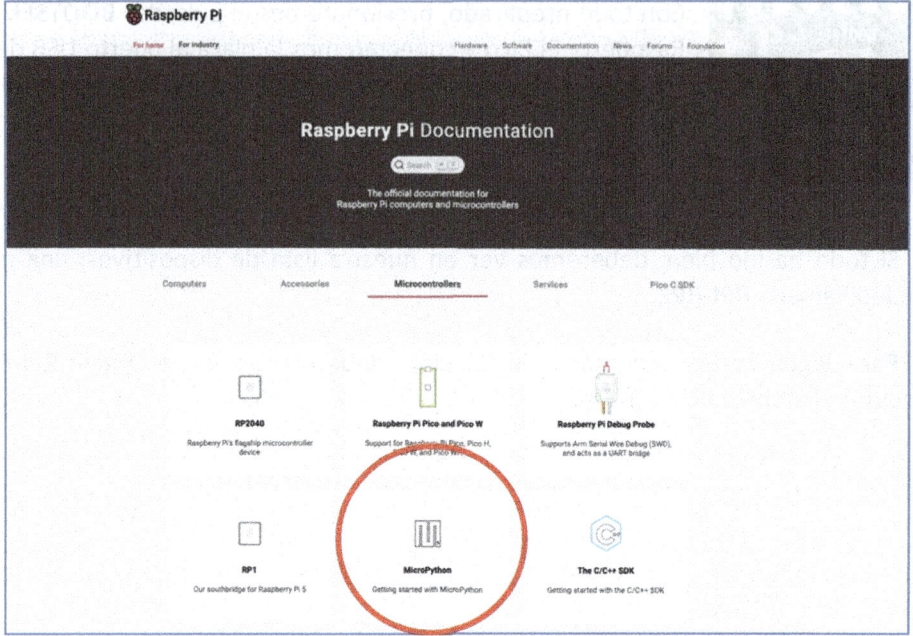

Página principal de la Raspberry Pi Documentation

 Es muy importante que la versión que instalemos del archivo UF2 en la Raspberry corresponda con la versión de placa que tenemos, ya que de lo contrario, la Raspberry no funcionaría correctamente.

Download the correct MicroPython UF2 file for your board:

- Raspberry Pi Pico
- Raspberry Pi Pico W with Wi-Fi and Bluetooth LE support

Una vez copiado el archivo UF2 adecuado a la unidad USB RPI-RP2 de la Pico que tengamos, el dispositivo se reiniciará y se ejecutará el programa. Si todo ha ido bien, ya tendremos la placa preparada para trabajar con MicroPython.

El siguiente paso es instalar el entorno de desarrollo para MicroPython llamado **Thonny** y probar que la placa funciona correctamente.

THONNY

INTRODUCCIÓN

Thonny, como ya se ha comentado anteriormente, es un entorno de desarrollo integrado (IDE) para Python que se enfoca en su sencillez y facilidad de uso. Está pensado para programadores principiantes, aunque tras cada actualización, va adquiriendo prestaciones y funcionalidades que dotan de potencia al gestor y lo convierten en una alternativa muy interesante para trabajar con Python.

Thonny es totalmente compatible con MicroPython y nos será de gran ayuda para aprender a programar y seguir con éxito el contenido de este libro.

Instalación de Thonny

El primer paso para la instalación de Thonny es acceder a su web y descargar la última versión disponible. Para ello, visitaremos la web **https://thonny.org/** y descargaremos la versión correspondiente a nuestro sistema operativo (Windows, macOS, Linux).

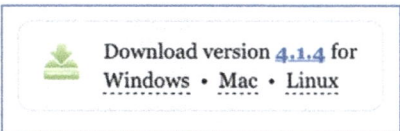

Versiones disponibles de Thonny en el momento de la redacción de este libro

En nuestro caso, elegiremos la opción de macOS, aunque el proceso de instalación es similar a cualquiera de los otros sistemas operativos.

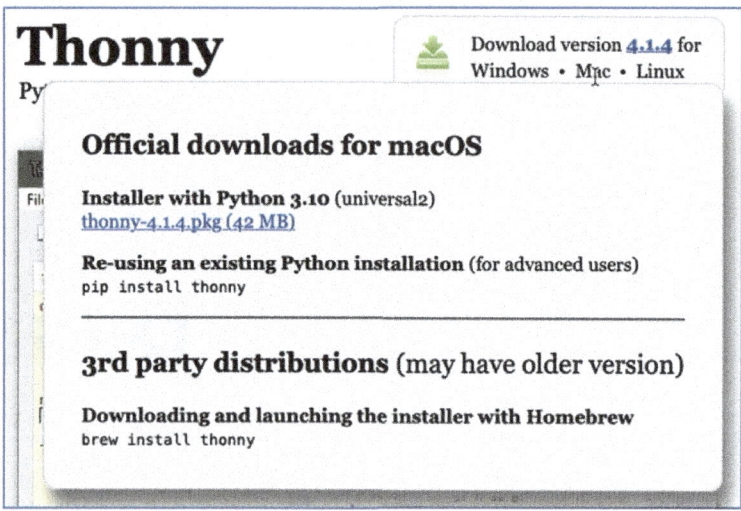

Ventana de selección del sistema operativo Thonny con la información de la versión y detalles varios sobre la instalación

Tras la descarga, realizaremos la instalación siguiendo las instrucciones indicadas por **setup** del instalador. Terminada la instalación, abriremos Thonny desde el menú de aplicaciones.

El primer paso por realizar será indicar el lenguaje del entorno de trabajo. En nuestro caso elegiremos **Español** y configuración inicial **Standard**.

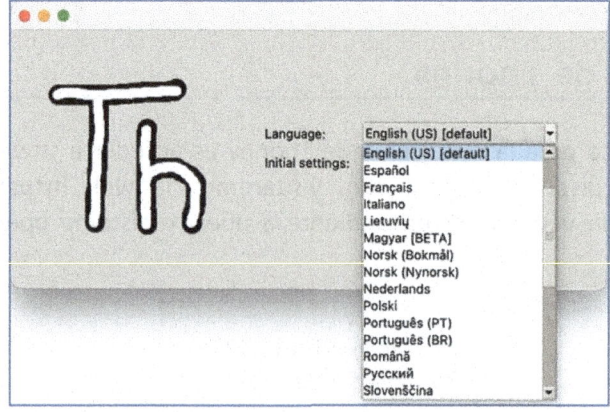

Elección del lenguaje de trabajo del IDE Thonny

Con el idioma de trabajo configurado, se abrirá una ventana similar a esta:

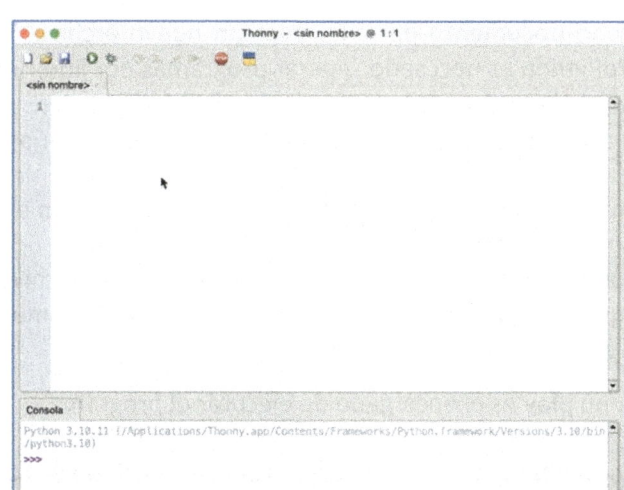

Entorno de trabajo inicial de Thonny

 Es posible que el aspecto del programa varíe ligeramente según el sistema operativo, configuración de escritorio, versión utilizada o idioma (*en mi caso está en inglés*), pero a efectos de funcionamiento no hay diferencia.

Interfaz de usuario de Thonny

Observe el lector en la imagen anterior las dos secciones principales de la ventana. La sección superior es su editor de código, donde se escribirán los programas mientras que en la mitad inferior tenemos la **consola** también llamada Shell donde se verán los resultados de la ejecución del código.

El editor de código ofrece resaltado de sintaxis para facilitar el seguimiento de la programación, su lectura y la identificación de posibles errores.

La parte superior de la ventana de edición de código Thonny dispone de varios iconos.

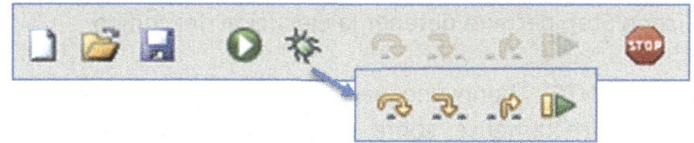

Iconos de trabajo del IDE Thonny

Vamos a ver con detalle la funcionalidad de cada uno de ellos.

El icono **documento** permite crear un nuevo archivo. Normalmente, en MicroPython es necesario separar programas por librerías o simplemente, tener varias versiones de un programa. Esta opción abre una ventana nueva para programar manteniendo abiertas las anteriores.

El icono **carpeta** permite abrir un archivo MicroPython existente en el PC.

El icono **disquete** permite guardar el código en un archivo. Si es la primera vez que se graba el programa, Thonny solicitará el nombre del archivo y la ruta donde se quiere ubicar el archivo.

El icono **play** es el encargado de ejecutar el programa.

El icono **debug** permite depurar el código. Con su selección se activan los iconos de control que hay a su izquierda. Esta opción permite ejecutar paso a paso el código para ver dónde está el error (si lo hay). Su activación marca en color amarillo los sectores o bloques de código que va "testeando".

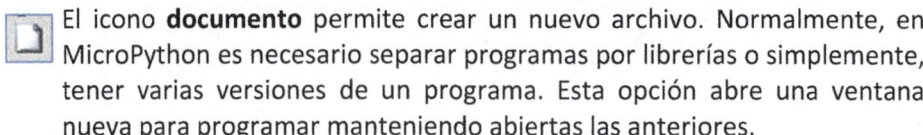

Los iconos de **flecha** permiten ejecutar los programas paso a paso una vez activada la opción debug. Esto puede ser muy útil cuando tratamos de encontrar errores de programación.

Icono que indica que se ejecute la siguiente línea/bloque de código.

Icono que indica que el depurador profundice en cada componente de una expresión.

Icono que permite salir del depurador.

Icono que permite regresar al modo de reproducción desde el modo de depuración. Esto es útil en el caso de que ya queramos recorrer el código paso a paso.

El icono Stop permite detener la ejecución del código.

IMPORTANTE. Thonny no permite usar el degug de código cuando se trabaja directamente sobre el sistema embebido, es decir, cuando ejecutemos un programa directamente sobre la Raspberry Pi Pico, el icono de Debug estará inactivo.

Intérprete MicroPython en Thonny

Si nos fijamos en la parte inferior derecha de la imagen anterior, veremos que la ventana muestra **Python 3 local. El Python de Thonny**. Esto es así ya que la instalación por defecto de Thonny aplica por defecto el intérprete de Python 3.

Para sustituirlo por MicroPython, podemos pulsar sobre dicho texto, o bien abrir en el menú de Thonny, *Herramientas/Opciones.*

Con cualquiera de las dos opciones comentadas, accederemos a la ventana de configuración de opciones de Thonny.

En el combo que indica *"el tipo de intérprete que debe utilizar Thonny para ejecutar su código"*, deberemos indicar **MicroPython (Raspberry Pi Pico)**.

Para el combo de "Puerto o WebREPL" dejaremos por defecto la opción que aparece de **<Intenta detectar el puerto automáticamente>.**

Finalmente, desactivaremos la opción **Reiniciar el intérprete antes de ejecutar un script** y validaremos con el botón OK toda la configuración.

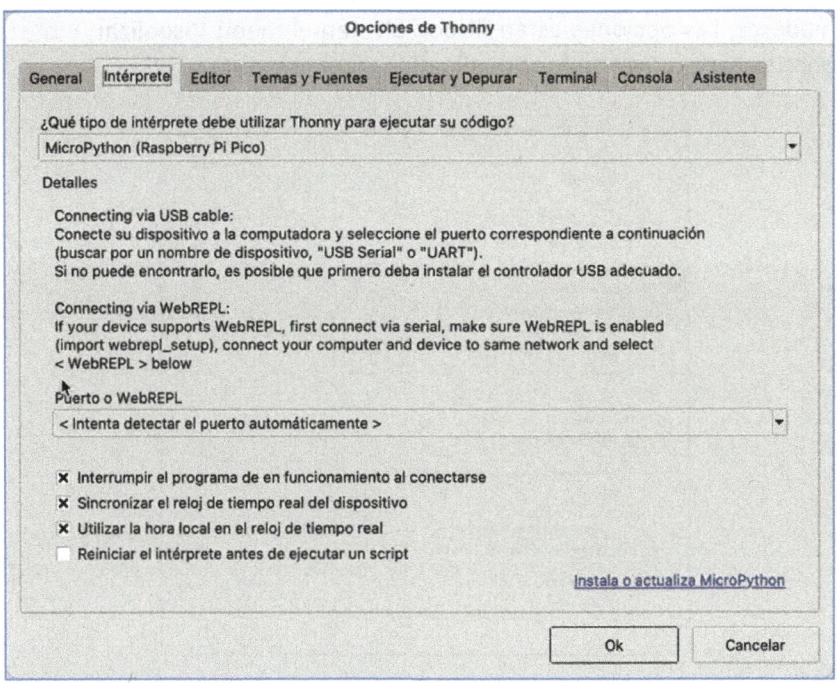

Ventana de configuración del intérprete de Thonny para trabajar con MicroPython

Podemos cambiar rápidamente el intérprete con el que trabaja Thonny desde la opción que encontramos en la barra inferior derecha. Pulsando sobre dicho icono, accederemos de formar rápida a los intérpretes disponibles y seleccionar el adecuado.

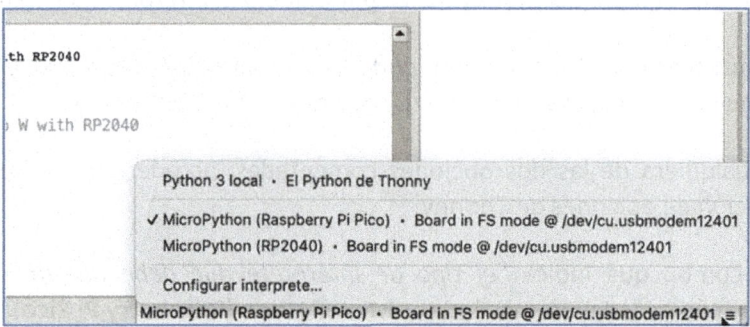

Selección rápida del intérprete de Thonny

Entorno de trabajo

Vamos a ver a continuación más herramientas que dispone Thonny para los programadores. Las opciones están disponibles en el menú **Visualizar**, y bastará con seleccionarlas para activar su funcionalidad.

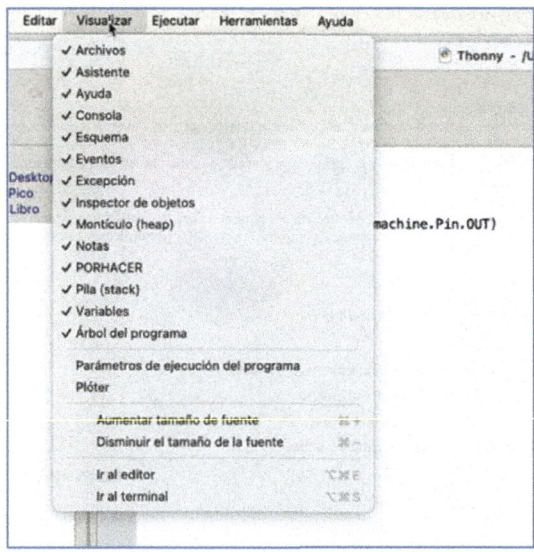

Selección de visualización de herramientas de trabajo de Thonny

Con todas las opciones del menú seleccionadas, la pantalla principal de Thonny tendrá un aspecto similar al siguiente:

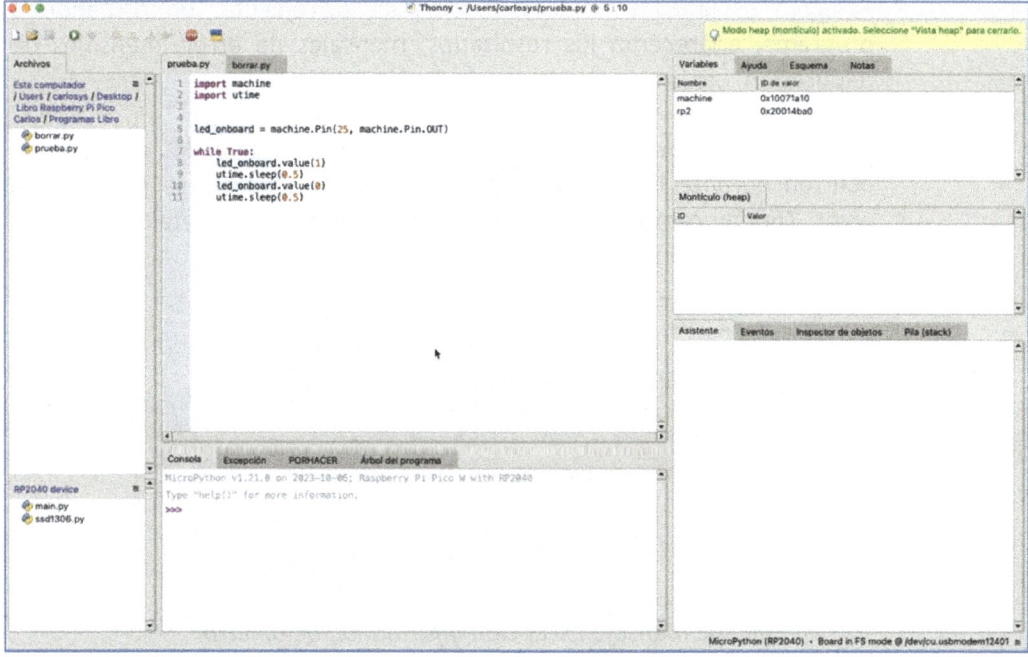

Entorno de trabajo de Thonny con todas las opciones activadas

- **Archivos**. Muestra una estructura de árbol de directorios, similar a lo que vemos en un explorador de archivos convencional tanto para el disco local como para la Raspberry Pi Pico. Desde aquí, podemos explorar las carpetas y los archivos del sistema de archivos y realizar acciones, como abrir, editar, eliminar y crear nuevos archivos y carpetas.

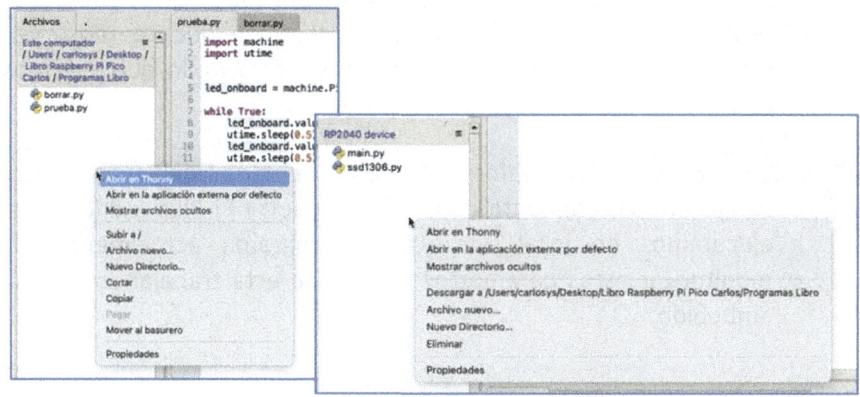

Opciones del menú contextual Archivos

- **Consola o Shell**. Esta ventana es similar a una terminal del sistema, donde podemos escribir comandos MicroPython y ver la salida correspondiente. También es la zona en la que, después de ejecutar un comando o programa, aparecerán los resultados, mensajes de error, mensajes de depuración, etc.

- **Excepción**. Esta ventana permite analizar y comprender los errores que ocurren durante la ejecución de un programa. Cuando se produce un error, Thonny captura esa excepción y proporciona los detalles afines al error, para ver dónde ocurrió y el motivo.

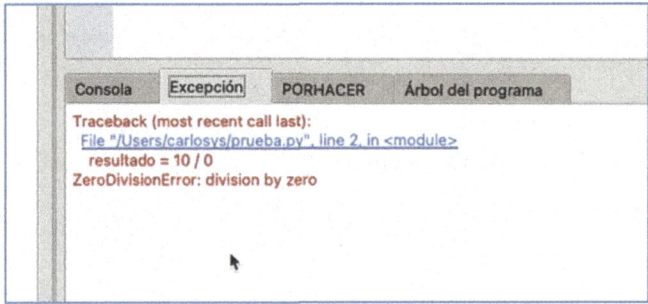

Ejemplo de mensaje Excepción informando de un error

Esta funcionalidad solo está disponible cuando depuramos código en local, es decir, cuando no estamos ejecutando el código contra la Raspberry Pi Pico. Cuando se trabaja contra la Raspberry, los errores aparecerán en la ventana de la consola.

- **Variables y Heap**. Desde estas ventanas podremos identificar en tiempo de ejecución cada una de las variables que intervienen en nuestro programa. Si tenemos activado el Heap, lo que se mostrará será el identificador de las variables. En caso contrario, lo que veremos será el contenido de la propia variable.

Thonny no mostrará información en la ventana Heap cuando el programa se ejecuta directamente contra la Raspberry Pi Pico a diferencia de si lo ejecutamos en local, ya que el programa actualmente no puede monitorizar estos parámetros cuando se está trabajando en un entorno embebido.

En la siguiente imagen podemos ver cómo ejecutar el programa en la Raspberry Pi Pico, la ventana Heap no informa de las variables usadas.

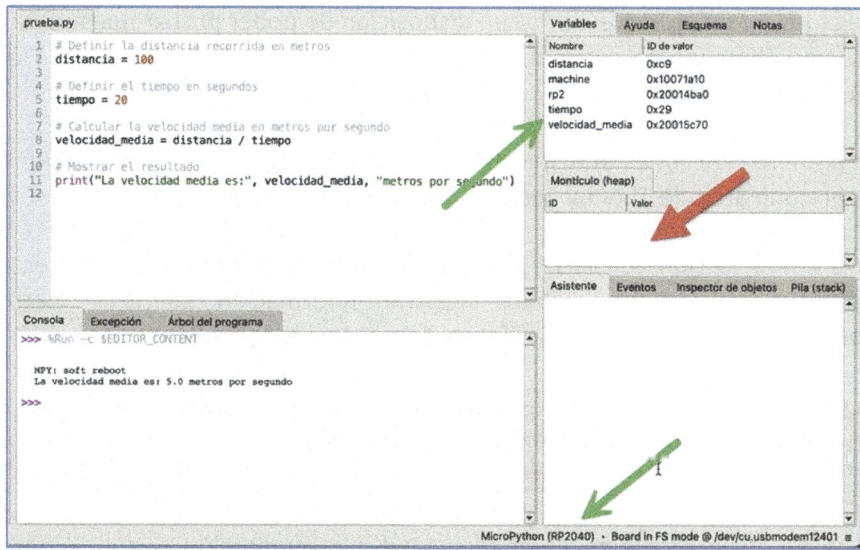

Ventana Heap sin información al ejecutar el código

Sin embargo, si ejecutamos el mismo programa usando el intérprete de Python en local, el sistema sí mostrará los valores de las variables en ejecución.

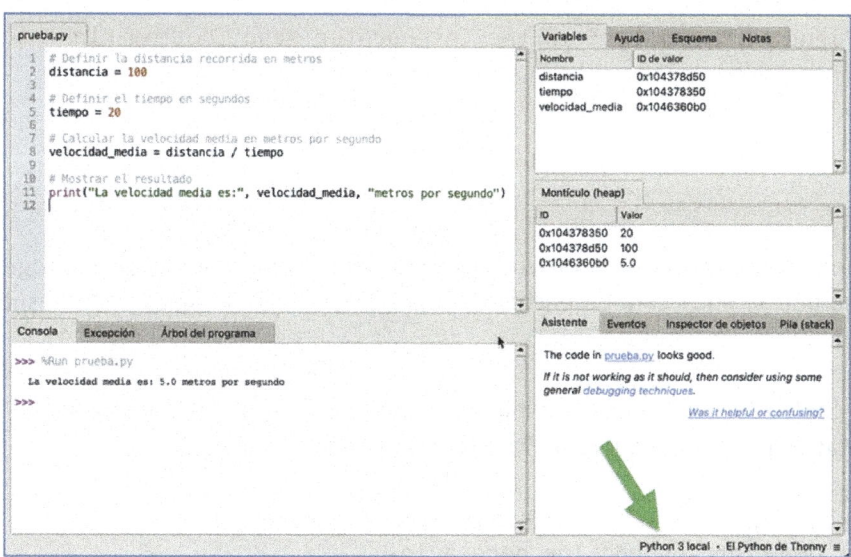

Información de los valores de las variables en la ventana Heap al ejecutar el código en local (Intérprete Python)

Test primer programa MicroPython

Llegados a este punto, estamos en disposición de poder probar nuestra Raspberry Pi Pico con Thonny para ver si el entorno de desarrollo y la Raspberry Pi Pico están correctamente configurados.

Lo primero será conectar la Raspberry Pi Pico al puerto USB de nuestro PC y pulsar sobre el icono **Stop** de Thonny para reiniciar el back-end de desarrollo.

Si la comunicación con la Pi Pico y el entorno de Thonny están correctamente configurados, la consola deberá mostrar información sobre la versión de MicroPython implementada en la Pi Pico. El mensaje será similar a:

```
MicroPython v1.21.0 on 2023-10-06; Raspberry Pi Pico W with RP2040
Type "help()" for more information.
>>>
```

Si existe algún problema de conectividad o comunicación con el dispositivo, el mensaje será similar a:

```
Couldn't find the device automatically.
Check the connection (making sure the device is not in bootloader
mode) or choose
"Configure interpreter" in the interpreter menu (bottom-right corner
of the window)
to select specific port or another interpreter.

Process ended with exit code None.
```

Con la comunicación establecida correctamente, podemos lanzar un programa de prueba que se encargará de encender y apagar el led de la placa de la Raspberry Pi Pico, que está asociado al GPIO25.

El código lo deberemos escribir en la parte superior de la ventana de Thonny respetando las indentaciones indicadas en el siguiente código.

```
1. # Parpadeo de led GPIO25 Raspberry Pi Pico
2. # Importar los módulos necesarios
3.
4. import machine   # Módulo para acceder a hardware
5. import utime     # Módulo operaciones relacionadas con el tiempo
```

```
6.
7. # Configurar el pin GPIO 25 como una salida para el LED
8. led_parpadeo = machine.Pin(25, machine.Pin.OUT)
9. # Bucle principal que se ejecutará continuamente
10.
11. while True:
12.     # Encender el LED (establecer el valor del pin en 1)
13.     led_parpadeo.value(1)     # Encender el LED
14.     utime.sleep(1)            # Esperar 1 segundo
15.
16.     # Apagar el LED (establecer el valor del pin en 0)
17.     led_parpadeo.value(0)     # Apagar el LED
18.     utime.sleep(1)            # Esperar 1 segundo
19.
```

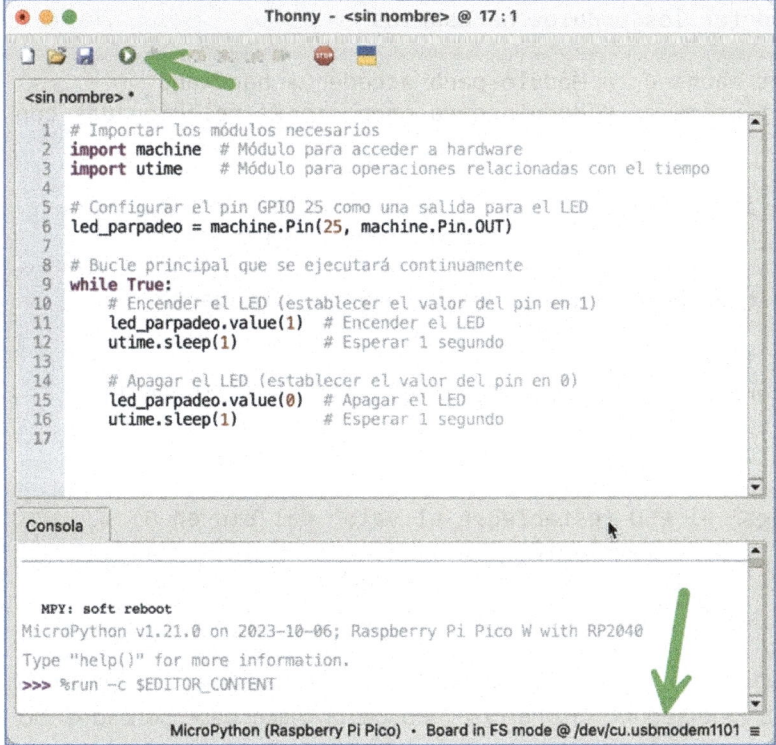

Ventana de trabajo de Thonny con el código de prueba

En la imagen anterior se ha marcado con una flecha el icono de **play** que ejecuta el programa y abajo a la izquierda, el puerto USB que utiliza el sistema para acceder a la Raspberry Pi Pico.

En la consola, podemos ver que el programa se ha ejecutado en la Raspberry Pi Pico y no hay errores.

 Es importante indicar que el código anterior es compatible únicamente con la Raspberry Pi Pico y Pico H, pero no con la versión W o WH, ya que tal y como se comentó en el capítulo anterior, el LED de la placa base de la Raspberry Pi pico asignado al GPIO25 pasa a ser en la Pi Pico W, el WL_GPIO0.

Por lo tanto, para hacer parpadear el led en una Raspberry Pi Pico W, deberemos cambiar el código para que actúe sobre el pin LED de la placa en vez de sobre el GPIO25.

```
1. # Parpadeo de led placa base en Raspberry Pi Pico W
2. # Importar los módulos necesarios
3.
4. import machine   # Módulo para acceder a hardware
5. import utime     # Módulo para operaciones relacionadas con el
tiempo
6.
7. # Configurar el pin 'LED' como una salida para el LED
8. led_p_base = machine.Pin('LED', machine.Pin.OUT)
9.
10. # Bucle principal que se ejecutará continuamente
11.
12. while True:
13. # Encender el LED (establecer el valor del pin en 1)
14.     led_p_base.value(1)      # Encender el LED
15.     utime.sleep(1)           # Esperar 1 segundo
16.
17. # Apagar el LED (establecer el valor del pin en 0)
18.     led_p_base.value(0)      # Apagar el LED
19.     utime.sleep(1)           # Esperar 1 segundo
20.
```

Para cualquiera de las dos opciones, si el programa no presenta errores, deberíamos tener en la Raspberry el led de la placa base parpadeando con una cadencia de 1 segundo.

 No se preocupe si ahora no entiende el código de estos programas. Aunque está comentado con detalle, en los siguientes capítulos empezaremos a fondo el estudio de MicroPython y su aplicación con la Raspberry Pi Pico.

Finalmente, deberemos grabar nuestro programa. Para ello, accederemos a la opción **Guardar como**... del menú Ficheros seleccionando la ubicación donde guardar el archivo: Nuestro PC o en la Raspberry Pi Pico.

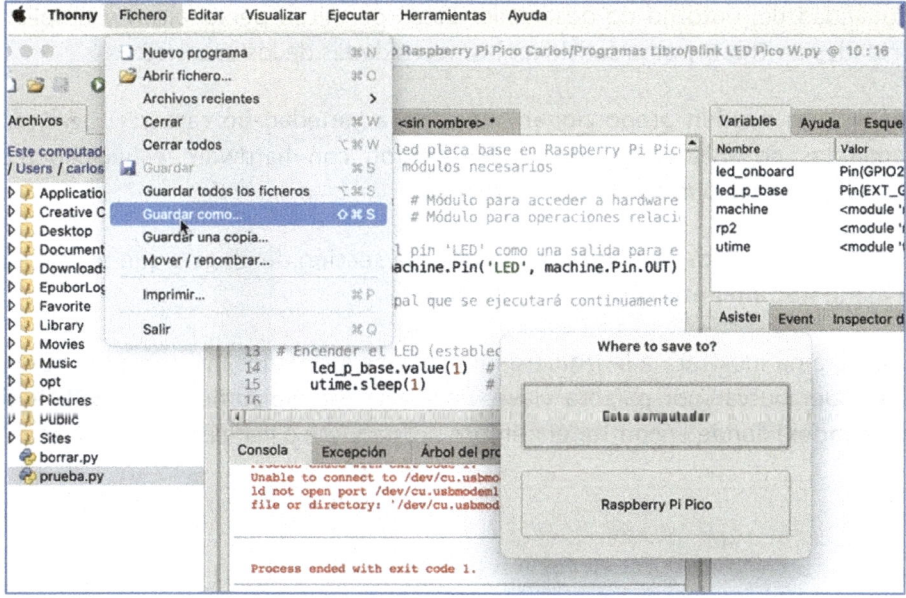

Opciones de grabación disponibles en Thonny

Seleccionando la opción **Este computador**, el archivo se guardará en el disco duro de nuestro PC. La opción **Raspberry Pi Pico** permite grabar el archivo en el dispositivo directamente. Es la que usaremos para la gestión de librerías o módulos.

Podemos asignar cualquier nombre a nuestro código, pero si guardamos el programa en la Raspberry con el nombre **main.py**, el programa se ejecutará automáticamente cuando se alimente el dispositivo.

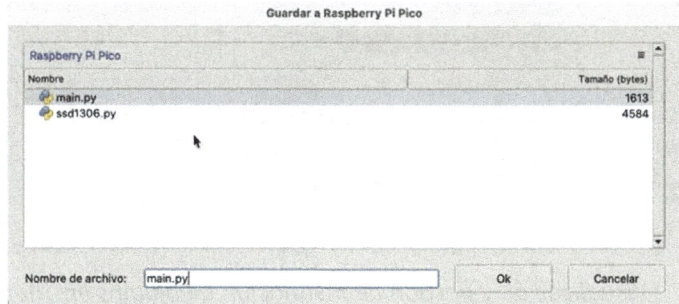

Los archivos main.py se ejecutan automáticamente en la Raspberry Pi Pico

Plugins

Los plugins son herramientas adicionales que podemos incorporar para ampliar la funcionalidad del entorno de desarrollo. Estos permiten personalizar y ampliar las capacidades de Thonny para satisfacer las necesidades de los usuarios.

Los plugins pueden proporcionar una amplia variedad de características, como herramientas de análisis de código, integración con hardware específico (como placas de desarrollo o microcontroladores), etc.

Para acceder a ellos, deberemos acceder a la sección de plugins que se encuentra en el menú **Herramientas/Administra plugins**.

El programa mostrará a la izquierda los plugins instalados, así como un buscador donde poder buscar por palabra clave, para acceder rápidamente al **PyPI (Python Package Index)** donde encontrar el nombre del paquete a instalar.

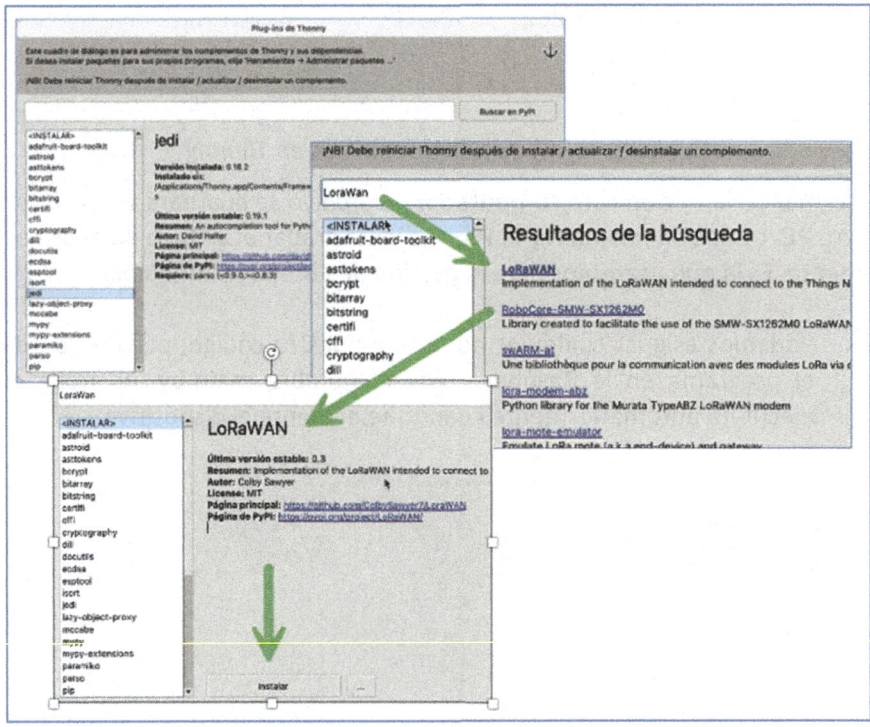

Visualización y gestión de instalación de plugins en Thonny

- Seleccionando cualquier de los plugins instalados, el sistema mostrará información sobre dicho plugin.

- Para las opciones de búsqueda en el PyPI, el sistema facilitará las entradas encontradas según los parámetros de búsqueda con una breve descripción de su funcionalidad. Bastará con seleccionarla para que se pueda proceder a su instalación.

Debug

Aunque Thonny permite la ejecución de código en sistemas embebidos con MicroPython, muchas de las funcionalidades de debug del programa no están habilitadas cuando se trabaja con sistemas embebidos como la Raspberry Pi Pico.

Mostramos, a continuación, algunos trucos que podemos usar para el seguimiento del paso a paso de la ejecución del código y la información que desde la consola de Thonny podemos obtener.

En primer lugar, vamos a usar el programa ya visto anteriormente que enciende y apaga el led de la placa base de una Raspberry Pi Pico.

```
1. # Parpadeo de led de la placa base en Raspberry Pi Pico W
2. # Importar los módulos necesarios
3.
4. import machine   # Módulo para acceder a hardware
5. import utime     # Módulo para operaciones relacionadas con el
tiempo
6.
7. # Configurar el pin 'LED' como una salida para el LED
8. led_p_base = machine.Pin('LED', machine.Pin.OUT)
9.
10. # Bucle principal que se ejecutará continuamente
11.    .
12. while True:
13. # Encender el LED (establecer el valor del pin en 1)
14.     led_p_base.value(1)  # Encender el
15.     utime.sleep(1)       # Esperar 1 segundo
16.
17. # Apagar el LED (establecer el valor del pin en 0)
18.     led_p_base.value(0)  # Apagar el LED
19.     utime.sleep(1)       # Esperar 1 segundo
20.
```

Aunque el funcionamiento del programa es correcto y enciende perfectamente el diodo LED de la placa base, no tenemos ninguna constancia de que se estén ejecutando correctamente las variables asignadas, por lo que, una buena técnica es añadir una sentencia **print()** en el código.

Es una técnica simple pero efectiva para hacer seguimiento de las variables y entender cómo cambian a lo largo de la ejecución de un programa.

Para ello, añadiremos el siguiente código justo después del cambio de estado de las variables del LED para que la consola del sistema muestre su valor.

```
1. # Imprime el estado actual del LED en la consola
2.    print("Valor variable led_p_base es ", led_p_base.value())
```

De esta forma, el código en ejecución, cada vez que pase por la sentencia **print()**, mostrará en la consola del sistema el valor que tiene la variable en ese momento.

```
Consola    Excepción    Árbol del programa
>>> %run -c $EDITOR_CONTENT
    Valor variable led_p_base es  1
    Valor variable led_p_base es  0
    Valor variable led_p_base es  1
    Valor variable led_p_base es  0
    Valor variable led_p_base es  1
    Valor variable led_p_base es  0
```

Consola que muestra el valor que va tomando la variable led_p_base

En general, cuando se produce un error en el programa, la consola muestra información sobre el error y la línea donde se ha producido.

Veamos un ejemplo en el que escribimos de forma errónea el atributo *machine.Pin.OUT*.

Línea bien escrita:

```
8. led_p_base = machine.Pin('LED', machine.Pin.OUT)
```

Línea con el error que generamos (en rojo) escribiendo OUTT en vez de OUT:

```
8. led_p_base = machine.Pin('LED', machine.Pin.OUTT)
```

Al ejecutar el programa, la consola del sistema muestra el error y la línea en que se ha producido:

```
>>> %run -c $EDITOR_CONTENT
Traceback (most recent call last):
  File "<stdin>", line 8, in <module>
AttributeError: type object 'Pin' has no attribute 'OUTT'
>>>
```

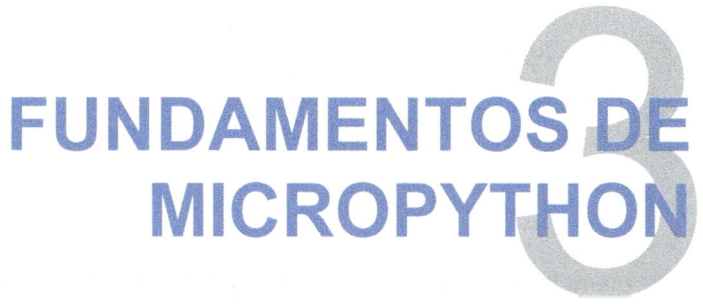

FUNDAMENTOS DE MICROPYTHON

INTRODUCCIÓN

MicroPython ha surgido como una herramienta esencial para aprender a programar microcontroladores y placas de desarrollo de una forma rápida, flexible y fácil. En este capítulo, exploraremos los fundamentos de MicroPython, desde sus conceptos básicos de sintaxis, con el objetivo de sentar las bases para afrontar con éxito los siguientes capítulos en los que comenzamos con la manipulación del hardware y el desarrollo de aplicaciones prácticas.

Indentación

Ya hemos visto en los preliminares del curso cómo podemos ejecutar código escribiendo directamente en la línea de comandos de la consola (Shell) de Python, o bien desde el programa en el editor.

En MicroPython, al igual que en Python es especialmente relevante el tema de la indentación (sangrías) para marcar bloques de código. Para indicar un bloque de código en MicroPython, deberemos indentar cada línea de un mismo bloque en la misma cantidad de espacios.

Se recomiendan 4 espacios o una tabulación, aunque puede ser válida cualquier otra cantidad de espacios siempre que se respete en un mismo número por bloque.

No cumplir con esta regla, generará un error en la ejecución del programa.

```
1. nombre = 'Carlos'
2. apellido = 'Orós'
3.
4. if nombre == 'Carlos':
5.     print('Carlos')
6. else:
7.     print('No eres Carlos')
8.
9. if apellido == 'Orós':
10.         print('Orós')
11. else:
12.         print('No eres Orós')
13.
14. print('Fin del código')
```

En el ejemplo anterior, el primer bloque tiene una sangría de 4 espacios y el segundo de 8. Ambas opciones son correctas y se pueden aplicar sin problemas. El error vendría cuando en un mismo bloque, utilizamos sangrías diferentes u omitimos dejar como mínimo un espacio de indentación.

```
1. def saludo():
2. print("Hola, mundo!") # error de indentación
```

En este caso, la función **saludo()** debería tener su cuerpo indentado correctamente, pero el **print** no está indentado correctamente dentro de la función. Esto generará un error de indentación en MicroPython. La forma correcta sería:

```
1. def saludo():
2.     print("Hola, mundo!")
```

Comentarios

En MicroPython los comentarios se pueden incluir de tres formas diferentes:

- Escribiendo el símbolo almohadilla (#) delante de la línea de texto donde está el comentario, o a partir del punto en que deseamos insertar dicho comentario.

```
1. # Este es un comentario de una línea
2. mes = "enero"  # Este es otro comentario en la misma línea
```

- Escribiendo triple comilla simple (''') o doble (""") insertando entre ellas las líneas necesarias para el comentario.

```
1. '''
2. Este es un comentario
3. que abarca varias líneas
4. en MicroPython.
5. '''
```

Ambas formas son válidas y se pueden combinar en un mismo código permitiendo documentar el código de manera clara y legible.

print

En algunos ejemplos anteriores, hemos usado la función **print()** para mostrar el resultado del valor de alguna variable o simplemente, un texto.

Es importante diferenciar la gestión de datos desde la consola de Thonny o desde la ejecución de un programa. En el entorno interactivo de la consola, para que una variable se muestre, bastará con escribir su nombre.

```
>>> ciudad = 'Tarragona'
>>> ciudad
'Tarragona'

>>> numero = 2024
>>> numero
2024
```

No ocurre lo mismo en los programas. Para poder mostrar texto en pantalla o ver el contenido de una variable, deberemos utilizar la función *print()*. E

El texto o variable para mostrar se escribe como argumento de la función y puede representarse con comillas simples o dobles.

```
1. print ("Tarragona")
2.
3. print ('Tarragona')
```

MicroPython añade un salto de línea al final de cada función, para evitar el salto de línea añadiremos al final de la función el argumento **end=''**.

```
1. print ('Tarragona', end='')
2. print ('Barcelona')
3. print ('Tarragona', end=' ')
4. print ('Barcelona')
5.
```

```
TarragonaBarcelona
Tarragona Barcelona
```

Observe cómo en el segundo ejemplo hay un espacio entre las comillas para que las dos cadenas de texto no aparezcan juntas.

El argumento *end* también puede ser una cadena, para ello usaremos el parámetro *f* en el argumento *end* poniendo la variable entre corchetes.

```
1. ella = 'Nieves'
2. print ('Carlos y ', end=f'{ella}')
3.
```

```
Carlos y Nieves
```

También podemos usar varios argumentos seguidos separados por comas.

```
1. print ('Carlos', 'Nieves')
2. 2.
```

```
Carlos Nieves
```

O, por ejemplo, incluir comillas dentro de la función *print()*. Para ello, deberemos utilizar el carácter de escape (\).

```
1. print ('MicroPython para Raspberry Pi Pico. \'Guía completa\'')
2. 2.
```

```
MicroPython para Raspberry Pi Pico. 'Guía completa'
```

Ya para terminar, podemos incorporar y combinar variables y expresiones en una misma función.

```
1. nombre = 'Carlos'
2. ciudad = 'Tarragona'
3. print('Me llamo', nombre, 'y vivo en', ciudad)
4.
```

```
Me llamo Carlos y vivo en Tarragona
```

```
1. mes = 'diciembre'
2. dias = 31
3. print('El mes de', mes, 'tiene', dias, 'días que son', dias * 24,
'horas en total.')
4.
```
```
El mes de diciembre tiene 31 días que son 744 horas en total.
```

VARIABLES

Todos los lenguajes de programación necesitan en algún momento cargar en memoria los datos que se van a procesar. Por ejemplo, pedir el nombre de un usuario y almacenarlo en la variable *nombre_usuario* o guardar en la variable *resultado* el valor obtenido al multiplicar dos números cualesquiera.

A diferencia de otros lenguajes de programación, en MicroPython no es necesario declarar el tipo de la variable. El momento en que se le asigna el valor a la variable, su valor determina el tipo de esta. Esto es lo que llamamos **Tipado Dinámico.**

Además, pueden cambiar de tipo una vez se han creado; es decir, una variable numérica, puede en el transcurso del programa, pasar a ser un string, o viceversa.

La sintaxis de creación de una variable es muy sencilla.

```
nombre_variable = valor de la variable
```

Hay una serie de reglas a tener en cuenta cuando se quiere asociar un nombre a una variable.

- El nombre de una variable debe comenzar con una letra o el carácter de subrayado.
- El nombre de una variable no puede comenzar con un número.
- El nombre de una variable solo puede contener caracteres alfanuméricos y guiones bajos (A-z, 0-9 y _).
- MicroPython es un lenguaje que distingue entre mayúsculas y minúsculas. Esto significa que _code y _CODE no son las mismas variables.

Veamos a continuación un ejemplo de nombres de variables aceptados por MicroPython.

```
nombre = 'Carlos'
fecha = 2021
A_dato = 50
Dato1 = 'Nieves'
dato1 = 1967
_code = 'X100'
_CODE = 'Y100'
```

Tampoco se podrán utilizar las palabras reservadas del sistema para nombrar una variable.

and	as	assert	break	class	continue
def	del	elif	else	except	exec
finally	for	from	global	if	import
in	is	lambda	nonlocal	not	or
pass	raise	return	try	while	with
yield	True	False	None		

Palabras reservadas de MicroPython que no podemos usar para nombrar variables

Tipos de datos

Como hemos explicado, las variables no necesitan declararse e incluso pueden cambiar de tipo una vez que se han establecido. MicroPython maneja cuatro tipos de datos: **enteros**, **flotantes**, **booleanos** y **strings**.

Los tipos de datos **enteros (int)** se utilizan para representar datos numéricos, concretamente números enteros. Estos pueden ser tanto positivos como negativos.

```
1. edad = 26
2. importe = 2000
3. beneficio = -15004.
```

Los tipos de datos **flotantes (float)** se utilizan para representar números con decimales.

```
1. pi = 3.1416927
2. valor_radio = 23.200
3. porcentaje = -1.5
```

Los tipos **booleanos** (**bool**) son tipos de datos binarios que pueden tomar los valores: Verdadero (*True*) y Falso (*False*).

```
1. verdadero = True
2. falso = False
```

Los tipos de datos **String** (**str**) representan cadenas de texto.

```
1. nombre = 'Carlos'
2. _nombre = 'Nieves'
3. valor = 'soy una variable de texto'
```

Una característica interesante en MicroPython es que podemos asignar o inicializar múltiples variables en una misma línea de código.

```
1. nombre, apellido = 'Carlos', 'Orós'
2. print(nombre, apellido)
```

O también podemos asignar un mismo valor a varias variables.

```
1. catetoA = catetoB = 100
```

Para comprender cómo funciona el proceso de asignación de las variables, preste atención al siguiente ejemplo. Observe cómo una misma variable asignada como entero va cambiando de tipo en función del valor que se le asigna.

```
1. valor = 1000  # int
2. print (valor)
3. valor = 'mil' # str
4. print (valor)
5. valor = True  # bool
6. print (valor)
7.
```

```
1000
mil
True
```

Como se desprende del ejemplo anterior, un valor de string debe estar delimitado por comillas mientras que un valor numérico o booleano va sin comillas. Un valor numérico delimitado por comillas como por ejemplo (x = "20") se interpretará como un string.

La función **print()** se utiliza muchas veces para generar combinaciones de variables. Un signo más (+) ante variables de tipo string servirá para concatenar los valores de las variables empleadas, mientras que, si las variables son de tipo numérico, actuará como operador matemático.

```
1. a = '1'
2. A = 1
3. b = '100'
4. B = 100
5. print (a+b)
6. print (A + B)
7. print (a + B)     # ERROR. No podemos operar variables str con int
8.
```

```
1100
101
```

```
Traceback (most recent call last):
  File "<stdin>", line 7, in <module>
TypeError: unsupported types for __add__: 'str', 'int'
```

En el ejemplo anterior, la función *print (a+B)* devuelve un error ya que estamos intentando sumar o concatenar una variable tipo str (string) con una *int* (entero).

Operadores de casting

Con MicroPython también podemos modificar dinámicamente el tipo de datos asociados a una variable a través de los llamados **operadores de casting.**

Podemos convertir a string con str(), a entero con int() y a flotante con float().

- **str ():** convierte una variable al tipo string.
- **int ():** convierte una variable al tipo de datos entero.
- **float ():** convierte una variable al tipo de datos float.

```
valor_x = str(10)      # valor_x es '10'
valor_y = int(10)      # valor_y es 10
valor_z = float(10)    # valor_z es 10.0
```

También podríamos convertir una variable tipo string en numérica para realizar una operación.

Veamos un ejemplo.

```
1. valor_x = '10'
2. valor_y = 1000
3. print(int(valor_x) + valor_y)
4.
```

```
1010
```

Técnicamente, como ya vimos anteriormente, no sería posible sumar las variables *valor_x* y *valor_y* entre ellas, ya que la primera es un string y la segunda, un valor numérico, pero gracias al uso del operador **int ()**, la variable *valor_x* se convierte a un valor entero y la salida obtenida en tiempo de ejecución será "1010".

MicroPython dispone de la función **type()** con la que podremos conocer el tipo de datos que contiene una variable.

Tomando como ejemplo el código anterior en el que convertíamos un valor a un tipo de variable en concreto, podemos usar la función type() para confirmar el tipo de dato final que contiene la variable.

```
1. valor_x = str(10)
2. valor_y = int(10)
3. valor_z = float(10)
4. print (type(valor_x))
5. print (type(valor_y))
6. print (type(valor_z))
7.
```

```
<class 'str'>
<class 'int'>
<class 'float'>
```

Variables locales y globales

En MicroPython al igual que en otros lenguajes de programación, las **variables locales** son aquellas definidas dentro de una función. Solamente son accesibles desde la propia función donde se han creado y dejan de existir cuando esta termina su ejecución.

```
1. def mensaje():
2.
3.     msg = 'Mensaje dentro de una botella' # Variable Local
4.     print(msg)
```

```
5.
6. mensaje()
7.
```

```
Mensaje dentro de una botella
```

En el ejemplo anterior, la variable *msg* se ha definido dentro de la función *mensaje()*, por lo que al ejecutar la función, sí se mostrará el contenido de dicha variable.

 Si intentamos acceder al valor de una variable local desde el cuerpo principal del programa, obtendremos un error *NameError*.

Las **variables globales** son aquellas definidas en el cuerpo principal del programa y fuera de cualquier función; por lo tanto, son accesibles desde cualquier punto del programa y obviamente, dentro de funciones.

Vamos a ver un ejemplo en el que accedemos a una variable global desde dentro de una función.

```
1. msg = 'Mensaje dentro de una botella' # Variable Global
2.
3. def mensaje():
4.     print(msg)
5.
6. mensaje()
7.
```

```
Mensaje dentro de una botella
```

 Como las variables globales se pueden leer desde cualquier línea del programa, podremos modificar el valor de ellas desde dentro de una función, pero antes, habrá que autorizar la modificación de dicha variable dentro de esa función.
Es una medida de seguridad del lenguaje para evitar modificar por error una variable global dentro de una función local, situación que generaría un funcionamiento anormal de nuestro desarrollo.

Para ello, usaremos el argumento *global* que validará la posibilidad de cambiar el valor de la variable global dentro de una función (local).

```
1. msg = 'Mensaje dentro de una botella'
2.
3. def cambiomensaje():
4.     global msg   # Autorización cambio variable Global
5.     msg = 'La botella no tiene mensaje'
6.
7. print (msg)
8. cambiomensaje()
9. print (msg)
```
```
Mensaje dentro de una botella
La botella no tiene mensaje
```

Otra situación que se puede dar al trabajar con variables es que, en códigos extensos, demos a una variable definida en un ámbito local el mismo nombre de variable que a una ya existente y definida en un ámbito global.

En MicroPython, cuando hacemos referencia a una variable, primero se busca en el ámbito local dicha variable y si no se encuentra, se busca entonces en el ámbito global. Para cualquier llamada a una variable, el ámbito local tiene preferencia sobre el global.

```
1. msg = '*** Global ***'
2.
3. def mensaje():
4.     msg = '*** Local ***'
5.     print (f'El valor de msg en la función es {msg}')
6. mensaje()
7. print (f'El valor de msg en el cuerpo del programa es {msg}')
8.
```
```
El valor de msg en la función es *** Local ***
El valor de msg en el cuerpo del programa es *** Global ***
```

OPERADORES

Los operadores de MicroPython pueden dividirse en varios grupos. Su clasificación es meramente funcional y se basa en la operación que realiza cada operador. Así pues, los grupos son:

- Operadores aritméticos.
- Operadores lógicos.
- Operadores de comparación.
- Operadores de asignación.

- Operadores de pertenencia.
- Operadores de identidad.
- Operadores Bitwise (Bit a bit).

Vamos a ver con detalle cada uno de ellos.

Operadores aritméticos

Los operadores aritméticos permiten realizar operaciones aritméticas de álgebra como suma, resta, producto, división, etc.

OP	DESCRIPCIÓN	EJEMPLO
+	**Suma** dos valores.	a + b
-	**Resta** dos valores. Utilizado sobre un único operando, le cambia el signo.	a - b
*	**Producto** de dos valores.	a * b
/	**Divide** el operando a la izquierda por el operando de la derecha. El resultado siempre es un número flotante (float).	a / b
%	El operador **módulo** devuelve el resto de una división.	a % b
**	El operador **potencia** eleva el operando a la izquierda a una potencia un número de veces igual al valor del operando colocado a su derecha.	a ** b
//	**División entera**. Devuelve el resultado entero de una división.	a // b

Veamos un sencillo ejemplo.

```
1. a, b = 5, 2
2.
3. print ('Suma', a + b)
4. print ('Producto', a * b)
```

```
5. print ('División', a / b)
6. print ('Módulo', a % b)
7. print ('Potencia', a ** b)
8. print ('Redondeo', a // b)
```

```
Suma 7
Producto 10
División 2.5
Módulo 1
Potencia 25
Redondeo 2
```

Operadores lógicos

Los operadores lógicos son construcciones sintácticas útiles para vincular dos o más condiciones, donde por condición entendemos cualquier enunciado que pueda ser *verdadero* o *falso*.

Veamos un ejemplo.

OP	DESCRIPCIÓN	EJEMPLO
and	Devuelve True si ambos operadores son True.	a and b
or	Devuelve True si uno de los dos operadores es True.	a or b
not	Devuelve True si algún operando es False.	not a

```
1. a, b = True, False
2. print (a or b)
3. print (a and b)
4. print (not a)
5. a, b = 5, 10
6. print (b > 11 or b < 4)
7. print (a > 4 and a < 10)
8. print (not (a > 20 and a < 10))
9.
```

```
True
False
False
False
True
True
```

Operadores de comparación

Los operadores de comparación producen un resultado basado en la comparación entre operandos. El resultado siempre será booleano, es decir, *True* o *False*.

OP	DESCRIPCIÓN	EJEMPLO
==	Si el valor de los dos operandos es el mismo, la comparación devuelve True; en caso contrario, False.	a == b
!=	Si el valor de los dos operandos no es igual, la comparación devuelve True; en caso contrario, False.	a != b
>	Si el valor a la izquierda es mayor que el de la derecha, devuelve True, en caso contrario, False.	a > b
<	Si el valor a la izquierda es menor que el de la derecha, devuelve True; en caso contrario, devuelve False.	a < b
>=	Si el valor a la izquierda es mayor o igual que el de la derecha, devuelve True, en caso contrario, False.	a <= b
<=	Si el valor a la izquierda es menor o igual que el de la derecha, devuelve True, en caso contrario, False.	a <= b

Veamos un ejemplo.

```
1. a= 5
2. b = 10
3.
4. print (a == 5)
5. print (a != b)
6. print (a > b)
7.
8. print (a < b)
9. print (a >= b)
10. print (a <= b)
11.
```

```
True
True
False
True
False
True
```

Operadores de asignación

Los operadores de asignación se utilizan para asignar un valor a una variable.

El valor de la expresión derecha se asigna al operando izquierdo y en el caso de los operadores compuestos, se realiza la operación que hay antes del signo igual, tomando como operandos la propia variable y el valor a la derecha del signo igual.

OP	DESCRIPCIÓN	EJEMPLO
=	Asigna el valor del lado derecho de la expresión al operando del lado izquierdo. (x = 10)	El valor 10 se asigna a la variable x
+ =	Sumar y asignar. Suma el operando del lado derecho con el operando del lado izquierdo y luego asigna el resultado al operando izquierdo. (x += 10)	Es equivalente a x = x + 10
- =	Restar y asignar. Resta el operando del lado derecho con el operando del lado izquierdo y luego asigna el resultado al operando izquierdo. (x -=10)	Es equivalente a x = x - 10
* =	Multiplicar y asignar. Multiplica el operando del lado derecho con el operando del lado izquierdo y luego asigna el resultado al operando izquierdo. (x *=10)	Es equivalente a x = x * 10

OP	DESCRIPCIÓN	EJEMPLO
/ =	Dividir y asignar. Divide el operando del lado izquierdo con el operando del lado derecho y luego asigna el resultado al operando izquierdo. (x /=10)	Es equivalente a x = x / 10
% =	Módulo que usa el operador izquierdo y derecho y asigna el resultado al operando izquierdo. (x %=10)	Es equivalente a x = x % 10
** =	Exponencial. Calcula el valor del exponente utilizando el operando de la derecha y asignar el valor al operando izquierdo (x **= 10)	Es equivalente a x = x ** 10
// =	Dividir entero. Divide el operando izquierdo con el operando derecho y luego asigna el valor entero al operando izquierdo. (x //= 10)	Es equivalente a x = x // 10
&=	Realiza un AND bit a bit y asigna valor al operando izquierdo. (x &= 10)	Es equivalente a x = x & 10
|=	Realiza un OR bit a bit y asigna valor al operando izquierdo. (x |= 10)	Es equivalente a x = x | 10
^=	Realiza un XOR bit a bit y asigna valor al operando izquierdo. (x ^= 10)	Es equivalente a x = x ^ 10.
>>=	Realiza desplazamiento a la derecha bit a bit y asigna valor al operando izquierdo. (x >>= 10)	Es equivalente a x = x >> 10.
<<=	Realiza desplazamiento a la izquierda bit a bit y asigna valor al operando izquierdo. (x <<= 10)	Es equivalente a x = x << 10.

Operadores de pertenencia

Los operadores de pertenencia se pueden utilizar para comprobar si un determinado elemento forma parte de un conjunto o no, por ejemplo, una secuencia alfanumérica.

OP	DESCRIPCIÓN	EJEMPLO
in	Devuelve True si el valor se encuentra en una secuencia. En caso contrario, False.	a in b
not in	Devuelve True si el valor no se encuentra en una secuencia. En caso contrario, False.	a not in b

Veamos un ejemplo.

```
1. sisop = ['windows', 'Linux', 'MacOS']
2. print ('Linux' in sisop)  # True
3. sisop = ['windows', 'Linux', 'MacOS']
4. print ('UNIX' not in sisop)  # True
5.
```
```
True
True
```

Operadores de identidad

Los operadores de identidad se utilizan para comprobar si dos variables son el mismo objeto o no.

OP	DESCRIPCIÓN	EJEMPLO
is	Devuelve True si ambos operandos hacen referencia al mismo objeto. En caso contrario, False.	a is b
is not	Devuelve True si ambos operandos no hacen referencia al mismo objeto. En caso contrario, False.	a not is b

Veamos un ejemplo.

```
1. sisop1 = ['windows', 'Linux', 'MacOS']
2. sisop2 = ['windows', 'Linux', 'MacOS']
3. sisop3 = sisop1
4. print (sisop1 is sisop2)
5. print (sisop1 is sisop3)
6.
```
```
False
True
```

En el ejemplo anterior, la primera comparación devuelve *False* porque *sisop1* no es el mismo objeto que *sisop2* a pesar de tener el mismo contenido.

Operadores Bitwise (bit a bit)

Los operadores a nivel de bits actúan sobre los números enteros, pero usando su representación binaria. Como su nombre indica, actúan sobre los operandos bit a bit.

OP	DESCRIPCIÓN	EJEMPLO
&	Realiza bit a bit la operación AND en los operandos.	a & b
|	Realiza bit a bit la operación OR en los operandos.	a | b
^	Realiza bit a bit la operación XOR en los operandos.	a ^ b
~	Realiza bit a bit la operación XOR en los operandos.	a ~ b
>>	Desplaza a la derecha tantos bits como los indicados en el operador de la derecha.	a >> b
<<	Desplaza a la izquierda tantos bits como los indicados en el operador de la derecha.	a << b

Antes de ver un ejemplo de aplicación, vamos a introducir en este punto el uso de la función **bin()** con la que podemos convertir un número decimal en binario y entender mejor este tipo de operadores.

Vamos a ver en el siguiente ejemplo cómo se representan en binario los 3 primeros números decimales.

```
1. print ('El número 0 en binario es', bin(0))
2. print ('El número 1 en binario es', bin(1))
3. print ('El número 2 en binario es', bin(2))
4.
```

```
El número 0 en binario es 0b0
El número 1 en binario es 0b1
El número 2 en binario es 0b10
```

Veamos con detalle un ejemplo de aplicación de la función AND (&).

```
1. a = 4       # 4 = 0100
2. b = 2       # 2 = 0010
3. c = a & b;
4. print ('El resultado es', c)
5.
```

```
El resultado es 0
```

El operador *And* realiza la operación bit a bit; es decir, recorre ambos números en binario elemento por elemento y hace una operación *And* con cada uno de ellos.

a	0	1	0	0
b	0	0	1	0
AND a & b	0	0	0	0

Por lo tanto, el resultado final será 0 ya que no hay ninguna coincidencia en las posiciones de los bits de la variable *a* con la *b* en que ambos bits sean 1.

```
1. a = 4       # 4 = 0100
2. b = 2       # 2 = 0010
3.  c = a | b;
4.
5. print ('El resultado es', c)
6.
```

```
El resultado es 6
```

En el ejemplo anterior vemos cómo el operador *Or* sí que devuelve un valor distinto de cero.

a	0	1	0	0
b	0	0	1	0
OR a & b	0	1	1	0

Para el resto de los operadores la filosofía sería la misma a diferencia de los operadores de desplazamiento en que su funcionamiento es algo diferente.

Los operadores de desplazamiento, como hemos visto, desplazan a izquierda o derecha el número de bits que indica el operando de la derecha.

En los desplazamientos hacia la izquierda (<<), el bit más significativo (el que está más a la izquierda) se pierde y se le asigna un 0 al menos significativo (el de la derecha).

Cuando efectuamos un desplazamiento a la izquierda de una posición, el resultado equivale a multiplicar dicho valor 2, si desplazamos dos posiciones, equivale a multiplicar por 4 y así sucesivamente.

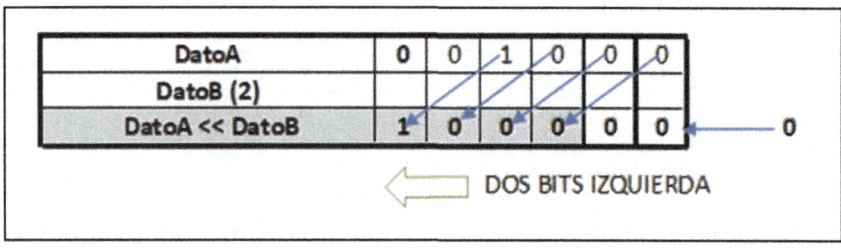

```
1. a = 8        # 8 = 0001 0000
2.
3. c = a << 2;
4. print ('El resultado es', c)    # 32 = 0010 0000
5.
6. c = a >> 2;
7. print ('El resultado es', c)    # 2 = 000 0010
8.
```

```
El resultado es 32
El resultado es 2
```

TUPLAS Y LISTAS

Podríamos decir que las **tuplas** y **listas**, salvando las distancias, son lo que en otros lenguajes se llaman arrays o matrices.

Tanto las tuplas como las listas son un conjunto ordenado de valores (números, cadenas, funciones, clases, etc.). La diferencia entre ellas está en que las listas presentan una serie de funciones adicionales que permiten el manejo de los valores que contienen, a diferencia de las tuplas cuyos valores no se pueden modificar.

La lista es una estructura mutable en la que podremos modificar sus elementos, agregar y borrar, mientras que una tupla, una vez definida, no puede cambiar.

Así pues, podemos afirmar que **las tuplas son estáticas**, mientras que **las listas son dinámicas**.

Tuplas

Las tuplas se utilizan para almacenar varios elementos en una sola variable. Para declarar una tupla se utilizan paréntesis, entre los cuales deben separarse por comas los elementos que van a formar parte de ella.

Los valores de una tupla pueden ser de un mismo tipo o diferentes; es decir, podemos hacer una tupla de números, strings, etc., o bien, una que tenga tres valores de tipos distintos.

```
1. mi_tupla = ('uno', 'dos', 'tres')
2. mi_tupla1 = (1, 'dos', True)
3.
```

Los elementos de una tupla son accesibles a través del índice que ocupan en la misma, de forma similar a como sucedería en un array. Por lo tanto, para recorrer los elementos de una tupla, deberemos usar su índice teniendo en cuenta que el primer elemento tiene índice [0], el segundo [1], etc.

Podemos acceder a dichos elementos con indexación negativa, esto es, comenzar desde el final. Para ello, usaremos [-1] para el último elemento, [-2] para el penúltimo y así sucesivamente.

```
1. mi_tupla = ('uno', 'dos', 'tres')
2. mi_tupla1 = (1, 'dos', True)
```

```
3. print (mi_tupla[2])
4. print (mi_tupla1[-1])
5.
```

```
dos
True
```

 Los elementos de una tupla se ordenan en el momento en que se crea dicha tupla siendo su orden inalterable. Tampoco podremos cambiar, agregar o eliminar elementos en dicha tupla una vez creada.

Las tuplas también pueden contener un solo elemento, pero deberán tener al menos una coma (,) tras ese único elemento.

```
1. mi_tupla = (False, )
2. mi_tupla1 = (False)  # Error. Al no tener coma la definición,
MicroPython no lo considera tupla
3.
4. print (len(mi_tupla))
5. print (len(mi_tupla1))
6.
```

```
1
Traceback (most recent call last):
  File "<stdin>", line 5, in <module>
TypeError: object of type 'bool' has no len()
```

Podemos recorrer los elementos de una tupla especificando un rango de índices que indicará a MicroPython dónde debemos comenzar a leer valores y dónde terminar dicha lectura. Si omitimos el valor inicial, el rango comenzará en el primer elemento, y si omitimos el valor final, el rango continuará hasta el último elemento de la lista.

```
1. mi_tupla = ('enero', 'febrero', 'marzo', 'abril', 'mayo', 'junio',
'julio')
2. print (mi_tupla[2:5])
3.
```

```
('marzo', 'abril', 'mayo')
```

En MicroPython, también es posible iterar a través de los elementos de una tupla utilizando un bucle. Esto significa que podemos recorrer uno a uno los valores almacenados en la tupla utilizando una estructura de bucle.

```
1. mi_tupla = ('enero', 'febrero', 'marzo', 'abril', 'mayo')
2. for x in mi_tupla:
3.     print (x)
4.
```

```
enero
febrero
marzo
abril
mayo
```

Para saber los elementos que contiene una tupla, podemos utilizar la función **len()** que devolverá la cantidad de elementos de la tupla evaluada.

```
1. mi_tupla = ('uno', 'dos', 'tres')
2. print (len(mi_tupla))
3.
```

```
3
```

Con la función **type()** podemos saber qué tipo de objeto es una tupla en Python.

```
1. mi_tupla = (1, 2, 3, 4)
2.
3. print (type(mi_tupla))
4.
```

```
<class 'tuple'>
```

Concatenar dos tuplas es muy sencillo. Basta con utilizar el operador suma (+).

También podemos utilizar el operador producto (*) para crear una nueva tupla que repita n veces los elementos de otra tupla.

Veamos un ejemplo y el resultado obtenido.

```
1. tupla1 = ('lunes', 'martes', 'miércoles')
2. tupla2 = ('jueves', 'viernes', 'sábado', 'domingo')
3. tupla3 = tupla1 + tupla2
4. print (tupla3)
5.
```

```
('lunes', 'martes', 'miércoles', 'jueves', 'viernes', 'sábado',
'domingo')
```

```
1. tupla1 = ('lunes', 'martes', 'miércoles')
2. tupla3 = tupla1 * 2
3. print (tupla3)
4.
```

```
('lunes', 'martes', 'miércoles', 'lunes', 'martes', 'miércoles')
```

Métodos de tuplas

Los principales métodos que incluyen las tupas son **index()** y **count()**.

El primero de ellos recibe como parámetro un valor y devuelve el índice de la posición que ocupa en la tupla, mientras que el segundo sirve para obtener el número de veces que aparece un elemento en una tupla.

Veamos un ejemplo de ambos métodos.

```
1. tupla1 = ('rojo', 'amarillo', 'naranja', 'verde', 'rojo', 'azul')
2. contaje = tupla1.count('rojo')
3. indice = tupla1.index('amarillo')
4. print ('El color rojo aparece', contaje, 'veces')
5. print ('El color amarillo está en la posición', indice)
6.
```

```
El color rojo aparece 2 veces
El color amarillo está en la posición 1
```

Listas

Las listas se utilizan para almacenar varios elementos en una sola variable. Son similares a las tuplas, pero se crean utilizando corchetes en vez de paréntesis. Las listas son dinámicas, por lo tanto, sus elementos se pueden ordenar, modificar, añadir, borrar, etc.

```
1. lista = ['rojo', 'amarillo', 'naranja', 'verde', 'azul']
2. print (lista)3.
```

```
['rojo', 'amarillo', 'naranja', 'verde', 'azul']
```

Al igual que las tuplas, las listas pueden tener diferentes tipos de datos.

```
1. lista = ['rojo', False, 30, '1000', True]
2.
```

Cada uno de los elementos de una lista es accesible mediante un índice (posición de dicho elemento en la lista). Para recorrer los elementos de una lista, deberemos usar su índice teniendo en cuenta que el primer elemento tiene índice [0], el segundo [1], etc.

También podemos acceder a los elementos de una lista mediante indexación negativa, que significa comenzar a contar desde el final de la lista. Para ello, usaremos [-1] para el último elemento, [-2] para el penúltimo y así sucesivamente.

Y por supuesto, podemos recorrer los elementos de una lista especificando un rango de índices que indicará a MicroPython dónde debemos comenzar a leer valores y dónde terminar dicha lectura. Si omitimos el valor inicial, el rango comenzará en el primer elemento y si omitimos el valor final, el rango continuará hasta el último elemento de la lista.

```
1. lista = ['lunes', 'martes', 'miércoles', 'jueves', 'viernes',
'sábado', 'domingo']
2. print (lista [3])
3. print (lista [-2])
4. print (lista [1:3])
5. print (lista [5:])
6.
```
```
jueves
sábado
['martes', 'miércoles']
['sábado', 'domingo']
```

Para saber los elementos que contiene una lista, podemos utilizar la función **len()** que devolverá la cantidad de elementos de la lista evaluada.

```
1. lista = [1, 2, 3, 4, 5]
2. print (len(lista))
3.
```
```
5
```

Con la función **type()** podemos saber qué tipo de objeto es una lista en Python.

```
1. lista = [1, 2, 3, 4, 5]
2. print (type(lista))
3.
```
```
<class 'list'>
```

Agregar o modificar el contenido de una lista

Vamos a estudiar a continuación la forma en que podemos interactuar con los elementos de una lista.

Para cambiar el valor de un elemento concreto de la lista, referenciaremos con su índice dicho elemento para asignarle el nuevo valor.

```
1. lista = [1, 7, 3, 4, 5]
2. lista [1] = 2
3. print (lista)
4.
```
```
[1, 2, 3, 4, 5]
```

También podemos cambiar un rango concreto de una lista. Como vimos anteriormente, disponemos de diferentes medios para seleccionar el rango de la lista y asignar los nuevos valores.

```
1. lista = [1, 7, 8, 4, 5]
2. lista [1:3] = 2, 3
3. print (lista)
4.
```
```
[1, 2, 3, 4, 5]
```

Si en vez de reemplazar elementos deseamos insertar alguno nuevo, deberemos emplear el método **insert().**

Para insertar el nuevo elemento deberemos referenciar correctamente la posición de la lista donde ubicar el nuevo elemento.

```
1. lista = [1, 3, 4, 5]
2. lista.insert (1, 2)
3. print (lista)
```
```
[1, 2, 3, 4, 5]
```

A diferencia del método **insert()**, el método **append()** permite agregar un elemento al final de una lista.

Su uso es también muy sencillo.

```
1. lista = [1, 2, 3, 4, 5]
2. lista.append (6)
3.
4. print (lista)
5.
```

```
[1, 2, 3, 4, 5, 6]
```

También podemos agregar elementos que procedan de otra lista. Para ello, disponemos del método **extend().** Los elementos que se agreguen se situarán al final de la lista origen.

```
1. lista_laborables = ['lunes', 'martes', 'miércoles', 'jueves',
'viernes']
2. lista_festivos = ['sábado', 'domingo']
3. lista_laborables.extend(lista_festivos)
4.
5. print (lista_laborables)
6.
```

```
['lunes', 'martes', 'miércoles', 'jueves', 'viernes', 'sábado',
'domingo']
```

Este método también permite agregar una tupla a una lista, pasando a ser el resultado final, una lista. Como ejemplo podemos tomar el código anterior, pero en este caso, los días festivos en vez de estar ubicados en una lista lo estarán en una tupla

```
1. lista_laborables = ['lunes', 'martes', 'miércoles', 'jueves',
'viernes']
2. lista_festivos = ('sábado', 'domingo')
3.
4. lista_laborables.extend(lista_festivos)
5. print (lista_laborables)
6. print (type(lista_laborables))
7.
```

```
['lunes', 'martes', 'miércoles', 'jueves', 'viernes', 'sábado',
'domingo']
<class 'list'>
```

Eliminar elementos de una lista

De la misma forma que agregamos elementos a una lista, podemos eliminarlos o, incluso, eliminar la lista por completo. Para ello, tenemos los métodos **remove()**, **pop()** y **clear()** o la palabra clave **del.**

- El método **remove()** permite eliminar un elemento indicando su nombre.
- El método **pop()** permite eliminar un elemento mediante su índice. Si no se indica ningún índice, se borra el último elemento de la lista.
- El método **clear()** elimina todos los elementos de la lista. La deja sin contenido, pero activa.
- Con la palabra clave **del**, podemos eliminar elementos indicando su índice. Si no especificamos ningún número de índice, se elimina la lista por completo.

```
1. lista = ['lunes', 'martes', 'miércoles', 'jueves', 'viernes',
'sábado', 'domingo']
2. print (lista)
3.
4. lista.remove('domingo')        # Eliminamos el domingo
5. print (lista)
6. lista.pop(5)           # Eliminamos el sexto elemento de la lista
7. print (lista)
8. lista.pop()            # Eliminamos el último elemento de la lista
9. print (lista)
10. del lista[3]          # Eliminamos el cuarto elemento de la lista
11. print (lista)
12. lista.clear()         # Vaciamos el contenido de la lista
13. print (lista)
14. del lista             # Eliminamos por completo la lista
15. print (lista)         # Error!! 'lista' is not defined.
17.
```

```
['lunes', 'martes', 'miércoles', 'jueves', 'viernes', 'sábado',
'domingo']
['lunes', 'martes', 'miércoles', 'jueves', 'viernes', 'sábado']
['lunes', 'martes', 'miércoles', 'jueves', 'viernes']
['lunes', 'martes', 'miércoles', 'jueves']
['lunes', 'martes', 'miércoles']
[]
Traceback (most recent call last):
  File "<stdin>", line 15, in <module>
NameError: name 'lista' isn't defined
```

Observe cómo después de eliminar la *lista* con el comando *del*, al intentar visualizar su contenido, el sistema lanza un mensaje de error informando que 'lista' no está definida, no existe.

Ordenar listas

Otra utilidad interesante de las listas es que podemos ordenar su contenido alfabéticamente, de forma ascendente o descendente, etc.

El método **sort()** permite ordenar una lista de forma alfabética o ascendente y descendente si son números. Para este último supuesto, habrá que utilizar el argumento *reverse = True.* En el siguiente ejemplo podemos ver un ejemplo.

```
1. lista = ['Nieves', 'Carlos', 'Lydia', 'Sonia']
2. lista.sort()
3. print (lista)
4.
5. lista = [2, 7, 1, 98, 12, 4]
6. lista.sort()
7. print (lista)
8.
9. lista = [2, 7, 1, 98, 12, 4]
10. lista.sort(reverse = True)
11. print (lista)
12.
```

```
['Carlos', 'Lydia', 'Nieves', 'Sonia']
[1, 2, 4, 7, 12, 98]
[98, 12, 7, 4, 2, 1]
```

La clasificación alfabética es sensible a las mayúsculas y minúsculas, por lo que todos los elementos que comiencen con mayúsculas se ordenarán antes que los que comiencen por minúsculas.

Si queremos evitar esa situación, MicroPython dispone de otro argumento para ordenar sin distinguir entre mayúsculas y minúsculas. Se trata de *(key = str.lower).*

```
1. lista = ['nieves', 'carlos', 'Lydia', 'Sonia']
2. lista.sort()
3. print (lista)
4. lista.sort(key = str.lower)
5. print (lista)
6.
```

```
['Lydia', 'Sonia', 'carlos', 'nieves']
['carlos', 'Lydia', 'nieves', 'Sonia']
```

Otro método disponible para ordenar listas es el **reverse()** que, como puede intuir el lector, sirve para invertir el orden de una lista.

```
1. lista = ['nieves', 'carlos', 'Lydia', 'Sonia']
2. lista.reverse()
3. print (lista)
4.
```

```
['Sonia', 'Lydia', 'carlos', 'nieves']
```

Copiar listas

MicroPython no permite copiar listas de forma directa mediante una igualdad. El típico *lista1 = lista2* no funcionará.

Para copiar una lista, deberemos emplear el método **copy()**.

```
lista1 = [1, 2, 3, 4, 5, 6]
lista2 = lista1.copy()

print (lista2)
```

```
[1, 2, 3, 4, 5, 6]
```

Indexar y contar

Al igual que con las tuplas, las listas pueden trabajar también con los métodos **index()** y **count()**.

El primero de ellos recibe como parámetro un valor y devuelve el índice de la posición que ocupa un elemento en la lista, mientras que el segundo sirve para obtener el número de veces que aparece dicho elemento en una lista.

Veamos un ejemplo de ambos métodos.

```
1. lista1 = ['azul', 'amarillo', 'naranja', 'verde', 'rojo', 'azul']
2. contaje = lista1.count('azul')
3. indice = lista1.index('verde')
4.
```

```
5. print ('El color azul aparece', contaje, 'veces')
6. print ('El color verde está en la posición', indice)
7.
```

```
El color azul aparece 2 veces
El color verde está en la posición 3
```

Elementos comunes a las tuplas y listas

Como indica el título del apartado, hay varias funciones comunes a tuplas y listas. Una de ellas es **enumerate()** que devolverá pares compuestos por índices y valores de todos los elementos que componen una lista o tupla.

```
1. tupla = ('uno', 'dos', 'tres', 'cuatro')
2. lista - ['azul', 'amarillo', 'naranja']
3.
4. print (list(enumerate(lista)))
5. print (list(enumerate(tupla)))
6.
```

```
[(0, 'azul'), (1, 'amarillo'), (2, 'naranja')]
[(0, 'uno'), (1, 'dos'), (2, 'tres'), (3, 'cuatro')]
```

Las funciones **max()** y **min()** son útiles para obtener el valor más grande o más pequeño de una lista o una tupla.

```
1. tupla = (1, 12, 67, 2, 322)
2. lista = [100, 912, 67, 2, 422]
3. print (max(tupla))
4. print (min(tupla))
5. print (max(lista))
6. print (min(lista))
7.
```

```
322
1
912
2
```

Si en lugar de valores numéricos los elementos son strings que contienen números, el intérprete de MicroPython identificará el valor y extraerá los elementos con mayor y menor valor.

```
1. tupla = ('1', '12', '100', '200')
2. lista = ['4', '7', '15', '1000']
3. print (max(tupla))
4. print (min(tupla))
5. print (max(lista))
6. print (min(lista))
7.
```

```
200
1
7
1000
```

La función **sorted()** permite ordenar ascendente o descendentemente todos los elementos de una lista o tupla sin afectar a la secuencia original que permanece con su definición original.

```
1. tupla = (187, 2, 10, 200)
2. lista = [444, 87, 15, 1000]
3. print (sorted(tupla))
4. print (sorted(lista))
5.
```

```
[2, 10, 187, 200]
[15, 87, 444, 1000]
```

La función **tuple()** toma un objeto iterable como entrada y devuelve un objeto tupla como salida.

Veamos un ejemplo en el que una lista se convierte en tupla.

```
1. lista = [1,2,3,4]
2. tupla = tuple(lista)
3. print(tupla)
4. print(type(tupla))
5.
```

```
(1, 2, 3, 4)
<class 'tuple'>
```

La función **list()** convierte un objeto iterable, como una tupla, en una lista.

```
1. tupla = (1,2,3,4)
2. lista = list(tupla)
3. print(lista)
4. print(type(lista))
5.
```

```
[1, 2, 3, 4]
<class 'list'>
```

CONJUNTOS

Un conjunto es una colección desordenada de valores no repetidos. Los conjuntos almacenan datos como las tuplas o las listas, pero sin mantener un orden, situación que hace que no podamos acceder a sus elementos mediante índices.

En MicroPython los conjuntos pueden almacenar valores numéricos o de cualquier tipo, siempre y cuando los valores sean enteros, cadenas de caracteres o tuplas (no pueden contener listas porque no son *hasheables*.

 En MicroPython, cualquier objeto inmutable (como un entero, booleano, cadena, tupla) es hashable, lo que significa que su valor no cambia durante su vida útil.

Definir un conjunto

La sintaxis de los conjuntos prevé que estos se definan dándoles un nombre y asociándolos a elementos que deben indicarse entre llaves y separados por comas.

El tipo set es mutable; es decir, una vez que se ha creado un conjunto, puede ser modificado.

La forma más sencilla de crear un conjunto es la siguiente:

```
1. mi_conjunto = {'Carlos', 'Nieves', 'Sonia', 'Lydia'}
2. print (mi_conjunto)
3.
```

```
{'Lydia', 'Nieves', 'Sonia', 'Carlos'}
```

Como vimos, pueden tener cualquier tipo dato como enteros, booleanos, strings o tuplas, y un mismo conjunto puede tener una mezcla de todos ellos.

```
1. conjunto1 = {'Carlos', 'Nieves', 'Sonia', 'Lydia'}
2. conjunto2 = {1, 2, 3, 4, 5, 6}
3. conjunto3 = {False, False, True}
4. conjunto4 = {'Carlos', 10, True}
5.
6. print (conjunto1)
7. print (conjunto2)
8. print (conjunto3)
9. print (conjunto4)
10.
```

```
{'Nieves', 'Lydia', 'Carlos', 'Sonia'}
{1, 2, 3, 4, 5, 6}
{False, True}
{True, 10, 'Carlos'}
```

También podemos utilizar la función **set()** para crear conjuntos.

Los elementos del conjunto deben estar comprendidos entre paréntesis o llaves. Veamos un ejemplo.

```
1. nombres = set({'Carlos','Nieves','Sonia', 'Lydia'})
2. colores = set({'azul','verde','amarillo', 'rojo'})
3.
4. print (nombres)
5. print (colores)
6.
```

```
{'Lydia', 'Sonia', 'Carlos', 'Nieves'}
{'amarillo', 'rojo', 'verde', 'azul'}
```

Véase en el ejemplo anterior que el conjunto no incluye elementos repetidos y que los elementos al ser visualizados no aparecen ordenados de la misma forma en que fueron introducidos.

 Los elementos del conjunto aparecerán en un orden diferente cada vez que se usen, además de que no podemos hacer referencia a ellos por su índice o clave.

Podemos definir conjuntos compuestos por elementos tipo cadena (string), así como conjuntos compuestos por elementos numéricos o formados por elementos asociados a diferentes tipos de datos.

Veamos un ejemplo que muestra la definición de un conjunto con dos cadenas, un número entero y una tupla formada por números enteros.

```
1. mi_conjunto = set({'Carlos', 1993, 'Nieves', (1966, 1967)})
2. print (mi_conjunto)
3.
```

```
{1993, 'Nieves', 'Carlos', (1966, 1967)}
```

Como vemos, es posible utilizar una tupla como elemento de un conjunto, pero no podremos hacerlo con una lista.

Las listas contienen elementos editables y si intentamos añadir una lista a un conjunto, obtendremos un error.

```
1. mi_conjunto = set({'Carlos',1993,'Nieves', [1966, 1967]})
2. print (mi_conjunto)
3.
```

```
Traceback (most recent call last):
  File "<stdin>", line 1, in <module>
TypeError: unsupported type for __hash__: 'list
```

A pesar de que los conjuntos no pueden tener elementos duplicados, sí podemos añadir un elemento duplicado a un conjunto sin obtener un error. MicroPython lo que hará es eliminar los elementos duplicados del conjunto.

```
1. mi_conjunto = set({'Carlos',1993,'Nieves', 1993, 'Carlos', (1966,
1967)})
2. print (mi_conjunto)
3.
```

```
{1993, 'Nieves', 'Carlos', (1966, 1967)}
```

Insertar nuevos elementos en un conjunto

Los conjuntos son colecciones de datos desordenados, esto significa que, a diferencia de las listas y tuplas, sus elementos no están indexados y no es posible utilizar un número de índice para recuperarlos, pero sí podemos añadir nuevos elementos a un conjunto mediante el método **add()**.

Vamos a crear un conjunto vacío al que después le añadiremos un nuevo elemento.

```
1. mi_conjunto = set({})
2. print (mi_conjunto)
3. mi_conjunto.add('Carlos')
4. mi_conjunto.add('Nieves')
5. print (mi_conjunto)
6.
```

```
set()
{'Nieves', 'Carlos'}
```

Observe cómo el método add() solo permite añadir un único elemento cada vez. Si intentamos pasar más de uno, obtendremos un error similar a *TypeError: set.add() takes exactly one argument.*

Si queremos añadir más de un elemento al conjunto, deberemos usar el método **update()** que permite insertar elementos a través de tuplas u otras colecciones de elementos. El método update() también se puede usar para insertar conjuntos en otros conjuntos, como en el siguiente ejemplo, donde se agregan una lista y un conjunto al conjunto original.

Vamos a ver un ejemplo que aclara el uso del método update().

```
1. mi_conjunto = set({})
2. print (mi_conjunto)
3. mi_conjunto.update(['Carlos', 'Nieves', 'Sonia', 'Lydia'])
4. print (mi_conjunto)
5. mi_conjunto.update({1966, 19667, 1996, 2000})
6. print (mi_conjunto)
7.
```

```
set()
{'Nieves', 'Sonia', 'Lydia', 'Carlos'}
{'Lydia', 'Carlos', 'Sonia', 1996, 1966, 2000, 19667, 'Nieves'}
```

Eliminar elementos de un conjunto

MicroPython tiene varios métodos para eliminar elementos de conjuntos. Estos métodos son **remove()** y **discard()** a los que simplemente se les tiene que pasar, como parámetro, el elemento a eliminar.

La diferencia entre el uso de uno y otro radica en que remove() genera un error si el elemento que se está intentando eliminar no está presente en el conjunto. Discard() simplemente deja la situación sin cambios, sin generar ningún error.

```
1. conjunto1 = {'Carlos', 'Nieves', 'Sonia', 'Lydia'}
2. conjunto1.discard ('Sonia')
3. print (conjunto1)
4. conjunto1.remove ('Sonia')
5. print (conjunto1)
6.
```

```
{'Carlos', 'Lydia', 'Nieves'}
Traceback (most recent call last):
  File "<stdin>", line 4, in <module>
KeyError: Sonia
```

 Los conjuntos también disponen del método *pop()* que, como vimos anteriormente, eliminan el último elemento, pero recuerde que los conjuntos están desordenados, por lo que no sabremos qué elemento se está quitando del conjunto.

Para vaciar por completo un conjunto, usaremos el método **clear**().

```
1. conjunto = {'Carlos', 'Nieves', 'Sonia', 'Lydia'}
2. conjunto.clear()
3. print (conjunto)
```

```
set ()
```

Y para borrar por completo el conjunto, usaremos la palabra clave **del.**

```
1. conjunto = {'Carlos', 'Nieves', 'Sonia', 'Lydia'}
2. del conjunto
3. print (conjunto)
```

```
Traceback (most recent call last):
  File "<stdin>", line 3, in <module>
NameError: name 'conjunto' isn't define
```

Acceder a los elementos de un conjunto

No podemos acceder a los elementos de un conjunto consultando por su índice o clave ya que el contenido de los conjuntos está desordenado, pero sí podemos recorrer los elementos del conjunto usando un bucle **for**, o bien, consultar si un valor específico está presente en el conjunto, usando la palabra clave **in**.

En primer lugar, vamos a ver con un ejemplo cómo recorrer todos los elementos de un conjunto.

```
1. conjunto = {'Carlos', 'Nieves', 'Sonia', 'Lydia'}
2. for elemento in conjunto:
3.     print(elemento)
4.
```

```
Nieves
Carlos
Lydia
Sonia
```

Para ver si un elemento en concreto se encuentra dentro del conjunto, la respuesta será de tipo booleana. *True* o *False* en función de si el elemento se encuentra o no en el conjunto.

```
1. conjunto = {'Carlos', 'Nieves', 'Sonia'}
2.
3. print ('Carlos' in conjunto)
4. print ('Lydia' in conjunto)
5.
```

```
True
False
```

Podemos conocer la cantidad de elementos que tiene un conjunto mediante **len()**.

```
1. conjunto = {'Carlos', 'Nieves', 'Sonia', 'Lydia'}
2.
3. print (len(conjunto))
4.
```

```
4
```

Conjuntos y uniones

Los conjuntos se pueden unir. Considerados dos conjuntos, una unión será a su vez un tercer conjunto formado por los elementos de ambos conjuntos.

Para determinar una unión, puede utilizar el operador "**|**" de la siguiente forma.

```
1. conjunto1 = {'Carlos', 'Nieves', 'Sonia', 'Lydia'}
2. conjunto2 = {'Nieves', 'Sonia', 'Lydia'}
3. conjunto3 = conjunto1 | conjunto2
4.
5. print (conjunto3)
6.
```

```
{'Sonia', 'Carlos', 'Lydia', 'Nieves'}
```

Podemos unir más de dos conjuntos.

```
1. conjunto1 = {'Carlos'}
2. conjunto2 = {'Sonia', 'Lydia'}
3. conjunto3 = {'Nieves'}
4. conjunto4 = conjunto1 | conjunto2 |conjunto3
5.
6. print (conjunto4)
7.
```

```
{'Sonia', 'Nieves', 'Carlos', 'Lydia'}
```

También podemos obtener el mismo resultado usando el método **union()**.

```
1. conjunto1 = {'Carlos', 'Nieves', 'Sonia', 'Lydia'}
2. conjunto2 = {'Nieves', 'Sonia', 'Lydia'}
3. conjunto3 = conjunto1.union(conjunto2)
4.
5. print (conjunto3)
6.
```

```
{'Sonia', 'Carlos', 'Lydia', 'Nieves'}
```

En cualquiera de los dos ejemplos anteriores, se generará un conjunto con los elementos de ambos conjuntos implicados. Si los dos conjuntos contienen elementos comunes, solo se insertarán una vez en el conjunto resultante.

Otra opción interesante es insertar los elementos de un conjunto A en un B mediante el método **update()**.

```
1. conjunto1 = {'Carlos'}
2. conjunto2 = {'Sonia', 'Lydia'}
3. conjunto1.update(conjunto2)
4.
5. print (conjunto1)
6.
```
```
{'Sonia', 'Lydia', 'Carlos'}
```

Al igual que con el método **union()**, los elementos repetidos serán excluidos del conjunto resultante.

Conjuntos e intersecciones

Las intersecciones entre conjuntos devuelven un nuevo conjunto con los elementos comunes de ambos conjuntos. Una primera forma de realizar una intersección es utilizar el operador "**&**".

```
1. socios = {'Carlos', 'Nieves', 'Sonia', 'Lydia'}
2. inscripciones = {'Sonia', 'Lydia'}
3.
4. participantes = socios & inscripciones
5.
6. print (participantes)
7.
```
```
{'Lydia', 'Sonia'}
```

También podemos obtener el mismo resultado con el método **intersection()**.

```
1. socios = {'Carlos', 'Nieves', 'Sonia', 'Lydia'}
2. inscripciones = {'Sonia', 'Lydia'}
3.
4. participantes = socios.intersection(inscripciones)
5.
6. print (participantes)
```
```
{'Lydia', 'Sonia'}
```

Conjuntos y diferencias

La diferencia entre dos conjuntos retorna un nuevo conjunto que contiene los elementos de A que no están en B, o bien, los de B en A si se invierte el orden de los operandos.

El operador usado para calcular la diferencia existente entre dos conjuntos es el de la resta "-".

```
1. conjuntoA = {1, 2, 3, 4, 5, 6, 7}
2. conjuntoB = {4, 5, 6, 7, 8, 9, 10}
3. diferencia1 = conjuntoA - conjuntoB
4. diferencia2 = conjuntoB - conjuntoA
5.
6. print (diferencia1)
7. print (diferencia2)
8.
```
```
{1, 2, 3}
{8, 9, 10}
```

También podemos obtener el mismo resultado usando el método **difference()**.

```
1. conjuntoA = {1, 2, 3, 4, 5, 6, 7}
2. conjuntoB = {4, 5, 6, 7, 8, 9, 10}
3. diferencia1 = conjuntoA.difference(conjuntoB)
4. diferencia2 = conjuntoB.difference(conjuntoA)
5.
6. print (diferencia1)
7. print (diferencia2)
8.
```
```
{1, 2, 3}
{8, 9, 10}
```

Diferencias simétricas entre conjuntos

Las diferencias simétricas entre conjuntos representan la operación contraria a las diferencias simples. Si tenemos dos conjuntos A y B, su diferencia simétrica será un conjunto de elementos que no están presentes en ambos conjuntos evaluados.

Para operar una diferencia simétrica, el operador "^" debe usarse después de definir los dos conjuntos que actuarán como operandos.

```
1. conjuntoA = {1, 2, 3, 4, 5, 6, 7}
2. conjuntoB = {4, 5, 6, 7, 8, 9, 10}
3. diferencia = conjuntoA ^ conjuntoB
4.
5. print (diferencia)
6.
```
```
{1, 2, 3, 8, 9, 10}
```

Usando el método **symmetric_difference()** podemos obtener el mismo resultado que con el uso del operador ^.

```
1. conjuntoA = {1, 2, 3, 4, 5, 6, 7}
2. conjuntoB = {4, 5, 6, 7, 8, 9, 10}
3. diferencia = conjuntoA.symmetric_difference(conjuntoB)
4.
5. print (diferencia)
6.
```
```
{1, 2, 3, 8, 9, 10}
```

Conjuntos inmutables

Los **frozenset** son estructuras de datos similares a **set** pero inmutables. Como su nombre indica, los elementos de este tipo de conjuntos están "congelados" y no se pueden modificar una vez inicializado el conjunto.

Para definir un *frozenset* usamos la función **frozenset()**. Veamos un ejemplo que agrega elementos desde una lista.

```
1. conjunto = frozenset (['rojo', 'verde', 'azul', 'amarillo'])
2. print (conjunto)
3.
```
```
frozenset({'rojo', 'verde', 'azul', 'amarillo'})
```

DICCIONARIOS

Los diccionarios con MicroPython son realmente muy útiles y nos van a permitir almacenar valores ordenados mediante claves.

Son colecciones ordenadas de objetos similares a las listas o tuplas, pero a diferencia de estas, los diccionarios almacenan los elementos en pares formados por claves y valores.

Esta característica se debe al hecho de que los diccionarios se han diseñado para encontrar fácilmente valores basados en sus claves cuando estas son conocidas por el desarrollador.

Definición de un diccionario

La sintaxis para la creación de diccionarios es sencilla. Para definir un diccionario, se encierra el listado de valores entre llaves. Las parejas de clave y valor se separan con comas, y la clave (*keys*) y el valor (*values*) se separan con dos puntos.

Los valores de los pares de un diccionario se pueden asociar con cualquier tipo de datos y estar presentes más de una vez, las claves en cambio deben ser únicas y su tipo inmutable.

Con un ejemplo se entenderá mejor.

```
1. dicc1 = {
2.    'Yo': 'Carlos',
3.    'Ella': 'Nieves',
4.    }
5. dicc2 = {
6.    1: 'Carlos',
7.    2: 'Nieves',
8.    }
9.
10. print(dicc1)
11. print(dicc2)
12.
```

```
{'Yo': 'Carlos', 'Ella': 'Nieves'}
{1: 'Carlos', 2: 'Nieves'}
```

En el ejemplo anterior se han definido dos diccionarios. Uno tiene claves con valores numéricos y otro, claves con valores de cadena. Como puede ver, las claves no tienen que ser necesariamente numéricas y los valores no tienen que ser necesariamente cadenas.

 Es importante recordar que los diccionarios no pueden tener claves duplicadas. En caso de que alguna clave se duplique, se sobrescribirá el valor más antiguo del diccionario por el más reciente.

MicroPython también tiene una sintaxis de definición de diccionario alternativa que usa la función nativa **dict().** Esta función recibe como parámetro una representación de un diccionario y si es viable (está bien estructurada), devuelve un diccionario de datos.

```
1. midicc = dict({1:'Carlos', 2:'Nieves'})
2. print(midicc)
3.
4. midicc1 = dict({'Renault':'Megane', 'Seat':'Tarraco'})
5. print(midicc1)
6.
```

```
{1: 'Carlos', 2: 'Nieves'}
{'Renault': 'Megane', 'Seat': 'Tarraco'}
```

Al igual que con las listas y las tuplas, los elementos de un diccionario pueden ser tipo string, enteros, booleanos o incluso, de lista.

Veamos un ejemplo que aglutina todos los elementos anteriormente mencionados.

```
1. dicc1 = {
2.      'Yo': 'Carlos',
3.      'Hombre': True,
4.      1: 'Tarragona',
5.      'Edad': 55,
6.      'Colores': ['rojo', 'verde', 'azul']
7.      }
8.
9. print(dicc1)
10.
```

```
{'Yo': 'Carlos', 'Hombre': True, 1: 'Tarragona', 'Edad': 55,
'Colores': ['rojo', 'verde', 'azul']]}
```

Acceder a los elementos de un diccionario

Como los diccionarios contienen pares de claves y valores, la forma más sencilla de acceder a un valor es consultar su clave.

Para ello, se utiliza una sintaxis que prevé el uso del nombre del diccionario seguido de una clave insertada entre llaves.

También disponemos del método **get()** que dará el mismo resultado. Veamos en el siguiente ejemplo cómo se emplean las dos formas.

```
1. dicc1 = {
2.     'Yo': 'Carlos',
3.     'Hombre': True,
4.     1: 'Tarragona',
5.     'Edad': 55,
6.     'Colores': ['rojo', 'verde', 'azul']
7.     }
8.
9. print(dicc1['Hombre'])
10. print (dicc1.get('Yo'))
11.
```

```
True
Carlos
```

La principal diferencia entre la primera metodología y la basada en *get ()* es que el método no devuelve nada si se le pasa una clave inexistente como argumento, mientras que, con la opción del índice, se generaría un error.

Podemos conocer todas las claves de un diccionario de manera sencilla. Para ello, usaremos el método **keys**() que devuelve todas las claves del diccionario seleccionado.

```
1. dicc1 = {
2.     'Yo': 'Carlos',
3.     'Hombre': True,
4.     1: 'Tarragona',
5.     'Edad': 55,
6.     'Colores': ['rojo', 'verde', 'azul']
7.     }
8.
9. print (dicc1.keys())
10.
```

```
dict_keys(['Yo', 'Hombre', 1, 'Edad', 'Colores'])
```

Editar elementos de un diccionario

Para modificar un elemento de un diccionario, basta con asociar un nuevo valor a la clave que deseamos modificar.

```
1. dicc1 = {
2.     'Yo': 'Carlos',
3.     'Hombre': True,
4.     1: 'Tarragona',
5.     'Edad': 55,
6.     'Colores': ['rojo', 'verde', 'azul']
7.     }
8.
9. dicc1['Hombre'] = False
10. print (dicc1['Hombre'])
11.
```

```
False
```

En todas las operaciones de manipulación de diccionarios como modificación y eliminación, hay que tener en cuenta que a diferencia de lo que ocurre con las listas y tuplas, en los diccionarios no existe una indexación automática de "0" a "n" sino claves definidas por el usuario a las que se deberá acceder directamente para su edición.

Agregar un elemento a un diccionario

Para agregar un elemento a un diccionario, se debe especificar una nueva clave asociándole su correspondiente valor. El nuevo elemento se colocará al final del diccionario.

```
1. dicc1 = {
2.     'Yo': 'Carlos',
3.     'Hombre': True,
4.     'Colores': ['rojo', 'verde', 'azul']
5.     }
6. dicc1['Mujer'] = False
7. print (dicc1)
8.
```

```
{'Yo': 'Carlos', 'Hombre': True, 'Colores': ['rojo', 'verde',
'azul'], 'Mujer': False}
```

Recuerde que al insertar un elemento nuevo en el diccionario es necesario prestar atención al nombre utilizado para la nueva clave. Si se indica el nombre de una clave ya presente, su valor se actualizará.

Eliminar un elemento de un diccionario

Para eliminar elementos de un diccionario disponemos de varios métodos o comandos.

El método **pop()**, al igual que con las tuplas y listas, permite eliminar un elemento del diccionario indicando la clave que se desea eliminar.

```
1. dicc1 = {
2.     'Yo': 'Carlos',
3.     'Hombre': True,
4.     'Colores': ['rojo', 'verde', 'azul'],
5.     'Mujer': False
6.     }
7.
8. dicc1.pop('Mujer')
9. print (dicc1)
10.
```

```
{'Yo': 'Carlos', 'Hombre': True, 'Colores': ['rojo', 'verde',
'azul']}
```

El método **popitem()** elimina el último elemento insertado en el diccionario.

```
1. dicc1 = {
2.     'Yo': 'Carlos',
3.     'Hombre': True,
4.     'Colores': ['rojo', 'verde', 'azul'],
5.     'Mujer': False
6.     }
7.
8. dicc1.popitem()
9. print (dicc1)
10.
```

```
{'Yo': 'Carlos', 'Hombre': True, 'Colores': ['rojo', 'verde',
'azul']}
```

El método **del()** funciona de manera similar al método pop() indicando la clave del elemento a borrar, pero también se puede usar para eliminar permanentemente un diccionario.

```
1. dicc1 = {
2.      'Yo': 'Carlos',
3.      'Hombre': True,
4.      'Colores': ['rojo', 'verde', 'azul'],
5.      'Mujer': False
6.  }
7.
8. del dicc1['Mujer']
9. print (dicc1)
10.
11. del dicc1
12. print (dicc1)  #  Error!! NameError: name 'dicc1' is not defined.
13.
```
```
{'Colores': ['rojo', 'verde', 'azul'], 'Hombre': True, 'Yo':
'Carlos'}
Traceback (most recent call last):
  File "<stdin>", line 12, in <module>
NameError: name 'dicc1' isn't define
```

El método **clear()** se usa para borrar todo el contenido de un diccionario pero manteniendo activo el mismo.

```
1. dicc1 = {
2.      'Yo': 'Carlos',
3.      'Hombre': True,
4.      'Colores': ['rojo', 'verde', 'azul'],
5.      }
6.
7. dicc1.clear()
8.
```

Operaciones con diccionarios

Los diccionarios son construcciones iterables, esta característica los hace particularmente útiles en operaciones que involucran la selección de valores específicos o la devolución de valores incluidos dentro de rangos.

La iteración de un diccionario es más clara y evidente cuando los valores que representan se utilizan dentro de bucles o estructuras condicionales.

Bucles en diccionarios

Podemos recorrer todos los elementos de un diccionario utilizando un bucle **for**.

Con el uso de *for* y los métodos **keys(), values()** e **Items()** podemos recorrer un diccionario y obtener el valor de las claves del diccionario, los valores de dichas claves o ambos, es decir, la pareja clave/valor.

- El método *keys()* se usará para obtener las claves de todo el diccionario.
- El método *values()* se empleará para obtener los valores del diccionario.
- El método *items()* se utilizará para obtener la pareja clave/valor de todos los elementos del diccionario.

Vamos a ver en un único ejemplo el empleo de los bucles en un diccionario aplicando los métodos anteriormente descritos.

```
1.  animales = {
2.     1:'perro',
3.     2:'gato',
4.     3:'pajaro',
5.     4:'caballo'
6.  }
7.
8.  for x in animales:
9.     print(x)                        # Se imprimen las claves
10. for x in animales.keys():
11.    print(x)                        # Se imprimen las claves
con el método keys()
12. for x in animales:
13.    print(animales[x])        # Se imprimen los valores
14. for x in animales.values():
15.    print(x)                        # Se imprimen los valores
con el método values()
16. for x in animales.items():
17.    print(x)                        # Se imprimen claves y
valores con el método items()
18.
```

```
1
2
3
4
```

```
1
2
3
4
perro
gato
pajaro
caballo
perro
gato
pajaro
caballo
(1, 'perro')
(2, 'gato')
(3, 'pajaro')
(4, 'caballo')
```

Comprensión de diccionarios

La comprensión de diccionarios en MicroPython es un procedimiento que permite crear nuevos diccionarios a partir de un elemento iterable como puede ser una lista o tupla.

La estructura es muy simple.

```
1. <nombre_diccionario> = {clave:valor for (clave, valor) in
iterable}
2.
```

Para poner en práctica la comprensión de diccionarios, vamos a diseñar un sencillo código que tome, de una lista existente, los nombres de los participantes para un sorteo y que, a cada uno de ellos, se le asigne un número en función de su orden en dicha lista.

```
1. jugadores = ['Carlos', 'Nieves', 'Sonia', 'Lydia']
2. dicc_sorteo = {particip:num + 1 for num, particip in
enumerate(jugadores)}
3.
4. print(dicc_sorteo)
5.
{'Carlos': 1, 'Nieves': 2, 'Sonia': 3, 'Lydia': 4}
```

Otro ejemplo podría ser obtener un diccionario basado en una lista de nombres, que asocie a dicha lista un valor de la longitud (número de caracteres) de dichos nombres.

```
1. nombres = ['Alfonso', 'Cayetano', 'Sebastián', 'Luis']
2. dicc = {i:len(i) for i in nombres}
3. print (dicc)
4.
```
```
{'Alfonso': 7, 'Cayetano': 8, 'Sebastián': 9, 'Luis': 4}
```

Chequeo de pertenencia en diccionarios

Dado que los diccionarios representan secuencias de valores, puede resultar interesante comprobar si existe o no un valor determinado en el diccionario. Las claves de un diccionario se utilizan en la comprobación de la pertenencia, pero no de sus valores.

Para saber si un elemento forma parte del contenido de un diccionario, usaremos la palabra clave *in*. Si se encuentra, obtendremos *True* y en caso contrario *False*.

También es posible realizar la prueba contraria; es decir, verificar que un determinado elemento está ausente en un diccionario. Para ello usaremos **not in.**

```
1. animales = {1:'perro', 2:'gato', 3:'pajaro', 4:'caballo'}
2. print (3 in animales)
3. print (5 not in animales)
4.
```
```
True
True
```

En el ejemplo anterior, los dos chequeos devuelven *True* ya que, en el primer caso, la clave 3 existe en el diccionario y en el segundo, la clave 5 no existe, pero como se está verificando precisamente eso, que no exista, el intérprete contesta con verdadero (True).

Contando claves de un diccionario

Otra comprobación con los diccionarios es contar los elementos que contiene. Para ello, utilizaremos la función **len()**.

```
1. animales = {1:'perro', 2:'gato', 3:'pajaro', 4:'caballo'}
2. print(len(animales))
3.
```

```
4
```

Copiar un diccionario

Utilizando la función **copy()** podemos hacer una copia de un diccionario existente. Su sintaxis es muy sencilla.

```
1. dicc_original = {'NPN':'BC337', 'PNP':'BC237'}
2. dicc_copia = dicc_original.copy()
3. print('Diccionario Original:', dicc_original)
4. print('Diccionario copia:', dicc_copia)
5.
```

```
Diccionario Original: {'NPN': 'BC337', 'PNP': 'BC237'}
Diccionario copia: {'NPN': 'BC337', 'PNP': 'BC237'}
```

 No podemos copiar un diccionario usando el signo =. Cuando se utiliza el operador de igualdad, se crea una nueva referencia al diccionario original, por lo que los cambios que se realicen en el diccionario original se replicarán en el "copiado".

Vaciar un diccionario

Para vaciar un diccionario en MicroPython, puedes utilizar el método **clear().** Este método elimina todos los elementos del diccionario, dejándolo vacío. Aquí tienes un ejemplo de cómo hacerlo:

```
1. dicc_original = {'NPN':'BC337', 'PNP':'BC237'}
2. dicc_copia = dicc_original
3.
4. print('Diccionario Original:', dicc_original)
5. print('Diccionario copia:', dicc_copia)
6.
7. dicc_original.clear()  # Vaciamos los dos diccionarios:
dicc_original y dicc_copia
8.
```

ESTRUCTURAS DE CONTROL

Seguimos avanzando. Ya sabemos trabajar con variables, manipularlas y operar con ellas. Ahora vamos a ver cómo MicroPython puede tomar decisiones.

Al igual que sucede con la mayoría de los lenguajes de programación, en determinados momentos es necesario controlar el desarrollo de un programa para que este tome decisiones por nosotros.

Una estructura de control es un bloque de código que permite agrupar instrucciones de manera controlada estableciendo alternativas en la ejecución, es decir, que un determinado código se ejecute en ocasiones y en otras no.

Con el uso de las estructuras de control de flujo, los programas dejan de ser "lineales" y pasan a convertirse en programas dinámicos que toman decisiones en función del valor de las variables.

En este capítulo, hablaremos sobre dos estructuras de control que en MicroPython se agrupan en:

- Estructuras de control condicionales
- Estructuras de control iterativas

Estructuras de control condicionales

Las estructuras condicionales permiten evaluar si una o varias condiciones se cumplen o no, para decidir qué elementos del código ejecutar.

Siempre devolverán un valor *True* (verdadero) o *False* (Falso).

La evaluación de las condiciones a chequear se realiza mediante los operadores de comparación o lógicos ya tratados en el capítulo 3.

Para definir una estructura condicional utilizamos la palabra clave **if,** que se complementa con **elif** y **else**.

- **elif.** Si las condiciones anteriores no son verdaderas, prueba esta condición.
- **else.** Ejecuta el código que contiene si ninguna de las condiciones anteriores es True (verdadera).

Veamos un ejemplo con el símil de un semáforo para aclarar conceptos.

```
1. luz_semaforo = "rojo"
2. if luz_semaforo == "verde":
3.     print ("Puede usted arrancar")
4. elif luz_semaforo == "ámbar":
5.     print ("Ámbar. Pare su vehículo")
6. else:
7.     print ("Espere luz verde")
8.
```

```
Espere luz verde
```

En el ejemplo anterior, la primera condición es *False* (la luz no está en verde) por lo que el comando *elif* analiza una segunda condición que también devuelve False (la luz tampoco es ámbar), por lo que, finalmente, el comando *else* ejecuta el código implementado que es mostrar en pantalla *Espere luz verde*.

Podemos combinar varias condiciones mediante operadores lógicos.

```
1. x, y, z = 100, 50, 200
2. if x > y and z > x:
3.     print("Las dos condiciones son verdaderas")
4.
```

```
Las dos condiciones son verdaderas
```

Otra alternativa es establecer también un condicional en una única línea. Veamos algunos ejemplos.

```
1. if 10 > 5: print("10 es mayor que 5")
2.
```

```
10 es mayor que 5
```

```
1. a, b = 10, 2
2. print ("a es mayor que b") if a > b else print("b es mayor que a")
3.
```

```
a es mayor que b
```

En MicroPython, las construcciones condicionales se pueden anidar. Esto significa que podemos definir condiciones dentro de otras condiciones. Es lo que se conoce como estructuras condicionales anidadas.

Vamos a ver un ejemplo.

```
1. x, y = 10, 20
2. if x == y:
3.     print("x e y son iguales")
4. else:
5.     if x < y:
6.         print("x es menor que y")
7.     else:
8.         print("x es mayor que y")
9.
```

```
x es menor que y
```

Estructuras de control iterativas

Las estructuras de control iterativas son las formadas por los bucles **for** y **while**. Un bucle es la ejecución continua de un determinado bloque de código mientras una condición asignada sea verdadera.

La diferencia entre *for* y *while* es que el bucle *for* termina cuando no hay más elementos que iterar, mientras el bucle *while* nos permite ejecutar un bloque de código continuamente mientras la condición sea verdadera.

El bucle for

El bucle **for** se utiliza para iterar sobre una secuencia. Permite repetir una acción varias veces, hasta que se cumpla una determinada condición (implícita), que dará fin al bucle.

Para aclarar esta dinámica vamos a ver un sencillo ejemplo basado en el uso de listas. El código siguiente realizará una pasada por todos los elementos de la lista y los mostrará en pantalla.

```
1. colores =["rojo", "verde", "azul", "rojo"]
2. for a in colores:
3.     print (a)
```

```
rojo
verde
azul
rojo
```

En el ejemplo anterior, al no especificarse ninguna condición, el bucle se repetirá tantas veces como elementos tenga la lista.

Con la instrucción **break** podemos detener la ejecución de un bucle si se cumple una determinada condición.

```
1. colores =["rojo", "verde", "azul", "rojo"]
2. for a in colores:
3.     print (a)
4.     if a == "azul":
5.         break
```
```
rojo
verde
azul
```

Otra opción interesante es detener la iteración del bucle, saltar uno de los elementos y continuar con el siguiente. Para ello emplearemos la instrucción **continue.**

```
1. colores =["rojo", "verde", "azul", "rojo"]
2. for a in colores:
3.     if a == "azul":
4.         continue
5.     print (a)
```
```
rojo
verde
rojo
```

También podemos acotar mediante la función **range()** el número específico de veces que se ha de recorrer el código.

La función *range()* evita tener que escribir secuencias largas ya que permite definir un rango de valores basado en dos parámetros: uno inicial y uno final.

Por ejemplo, para escribir los números del 10 al 15 usaríamos este código.

```
1.  for x in range(10,16):
2.     print (x)
3.
```
```
10
...
...
15
```

También podemos definir un paso que afectará directamente a la generación de la salida, en el siguiente ejemplo, saltaremos una posición cada vez.

```
1. for x in range(10,16,2):
2.     print (x)
3.
```
```
10
12
14
```

Podemos emplear la instrucción *else* para que se ejecute un determinado código al finalizar un bucle. Por ejemplo, una rutina que muestre en pantalla todos los números pares del 0 al 10 y un mensaje de confirmación del fin de la iteración.

```
1. for a in range(0,11,2):
2.         print(a)
3. else:
4.         print("Fin del proceso")
5.
```
```
0
2
4
6
8
10
Fin del proceso
```

Podemos anidar varios bucles *for* igual que se vio con la instrucción *if*.

Vamos a ver un ejemplo en el que un bucle interno se ejecuta por cada iteración del externo para representar en binario, a nivel visual, los números del 0 al 7.

```
1. lista = [0, 1]
2. lista2 = [0, 1]
3. lista3 = [0, 1]
4. for x in lista:
5.     for y in lista2:
6.             for z in lista3:
7.                 print(x, y, z)
8.
```

```
0 0 0
0 0 1
0 1 0
0 1 1
1 0 0
1 0 1
1 1 0
1 1 1
```

El bucle while

El bucle **while** permite ejecutar un bloque de código de manera continua mientras la condición sea verdadera.

Es importante tener en cuenta que este tipo de bucle puede llegar a ser infinito si la condición que se está evaluando, siempre es a futuro verdadera.

Veamos un ejemplo que imprime en pantalla los números del 1 al 4.

```
1. num = 1
2. while num < 5:
3.        print(num)
4.        num += 1
5.
```
```
1
2
3
4
```

Al igual que los bucles **for**, los bucles **while** pueden tener bloques **else**.

Veamos un ejemplo.

```
1. num = 0
2. while num < 2:
3.     print('Estoy dentro del bucle while')
4.     num +=  1
5. else:
6.     print('Aquí se ejecuta el bloque \'else\'')
7.
```

```
Estoy dentro del bucle while
Estoy dentro del bucle while
Aquí se ejecuta el bloque 'else'
```

Mediante la instrucción **break** podemos detener la ejecución de un bucle en el momento que una condición que se asocie a dicho *break* sea verdadera.

En el siguiente ejemplo, vamos a programar inicialmente un bucle infinito; es decir, un bucle que no terminará nunca su ejecución dado que la condición que evalúa siempre va a ser verdadera. Un bucle infinito dejaría bloqueado el programa en esa posición sin opción a detenerlo.

Para evitarlo, incorporaremos al programa la instrucción *break* de forma que cuando el contador llegue a 5, se detenga el programa.

```
1. cuenta = 1
2. while cuenta >= 1:
3.     print(cuenta)
4.     cuenta += 1
5.     if cuenta == 5:
6.         break
7.
```

```
1
2
3
4
```

Al igual que en los bucles *for*, otra opción interesante es detener la iteración del bucle, saltar uno de los elementos y continuar con el siguiente. Para ello emplearemos la instrucción ***continue.***

En el siguiente ejemplo, vamos a deletrear el nombre *CarlLos* al que exprofeso, le hemos añadido una L mayúscula errónea. Haremos que el programa cuando llegue a ese punto, la descarte y siga deletreando el resto hasta terminar todos los caracteres.

```
1. nombre = 'CarlLos'
2. for letras in nombre:
3.     if letras == 'L':
4.         continue
5.     print(letras)
6.
```

C
a
r
l
o
s

FUNCIONES

MicroPython dispone de una serie de funciones integradas en el lenguaje (funciones predefinidas o nativas) y obviamente, también permite crear funciones definidas por nosotros para ser usadas en nuestros programas.

El uso de funciones es un componente muy importante en la programación. Permite trocear fragmentos de un programa en módulos facilitando así la programación y su depuración.

Una función es un bloque de código que solo se ejecuta cuando es llamado. Una de sus ventajas, como hemos comentado, es que solo se definen una vez y luego pueden usarse en más de una ocasión dentro de la misma aplicación evitando así repeticiones innecesarias de código con un evidente ahorro de tiempo de desarrollo, limpieza en el código y ejecución de programas más ágiles.

A lo largo de este capítulo ya hemos visto algunas de las funciones predefinidas de MicroPython como **print()**, **dict()**, **len()**, **max()**, **min()**, etc.

Vamos a ver a continuación algunas de las principales funciones nativas de MicroPython para ver, posteriormente, cómo crear nuestras propias funciones.

Funciones predefinidas

En este apartado vamos a repasar de forma breve las principales funciones predefinidas de MicroPython.

Muchas de ellas son comunes y aplicables a diferentes estructuras de MicroPython, por lo que los siguientes ejemplos de funciones solo hacen referencia a alguna de ellas a modo de ejemplo para ilustrar su uso.

 Ojo con confundir funciones con métodos. La diferencia es que un método es parte de una clase, es decir, parte de la funcionalidad que le damos a un objeto y siempre va a estar asociado a dicho objeto. Sin embargo, las funciones están definidas por sí mismas y no pertenecen a ninguna clase.

Funciones para el manejo de variables, listas, tuplas y diccionarios

- **enumerate().** Devuelve un objeto como tuplas o listas enumerado.

```
1. tupla = ('coche', bicicleta, 'moto')
2. print (list(enumerate(tupla)))
3.
```
```
[(0, 'coche'), (1, bicicleta), (2, 'moto')]
```

- **filter().** Devuelve un iterador donde los elementos que se filtran a través de una función para probar si el elemento es *True* o *False*. En el ejemplo se puede ver una función que devuelve los números pares de una lista.

```
1. numeros = [1, 20, 12, 13, 17, 5, 9, 33]
2. def pares(x):
3.     if x%2 == 0:
4.         return True
5.     else:
6.         return False
7. n_pares = filter(pares, numeros)
8. for x in n_pares:
9.     print(x)
10.
```
```
20
12
```

- **input().** Lee un valor introducido por el usuario y devuelve un *string*.

```
1. print ('Por favor, Introduce tu nombre:')
2. nombre = input()
3. print ('Te llamas ' + nombre)
```
```
Por favor, Introduce tu nombre:
Carlos
Te llamas Carlos
```

- **iter().** Crea un objeto iterable.

```
1. colores = iter(['rojo', 'verde'])
2.
3. print (next(colores))
4. print (next(colores))
```
```
rojo
verde
```

- **list().** Crea una lista a partir de un elemento.

```
1. lista = list (('coche', 'camión', 'moto'))
2. print (lista)
3.
```
```
['coche', 'camión', 'moto']
```

- **map().** Ejecuta una función específica para cada elemento de un iterable. El elemento se envía a la función como parámetro.

```
1. def mapa(a, b):
2.        return a + b
3.
4. mi_mapa = map(mapa, ('manzana', fresa), ('roja', rosa))
5. print (list(mi_mapa))
```
```
['manzanaroja', 'fresaroja']
```

- **next().** Recupera el siguiente elemento iterable.

```
1. medio = iter(['coche', 'camión', 'moto'])
2. print (next(medio))
3.
```
```
coche
```

- **sorted().** Devuelve una lista ordenada de un objeto iterable como una tupla, lista o diccionario.

```
1. a = ('coche', 'camión', 'moto')
2. print (sorted(a))
3.
```
```
['camión', 'coche', 'moto']
```

- **tuple().** Crea o convierte una tupla.

```
1. tupla = tuple (('coche', 'camión', 'moto'))
2. print (tupla)
3.
```

```
('coche', 'camión', 'moto')
```

- **type().** Devuelve el tipo de un objeto pasado como parámetro. En MicroPython pueden ser enteros (int), reales o flotantes (float), cadenas string (str), listas (list), tuplas (tuple) o diccionarios (dict).

```
 1. color = ('rojo', 'verde', 'amarillo')
 2. adjetivo = ['Guapo', 'Feo', 'Pequeño', 'Grande']
 3. frase = 'En un lugar de la Mancha...'
 4.
 5. numero = 33
 6. logica = True
 7.
 8. print (type(color))
 9. print (type(adjetivo))
10. print (type(frase))
11. print (type(numero))
12. print (type(logica))
13.
```

```
<class 'tuple'>
<class 'list'>
<class 'str'>
<class 'int'>
<class 'bool'>
```

Funciones para trabajar con texto

- **len().** Devuelve la longitud de la cadena que se pasa como argumento.

```
1. print (len('Bicicleta'))
2.
```

```
9
```

- **print().** Imprime por pantalla el argumento que se le pasa.

```
1. print ('Hola Mundo')
2.
```
```
Hola Mundo
```

Funciones numéricas

- **abs().** Devuelve el valor absoluto de un número.

```
1. print (abs(-10.20))
2.
```
```
10.2
```

- **bin()**. Devuelve la versión binaria de un número.

```
1. print (bin(32))
2.
```
```
0b100000
```

- **float().** Devuelve el valor especificado en el argumento como un número de coma flotante o real.

```
1. print (float(100))
2.
```
```
100.0
```

- **hex().** Convierte un número entero a hexadecimal.

```
1. print (hex(255))
2.
```
```
0xff
```

- **int().** Convierte un número flotante o real a entero.

```
1. print (int(12.5))
2.
```
```
12
```

- **min().** Devuelve el valor mínimo de una lista de números pasados como argumento.

```
1. print (min([1, 2, 3, 4, 0]))
2.
```
```
0
```

- **max().** Determina el valor máximo de una lista de números pasados como argumento.

```
1. print (max([1, 2, 3, 4, 0]))
2.
```
```
4
```

- **oct().** Convierte un número entero a octal.

```
1. print (oct(10))
2.
```
```
0o12
```

- **range().** Devuelve una secuencia de valores comenzando por 0 y aumentando de uno en uno, o bien, comprendidos entre un punto de inicio y uno de final pasados como argumentos.

```
1. num = range(2, 4)
2. for n in num:
3.     print(n)
4.
5. print (list(range(1, 10)))
6.
```

```
2
3
[1, 2, 3, 4, 5, 6, 7, 8, 9]
```

- **round().** Redondea un número a los decimales especificados.

```
1. print (round(10.237, 2))
2.
```
```
10.24
```

- **sum().** Suma el total de una lista de números.

```
1. print (sum([1, 2, 4, 6, 8, 16, 32, 64, 128]))
2.
```
```
261
```

Creación de funciones en Python

Toca ahora el turno de ver cómo podemos diseñar nuestras propias funciones. A nivel sintáctico, una función tiene un encabezado que consta de la palabra clave **def** seguida del nombre de la función.

```
1. def saludo():
2.       print('Hola')
3. saludo()
4.
```

La función del ejemplo anterior, cuando sea llamada mediante **saludo()**, mostrará el mensaje *Hola*.

Es el caso más simple de una función definida por el usuario en que la función no espera ningún parámetro. Su único objetivo es imprimir una cadena.

Las **variables locales** son aquellas definidas dentro de una función. Solamente son accesibles desde la propia función donde se han creado y dejan de existir cuando esta termina su ejecución.

Recordemos que si intentamos acceder al valor de una variable local desde el cuerpo principal del programa, obtendremos un error *NameError*.

Las **variables globales** son aquellas definidas en el cuerpo principal del programa y fuera de cualquier función; por lo tanto, son accesibles desde cualquier punto del programa y obviamente, dentro de funciones.

Pasar parámetros a funciones

Para la definición de funciones en MicroPython es necesario tener en cuenta algunas reglas sintácticas para evitar la generación de errores. También hay algunas construcciones particulares que simplificarán el trabajo del desarrollador.

Al definir una función, es necesario que los argumentos que se pasan como parámetros estén definidos a priori tanto en su naturaleza como en su número. Por ejemplo, si una función espera dos argumentos, no podremos pasarle uno o tres ya que obtendremos un error.

Los argumentos se especifican después del nombre de la función entre paréntesis. Puede agregar tantos argumentos como desee, bastará con separarlos con una coma.

En este sentido, en primer lugar, vamos a proponer un ejemplo sencillo basado en una función que implica procesar un solo argumento.

Recuperamos la función anterior que muestra un saludo, pero en esta ocasión, vamos a pasar el argumento "*nombre*".

Cuando se llame a la función *saludo*(), pasaremos un nombre a dicha función e imprimiremos el nombre completo junto con el mensaje de saludo.

```
1. def saludo(name):
2.     print('Hola ' + name)
3.
4. saludo('Carlos')
5.

Hola Carlos
```

En todas las funciones podemos establecer un parámetro por defecto, que será el que prevalezca en caso de que se llame a la función sin pasar ningún argumento.

```
1. def saludo(name = 'sin nombre'):
2.     print('Hola ' + name)
3.
4. saludo('Carlos')
5. saludo()
6.
```

```
Hola Carlos
Hola sin nombre
```

Vamos a ver ahora un ejemplo con el que obtener el resultado a un cálculo matemático mediante la declaración return.

```
1. def area_cuadrado(lado1, lado2):
2.     area = lado1 * lado2
3.     return area
4. print(area_cuadrado(5,5))
5.
```

```
25
```

En el siguiente ejemplo, vamos a desarrollar una calculadora básica mediante cuatro funciones que realizarán las operaciones elementales de suma, resta, producto y división.

El programa dispondrá de un sencillo menú con el que el usuario podrá decidir la operación a realizar e introducir los valores para dicho cálculo.

```
 1. def suma(x, y):
 2.     return x + y
 3.
 4. def resta(x, y):
 5.     return x - y
 6.
 7. def producto(x, y):
 8.     return x * y
 9.
10. def divide(x, y):
11.     return x / y
12.
13. print('*** CALCULADORA MICROPYTHON ***\n' \
14.       'Seleccione la operación a realizar\n\n' \
15.       '1. Suma\n' \
16.       '2. Resta\n' \
```

```
17.            '3. Producto\n' \
18.            '4. División\n')
19.
20. intro_usr = int(input('Seleccione el operador 1, 2, 3, 4'))
21.    valor_1 = int(input('Introduzca el primer número: '))
22. valor_2 = int(input('Introduzca el segundo número: '))
23.
24. if intro_usr == 1:
25.      print ('El resultado de', valor_1, '+', valor_2, '=',
suma(valor_1, valor_2))
26.
27. elif intro_usr == 2:
28.      print ('El resultado de', valor_1, '-', valor_2, '=',
resta(valor_1, valor_2))
29.
30. elif intro_usr == 3:
31.      print ('El resultado de', valor_1, '*', valor_2, '=',
producto(valor_1, valor_2))
32.
33. elif intro_usr == 4:
34.      print ('El resultado de', valor_1, '/', valor_2, '=',
divide(valor_1, valor_2))
35.
36. else:
37.      print('Entrada no válida. El valor válido es entre 1 y 4')
38.
```

```
*** CALCULADORA MICROPYTHON ***
Seleccione la operación a realizar

1. Suma
2. Resta
3. Producto
4. División

Seleccione el operador 1, 2, 3, 4       3
Introduzca el primer número: 3
Introduzca el segundo número: 10
El resultado de 3 * 10 = 30
```

Arbitrariedad de argumentos. *args y **kwargs

Como hemos comentado anteriormente, MicroPython espera que la cantidad de argumentos que se pasa a una función sea la correcta, ni uno más ni uno menos, pero hay casos en los que no es posible establecer de antemano la cantidad de parámetros a pasar a la función.

Para estas situaciones, usaremos el carácter asterisco "*" antes del argumento de la función, de forma que dicho argumento pueda ser sometido a un ciclo de iteración con el que extraer los valores que se pasan a la función.

Tenemos dos formas de pasar un número de argumentos variable a una función.

- *** args** (argumentos sin palabras clave)
- **** kwargs** (argumentos con palabras clave)

Hay que destacar que la sintaxis es * y **, siendo los nombres de *args* y *kwargs* una simple convención de MicroPython que no significa que sea estricto su uso. Es decir, podemos usar, por ejemplo, *mi_*lista o ***mi_diccionario* sin ningún problema.

Cuando no sabemos de antemano el número de argumentos que vamos a pasar a una función, agregaremos el símbolo * antes del nombre del argumento de la función.

De esta forma, la función recibirá una tupla de argumentos y podrá acceder a los elementos de la forma en que se configure la función.

Veamos un ejemplo.

```
1. def socio(*socios):
2.     print('El nuevo socio es ' + socios[1])
3.
4. socio('Carlos', 'Nieves', 'Sonia')
5.
```

```
El nuevo socio es Nieves
```

Vamos a ver otro ejemplo en el que llamamos a una función con múltiples argumentos.

Estos argumentos se envuelven en una lista antes de pasarlos a la función donde usamos un bucle *for* para recuperar dichos argumentos.

```
1. def socio(*socios):
2.     for nombre in socios:
3.         print('El nuevo socio es ' + nombre)
4. socio('Carlos', 'Nieves', 'Sonia', 'Lydia')
5.
```

```
El nuevo socio es Carlos
El nuevo socio es Nieves
El nuevo socio es Sonia
El nuevo socio es Lydia
```

Otro ejemplo muy claro podría ser programar una función que realice la suma de todos los argumentos que se le pasen.

```
1. def sumar(*numeros):
2.     suma = 0
3.     for n in numeros:
4.          suma = suma + n
5.     print('El valor de la suma es', suma)
6.
7. sumar(10,10)
8. sumar(10,20,30,40)
9. sumar(10, -10, 5, -5)
10.
```

```
El valor de la suma es 20
El valor de la suma es 100
El valor de la suma es 0
```

kwargs permite pasar argumentos de longitud variable asociados con una clave a una función. Deberemos usar **kwargs si queremos manejar argumentos con nombre como entrada a una función.

Los argumentos se pasan como un diccionario y estos argumentos forman un diccionario dentro de la función con el mismo nombre que el parámetro excluyendo el doble asterisco **.

Veamos un ejemplo.

```
1. def diccio(**datos):
2.     print('\nLos datos obtenidos son del tipo:', type(datos))
3.
4.     for key, value in datos.items():
5.          print("{} es {}".format(key,value))
6.
7. diccio(Nombre='Carlos', Apellido='Orós', edad=57, Ciudad =
'Tarragona')
8.
```

```
Los datos obtenidos son del tipo: <class 'dict'>
Nombre es Carlos
Apellido es Orós
edad es 57
Ciudad es Tarragona
```

En resumen, *args es una lista de argumentos, como argumentos posicionales mientras que **kwargs es un diccionario cuyas claves se convierten en parámetros y sus valores en los argumentos de los parámetros.

En una misma función podemos usar tanto * y ** juntos, además de otros parámetros definidos en la función.

En este caso es importante la precedencia. En primer lugar, van los parámetros definidos para la función, en segundo lugar *args y en tercer lugar **kwargs.

Veamos un ejemplo que aclarará las cosas.

```
1. def resumen(ciudad, *tupla, **dicc):
2.     print (ciudad)
3.
4.     if tupla:
5.         print(tupla)
6.
7.     if dicc:
8.         print (dicc)
9. resumen('Tarragona')
10. resumen('Tarragona', 2020, 2021, '2022')
11. resumen('Tarragona', 2020, 2021, '2022', mes=12, dia='domingo')
12.
```

```
Tarragona
Tarragona
(2020, 2021, '2022')
Tarragona
(2020, 2021, '2022')
{'mes': 12, 'dia': 'domingo'}
```

Funciones Lambda

En MicroPython, las funciones Lambda son construcciones sintácticas particulares también llamadas funciones anónimas.

En comparación con las funciones tradicionales estudiadas en el capítulo anterior, estas no están asociadas a ningún nombre (de ahí la característica de ser anónimas) y tampoco se definen con la palabra clave **def**, sino que se crean con la palabra clave **lambda** y solo pueden ir seguidas de una única expresión.

Podríamos llegar a pensar que las funciones Lambda no son necesarias ya que, cualquier resultado que se pueda obtener con una función anónima también lo será con una función "típica"; sin embargo, pueden llegar a ser extremadamente convenientes para resolver pequeños problemas que no impliquen reescribir todo el código.

Las funciones Lambda aceptan un número indefinido de argumentos, pero solo una única expresión. Vamos a ver con un ejemplo la diferencia entre una misma función definida de la forma tradicional y otra mediante la sintaxis Lambda. La función se va a encargar de elevar un número al cubo: n^3.

```
1. # Función lambda
2. cubo_num = lambda x: x ** 3
3. print ('Sintaxis Lambda', cubo_num(3))
4.
5. # Función tradicional para calcular el cuadrado de un número
6. def cubo(cubo_num):
7.         return cubo_num ** 3
8. print ('Sintaxis Tradicional', cubo(3))
9. print ('Otra llamada a la función lambda', cubo_num(10))
10.
```

```
Sintaxis Lambda 27
Sintaxis Tradicional 27
Otra llamada a la función lambda 1000
```

Como podemos ver, el resultado es el mismo con cualquiera de las dos sintaxis empleadas. Únicamente, con la definición de la función Lambda escribiremos menos código.

Observe también el lector cómo, en la última línea del ejemplo, hacemos una llamada al objeto *cubo_num* para obtener el resultado de la "función" Lambda del cubo. Es decir, podemos una vez definida una función Lambda, llamar al objeto asociado como si de cualquier otra función tradicional se tratara.

 Una función Lambda puede tener cualquier número de argumentos pero solo una expresión. El operador Lambda no puede tener declaraciones y devuelve un objeto de función que podemos asignar a cualquier variable.

Vamos a ver un ejemplo de una función Lambda que verifica si un número es mayor o igual 10.

```
1. func_anonima = lambda x: True if x >= 10 else False
2. print (func_anonima(3))
3. print (func_anonima(20))
4.
```

```
False
True
```

Veamos otro ejemplo en que la función Lambda, con varios argumentos, efectúa la suma de todos los números que se le pasan.

```
1. suma_numeros = lambda a, b, c, d : a + b + c +d
2. print(suma_numeros(50, 16, 2, 10))
3.
```

```
78
```

Vamos a ver ahora otro ejemplo en que una función Lambda es usada dentro de una función normal.

```
1. def f_tradicional(n):
2.        return lambda num : num * n
3. doble_num = f_tradicional(2)
4. print (doble_num(10))
5.
```

```
20
```

Las funciones Lambda también se pueden utilizar con algunas funciones integradas como **filter()** o **map()**.

La función *filter()*, como ya vimos al comienzo del capítulo, toma una función y una lista como argumentos.

Vamos a ver una función que devuelve de una lista solo los números pares. Se pasan a la función todos los elementos de la lista y se devuelve una nueva lista que contiene solo elementos para los que la función ha evaluado *True*, en este caso, los números pares.

```
1. numeros = [1, 20, 12, 13, 17, 5, 9, 33]
2. numeros_pares = list(filter(lambda x: (x%2 == 0) , numeros))
```

```
3. print (numeros_pares)
```
```
[20, 12]
```

Podemos buscar también los múltiplos de un número. Para ello vamos a hacer un par de funciones Lambda que, de una misma lista, devuelvan los múltiplos de 4 y 5. Vamos con el siguiente ejemplo.

```
1. numeros = [1, 2, 3, 4, 5, 6, 7 ,8 ,9 ,10]
2. multiplos_4 = list(filter(lambda x: (x%4 == 0) ,numeros))
3. multiplos_5 = list(filter(lambda x: (x%5 == 0) ,numeros))
4. print (multiplos_4)
5. print (multiplos_5)
6.
```
```
[4, 8]
[5, 10]
```

Vamos a ver tratar ahora de forma similar con la función **map()**.

En el siguiente ejemplo, se llama a la función con los elementos de una lista y se obtiene una nueva lista que contiene cada uno de los elementos elevados al cubo.

```
1. numeros = [1, 3, 5, 10]
2. num_cubo = list(map(lambda x: x ** 3 , numeros))
3. print (num_cubo)
4.
```
```
[1, 27, 125, 1000]
```

Funciones recursivas

Las funciones recursivas son aquellas funciones que, en su algoritmo, hacen referencia a ellas mismas. El concepto de recursividad está ligado al de recurrencia, en el caso de funciones es posible que una función llame a otra función que, a su vez, llame indirectamente a la primera, o bien, que se llame a sí misma directamente.

En MicroPython este tipo de funciones son las llamadas funciones recursivas. Funcionan de forma similar a las iteraciones, pero hay que revisar bien en qué momento han de dejar de llamarse a sí mismas para evitar una recursividad infinita.

En el siguiente ejemplo presentaremos una función recursiva cuyo objetivo es obtener la factorial de un número solicitado. Además, el programa se encargará de verificar si el número introducido es un entero positivo, o si es 0, en cuyo caso, sin realizar cálculos devolveremos el resultado directamente (la factorial del número 0 siempre es 1).

 Recordemos que el factorial de un número es el resultado del producto de todos los números naturales anteriores o iguales a él; es decir, el factorial de 5 sería equivalente a 1 * 2 * 3 * 4 * 5 = 120.

```
1. def calc_fact(n):
2.     if n == 1:
3.         return n
4.     else:
5.         return n * calc_fact(n-1)      # Recursividad
6.
7. num = int(input('Introduce un número para calcular su factorial: '))
8.
9. if num < 0:
10.     print ('Error, introduce un número entero.')
11. elif num == 0:
12.     print ('El Factorial del número 0 siempre es 1')
13. else:
14.     print ('El Factorial del número', num, 'es', calc_fact(num))
15.
```

```
# Introduce un número para calcular su factorial: -3
Error, introduce un número entero.
#Introduce un número para calcular su factorial: 6
El Factorial del número 6 es 720
#Introduce un número para calcular su factorial: 0
El Factorial del número 0 siempre es 1
```

Un factor necesario para el funcionamiento de las funciones recursivas es la existencia de una condición para terminar las recurrencias. En el ejemplo propuesto, dado que el valor de *n* sufre una disminución en cada recurrencia la condición *n == 1* nos asegura que la recurrencia se detendrá cuando el valor de *n* sea 1.

MÓDULOS

Los módulos o librerías se podrían definir como bibliotecas de código a las que se accede para ejecutar determinadas tareas sin necesidad de programar esa tarea en nuestro desarrollo.

Los módulos hacen referencia a un archivo **nombre_archivo.py** que contiene código que permite realizar alguna acción, o incluso, interactuar con nuestra aplicación Python.

Un módulo puede definir funciones, clases y variables, también puede incluir código ejecutable.

Usamos módulos para dividir programas grandes en pequeños archivos manejables y organizados. Además, los módulos proporcionan la reutilización del código.

Creación e importación de un módulo

Un ejemplo de módulo muy sencillo podría ser, por ejemplo, una rutina que escriba la frase *Buenos días*.

Bastará con escribir el código, guardarlo como **saludo.py** en la Raspberry Pi Pico y luego importarlo desde nuestro programa. Veamos un ejemplo del módulo.

```
1. '''
2. Módulo saludo Buenos Días
3. Tarragona 20/11/23
4. '''
5.
6. def saludar(nombre):
7.     # Este módulo genera un saludo cuando es llamado
8.     print('Buenos días, ' + nombre)
9.
```

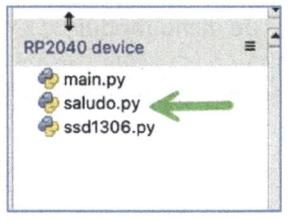

Una vez disponemos de nuestro primer módulo grabado en la Raspberry Pi Pico, podemos importar el módulo utilizando la instrucción **import**, seguida del nombre del archivo sin la extensión `.py`.

Es recomendable comentar los módulos e identificarlos de alguna forma. Así, cualquier desarrollador que quiera acceder a los mismos, o quizás, nosotros pasados unos cuantos meses, encontraremos información sobre su funcionalidad, fecha creación, etc.

En nuestro caso, utilizando el nombre del módulo (*saludo*) podemos acceder a la función usando el operador punto. El código quedaría así:

```
1. import saludo
2.
3. saludo.saludar('Carlos')
4.
```
```
Buenos días, Carlos
```

Un módulo se carga solo una vez, independientemente del número de veces que se importe, así evitamos que la ejecución del módulo suceda varias veces si hay múltiples importaciones.

También podemos crear un alias cuando importamos un módulo, utilizando la palabra clave **as**. Su finalidad es asignar un nombre en el programa donde se está trabajando para diferenciarlo de su nombre origen.

Si tomamos como ejemplo el módulo creado anteriormente llamado *saludo* (saludo.py), el código quedará de la siguiente forma.

```
1. import saludo as holi
2.
3. holi.saludar('Carlos')
4.
```
```
Buenos días, Carlos
```

Como vemos, ahora la referencia del módulo importado pasa a ser *holi* en vez de *saludo,* y deberá ser la que usemos para acceder a los elementos de dicho módulo.

También podemos importar solo una parte de un módulo. Para ello utilizaremos la palabra clave **from**.

Veamos el siguiente módulo al que también hemos llamado **saludo.py**.

```
 1. # Módulo saludo Buenos Días
 2. # Tarragona 20/11/21
 3.
 4. def saludar(nombre):
 5.     ''' Este módulo genera un saludo
 6.      cuando es llamado'''
 7.
 8.     print ('Buenos días, ' + nombre)
 9.
10. yo = {
11.     'nombre': 'Carlos',
12.     'ciudad': 'Tarragona'
13. }
14.
```

Para mostrar solo el elemento *ciudad* del diccionario, deberemos escribir la llamada de esta forma.

```
1. from saludo import yo
2.
3. print(yo['ciudad'])
4.
```
```
Tarragona
```

Ruta de búsqueda del módulo de MicroPython

En la Raspberry Pi Pico, el intérprete busca los módulos en una ubicación específica. Cuando importamos un módulo, el intérprete de MicroPython busca el archivo del módulo en el sistema de archivos de la Raspberry Pi Pico.

La Raspberry Pi Pico tiene un sistema de archivos incorporado que se carga en la memoria flash. Los archivos de los módulos deben estar ubicados en este sistema de archivos para que el intérprete de MicroPython los encuentre al importarlos.

Por defecto, el intérprete de MicroPython buscará los módulos en el directorio raíz del sistema de archivos y en cualquier directorio que esté presente en el sistema de archivos en la ruta **sys.path.** Podemos agregar otros directorios para que el intérprete busque módulos en ubicaciones específicas.

Para importar un módulo que esté en otro directorio que no sea el directorio raíz de la Raspberry Pi Pico, deberemos agregar el directorio al **sys.path** para que el intérprete de MicroPython pueda encontrar el módulo al importarlo.

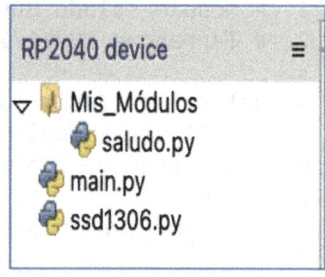

Para este ejemplo, hemos grabado el módulo saludo.py en el directorio Mis_Módulos de la Raspberry Pi Pico.

Para ello usaremos el módulo **sys** de la siguiente manera.

```
1. import sys
2.
3. sys.path.append('/Mis_Módulos')
4.
5. from saludo import yo
6. print(yo['ciudad'])
7.
```

Paquete MicroPython

Los paquetes de MicroPython hacen referencia a carpetas que contienen varios módulos. Se crean en un directorio que debe incluir obligatoriamente un fichero especial llamado **__init__.py** que es el que indica que se trata de un paquete.

Un ejemplo de estructura típica podría ser el siguiente ejemplo donde podemos ver además que un paquete puede contener otros paquetes.

```
pack_1/
    __init__.py
    modulo1.py
    modulo2.py
    varios/
        __init__py
        modulo1_1.py
        modulo1_2.py
```

El fichero *__init__.py* suele estar vacío y se suele usar para importar módulos comunes entre paquetes.

Veamos a continuación la estructuración del directorio.

- **Pack1**/: El directorio principal del paquete.

- **__init__.py:** Archivo que indica a MicroPython que el directorio es un paquete. Puede estar vacío o contener código de inicialización.

- **modulo1.py, modulo2.py:** Módulos del paquete que contienen definiciones de funciones, clases, variables, etc.

- **varios**/: Un subdirectorio que también es un paquete.

- **__init__.py**: Otro archivo **__init__.py** dentro del **varios**.

- **modulo1_1.py**, **modulo1_2.py**: Módulos dentro del subpaquete.

Para importar un módulo desde un paquete en MicroPython, usaremos el siguiente código.

```
1. import pack_1
2. from pack_1 import module 1_1
3.
```

La función integrada dir()

Podemos usar la **dir()** función para obtener una lista de atributos válidos que están definidos dentro de un módulo. Con ella podremos enumerar todos los nombres de funciones o nombres de variables de un módulo.

Vamos a ver, como ejemplo, los nombres definidos que pertenecen al módulo usado anteriormente **saludo**.

```
1. import sys
2. sys.path.append('/Mis_Módulos')
3. import saludo
4. print(dir(saludo))
5.
```
```
['__class__', '__name__', '__dict__', '__file__', 'saludar', 'yo'
```

Los nombres que comienzan con un guion bajo son atributos predeterminados de MicroPython asociados al módulo y que no han sido definidos por el usuario.

Como veremos más adelante, la mayoría de los fabricantes de hardware como sensores o displays, facilitan al usuario el correspondiente módulo o librería con el que podemos utilizar las funciones y clases proporcionadas para interactuar con el dispositivo.

La ventaja del uso de módulos es que con pocas líneas de código podemos hacer grandes cosas ya que el desarrollador del módulo ha realizado el trabajo por nosotros.

CLASES OBJETOS Y MÉTODOS

MicroPython permite la **programación orientada a objetos POO** (Oriented Object Programming OOP), que es un paradigma de programación en que los datos y las operaciones que pueden realizarse con esos datos se agrupan en unidades lógicas llamadas **objetos**.

MicroPython admite dos paradigmas de programación:

- Programación estructurada.
- Programación orientada a objetos.

En este capítulo hemos estudiado algunas estructuras de datos como las listas, tuplas o diccionarios y también estructuras de control para manejar esos datos. Este tipo de programación podemos definirla como **programación estructurada**.

Antes de seguir, vamos a repasar brevemente los conceptos básicos de la programación orientada a objetos. Es importante que el lector afiance estos conocimientos.

- **Clase**. Es la plantilla a partir de la cual se pueden crear objetos. Es donde se determinan sus atributos (características) y sus métodos (acciones a realizar).

- **Objeto.** Es una entidad que se crea normalmente a partir de una clase. Almacenan información en forma de argumento para atributos y realizan acciones organizadas a través de métodos que permiten cambiar atributos o estados del objeto o de otros objetos de la clase.

- **Atributos**. Son variables de diferentes tipos (str, int, bool) que se pueden asignar a la instancia de un objeto determinando sus características.
- **Métodos**. Son funciones que permiten cambiar sus atributos o los de otros objetos de la clase permitiendo un cambio de estado del objeto.
- **Instancia.** Palabra que se refiere a la creación de un objeto partiendo de una clase. Durante la instancia son asignados los valores iniciales para los atributos.

Veamos en el siguiente símil los conceptos anteriores. Seguro que queda más claro.

1. Creamos una clase llamada **Felino**
2. Añadimos los atributos de la clase: **animal = 'Gato'.**
3. Asignamos los **atributos**.
   o **Raza**: Gato Común
   o **Color**: Negro
   o **Nombre**: Eyden
4. Y sus **métodos**.
   o Correr ()
   o Dormir ()
   o Caminar ()

Los atributos y métodos se definen en la clase en el momento de crear la clase y luego al crear la instancia (crear un objeto a partir de clase) se le brindan los argumentos para esos atributos y métodos.

Las clases

Una clase es un prototipo definido por el usuario para un objeto que define un conjunto de atributos que caracterizan a cualquier objeto de dicha clase.

Una instancia en sí no es más que el objeto de una clase, por lo que estos son conceptos que pueden usarse como sinónimos.

Para definir una nueva clase en Python, use la palabra clave **class** seguida del nombre de la clase y dos puntos. El nombre de la clase siempre se indicará con una letra mayúscula.

```
1. class Gato:
2. pass
3.
```

En el ejemplo anterior hemos usado la palabra **pass** que indica a MicroPython que es una operación nula. Es útil cuando se solicita una declaración, pero no es necesario ejecutar ningún código. En nuestro caso, se ha utilizado para definir una clase vacía que todavía no contiene ninguna instancia.

Las instancias de dichas clases serán los objetos.

Atributos, métodos y funciones de un objeto

Como se dijo anteriormente, un objeto es la instancia de una clase.

Los atributos del objeto serán las características que definiremos para dicho objeto. Los métodos y funciones serán las tareas o utilidades del objeto.

Los atributos y métodos se definen con la clase y en el momento de crear el objeto, se deberán añadir los argumentos para definir qué atributos posee el objeto.

En primer lugar, vamos a crear los atributos de la instancia para la clase *Gato*. Para ello se ha empleado el método **__init__**, también llamado método de inicialización que Python ejecuta cada vez que se crea un nuevo objeto.

A continuación, se declaran varios métodos que incluyen como primer argumento a **self** que contiene la referencia del objeto específico que llamará al método en un momento dado.

Como su valor es implícito cuando se llama a un método no es necesario pasar este argumento.

```
class Gato:
    def __init__(self, nombre, raza, color):
        print(f'Creando Gato {nombre}, {raza}, {color}')

        # Atributos de instancia
        self.nombre = nombre
        self.raza = raza
        self.color = color
```

El siguiente paso consiste en crear el objeto pasando el valor de los atributos.

```
# Creación del objeto con sus atributos
mi_gato1 = Gato('Eyden', 'Gato Europeo', 'Negro')
mi_gato2 = Gato('Tini', 'Gato común', 'Blanco tigre')
```

Los atributos anteriores son de instancia, ya que son atributos que pertenecen a cada gato en concreto.

Podemos definir un atributo de clase que será común a todos los gatos como, por ejemplo, el hecho de si es *adoptado*.

```
class Gato:
    adoptado = 'True'
```

Con los atributos, clases y objetos definidos anteriormente, el código quedaría de la siguiente forma.

```
1. class Gato:
2.     # Atributo de la clase
3.     adoptado = 'True'
4.
5.     def __init__(self, nombre, raza, color):
6.
7.         # Atributos de instancia
8.         self.nombre = nombre
9.         self.raza = raza
10.         self.color = color
11.
12. # Creación del objeto con sus atributos
13. gato1 = Gato('Eyden', 'Gato Europeo', 'Negro')
14. gato2 = Gato('Tini', 'Gato común', 'Blanco trigre')
15.
16. # Acceso a los atributos de la instancia
17. print ('{} es de raza {} de color {}'.format(gato1.nombre,
gato1.raza, gato1.color))
18. print ('{} es de raza {} de color {}'.format(gato2.nombre,
gato2.raza, gato2.color))
19.
```
```
Eyden es de raza Gato Europeo de color Negro
Tini es de raza Gato común de color Blanco tigre
```

Repasemos con detalle el ejemplo anterior para comprender perfectamente los atributos, instancias, clases, y cómo se definen y acceden a ellos.

Hemos creado también dos instancias de clase llamadas *gato1* y *gato2*. Estas instancias representan los valores de los objetos.

Finalmente las salidas se generan accediendo a los atributos de las instancias mediante el método **format()**. Este método formatea los valores especificados y los inserta dentro del marcador de posición de la cadena. La posición se define mediante índices que se enmarcan entre corchetes **{}**. Podemos indicar el índice con su nombre, con el número de indexación o vacío para que tome los valores que le pasan desde *format*.

En nuestro ejemplo anterior, estas dos definiciones de código obtendrán el mismo resultado.

```
print('{0} es de raza {1} de color {2}'.format(gato1.nombre,
gato1.raza, gato1.color))
print('{0} es de raza {1} de color {2}'.format(gato2.nombre,
gato2.raza, gato2.color))
```

Los métodos

Vamos ahora a definir los métodos de la clase, que se utilizan para definir los comportamientos de sus objetos, que no son más que funciones que se declaran dentro del cuerpo de una clase.

Los métodos de clase se utilizan para definir los comportamientos de sus objetos, en la práctica son funciones que se declaran dentro del cuerpo de una clase.

Vamos a cambiar de animal para nuestros ejemplos y vamos a trabajar con loros. Un ejemplo de definición de método de clase podría ser *volar o dormir*. Los métodos pueden recibir o no parámetros en función de nuestra necesidad.

Veamos un ejemplo.

```
# Creación de los métodos de la clase
        def volar(self):
        print(f'{self.nombre} está ahora volando.')

    def dormir(self, horas):
        print(f'{self.nombre} ha dormido hoy {horas} horas.')
```

Así pues, en relación con los métodos definidos en el ejemplo anterior, con los objetos *loro* y *loro1*, podremos hacer uso de los nuevos métodos llamándolos, añadiendo tras un punto el nombre del método y aportando, si así lo hemos definido, los argumentos necesarios para dichos métodos.

```
1.  class Agaporni:
2.
3.      def __init__(self, nombre, especie, ident):
4.          self.nombre = nombre
5.          self.especie = especie
6.          self.ident = ident
7.
8.      def volar(self):
9.          print(f'{self.nombre} está ahora volando.')
10.
11.     def dormir(self, horas):
12.         print(f'{self.nombre} ha dormido hoy {horas} horas.')
13.
14.     def identsexo(self, ident):
15.         sexo = ('Macho','Hembra')
16.         if ident == 'M':
17.             return sexo[0]
18.         elif ident == 'H':
19.             return sexo[1]
20.         else:
21.             return 'Desconocido'
22.
23. loro = Agaporni('Pichy', 'Fisher', 'M')
24. loro1 = Agaporni('Julieta', 'Personata', 'H')
25.
26. print (loro.nombre)
27. print (loro.especie)
28. print (loro.ident)
29. print (loro.identsexo(loro.ident))
30.
31. print (loro1.nombre)
32. print (loro1.especie)
33. print (loro1.ident)
34. print (loro1.identsexo(loro.ident))
35.
36. loro.volar()
37. loro.dormir(5)
38. loro1.dormir(1)
39.
```

```
Pichy
Fisher
M
Macho
Julieta
Personata
H
```

```
Macho
Pichy está ahora volando.
Pichy ha dormido hoy 5 horas.
Julieta ha dormido hoy 1 horas.
```

Herencia

La herencia es un proceso mediante el cual se puede crear una clase hija (**clase derivada**) que hereda de una clase padre (**clase base**) sus métodos y atributos. Además de ello, una clase hija puede sobrescribir los métodos o atributos, o incluso definir unos nuevos.

- La clase principal es la clase de la que se hereda, también llamada **clase base**.
- La clase secundaria es la clase que hereda de otra clase, también llamada **clase derivada**.

El uso de la herencia tiene una ventaja principal: permite evitar tener que reescribir código ya escrito haciéndolo reutilizable.

Para definir una clase derivada, simplemente pase el nombre de la clase base como argumento. Con el ejemplo anterior de los loros y los agapornis, podríamos hacer una clase llamada *Agaporni*, que deriva de la clase principal *Loro*.

```
1. class Loro:
2.     def coment(self):
3.         print ('Hablando de Loros')
4.
5. class Agaporni(Loro):
6.     def silbar(self):
7.         print ('El loro silba')
8. loro1 = Agaporni()
9. loro1.silbar()
10. loro1.coment()
11.
```

```
El loro silba
Hablando de Loros
```

Una vez que se ha definido una clase derivada, esta tendrá todas las funciones originalmente asociadas a la clase base que podrán ser utilizadas para operar en sus instancias.

Herencia múltiple

MicroPython también le permite aprovechar el mecanismo de herencia múltiple. Se basa en el supuesto de que una clase derivada puede heredar de más de una clase base.

A nivel práctico, esto se traduce en la posibilidad de que una clase hijo adquiera todas las funcionalidades definidas en sus clases padre.

Para dar una idea del concepto expresado, vamos a ver un ejemplo.

```
1. class Padre():
2.     def el(self):
3.         print ('El padre se llama Carlos')
4.
5. class Madre():
6.     def ella(self):
7.         print ('La madre se llama Nieves')
8.
9. class Hija(Padre, Madre):
10.     def love(self):
11.         print ('Quiero a mis padres')
12.
13. Sonia=Hija()
14.
15. Sonia.el()
16. Sonia.ella()
17. Sonia.love()
18.
```

```
El padre se llama Carlos
La madre se llama Nieves
Quiero a mis padres
```

En el código que se muestra tenemos dos clases base, *Padre* y *Madre* y una clase llamada *Hija* que se define a través del mecanismo de herencia múltiple que se deriva de las dos clases principales existentes.

Herencia multinivel

Otro aspecto interesante se refiere a la denominada herencia multinivel, que básicamente prevé que una clase derivada pueda heredar de una clase base que a su vez es la clase hija de otra clase base.

Es un mecanismo jerárquico prácticamente infinito, porque cualquier clase derivada puede convertirse en la base de una clase secundaria.

En la herencia multinivel, la clase derivada jerárquicamente inferior hereda tanto las características de la clase secundaria de la que deriva como las heredadas de esta última a través de su clase principal.

Como de costumbre un ejemplo para aclarar el concepto.

```
1. class Padre():
2.
3.     def el(self):
4.         print ('El padre se llama Carlos')
5.
6. class Madre():
7.     def ella (self):
8.         print('La madre se llama Nieves')
9.
10. class Hija(Padre, Madre):
11.     def love(self):
12.         print ('Quiero a mis padres')
13.
14. class Nieta(Hija):
15.     def relax(self):
16.         print ('Me encanta estar con mi abuela')
17.
18. Eyden=Nieta()
19. Eyden.el()
20. Eyden.ella()
21. Eyden.love()
22. Eyden.relax()
23.
```

```
El padre se llama Carlos
La madre se llama Nieves
Quiero a mis padres
Me encanta estar con mi abuela
```

En la práctica, la clase *Nieta* hereda de la clase *Hija* convirtiéndose en su clase hija, a su vez la clase *Hija* hereda de *Madre* y por lo tanto es un derivado de ella.

PROYECTOS CON LEDS

INTRODUCCIÓN

Los diodos LED (Light Emitting Diodes) son componentes electrónicos que se utilizan en una amplia variedad de proyectos. En este capítulo, veremos varios ejemplos prácticos utilizando diodos LED.

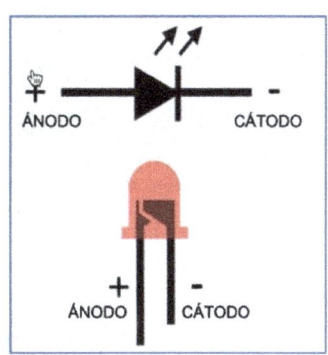

También mostraremos al lector, cómo, con diferentes formas de programar el código, podemos obtener un mismo resultado.

PROYECTO 1. LED INTERMITENTE

Nuestra primera práctica consiste en encender y apagar de forma intermitente un diodo LED. El objetivo de este proyecto es proporcionar un ejemplo básico de cómo controlar un LED conectado a un pin GPIO en una Raspberry Pi Pico W.

Con el programa propuesto, aprenderemos a configurar el pin GPIO como salida, configurar un bucle infinito **while True:** para encender y apagar el LED y mostrar en la consola de Thonny un mensaje de confirmación de encendido o apagado, a modo de verificación de funcionamiento del programa.

MATERIALES

Los materiales que necesitaremos para este proyecto son:

- Protoboard.
- Cables varios para puentes y conexiones.
- Raspberry Pi Pico W + cable USB para conexión a PC.
- Diodo LED de cualquier color.
- Resistencia de 220Ω.

CONEXIONADO

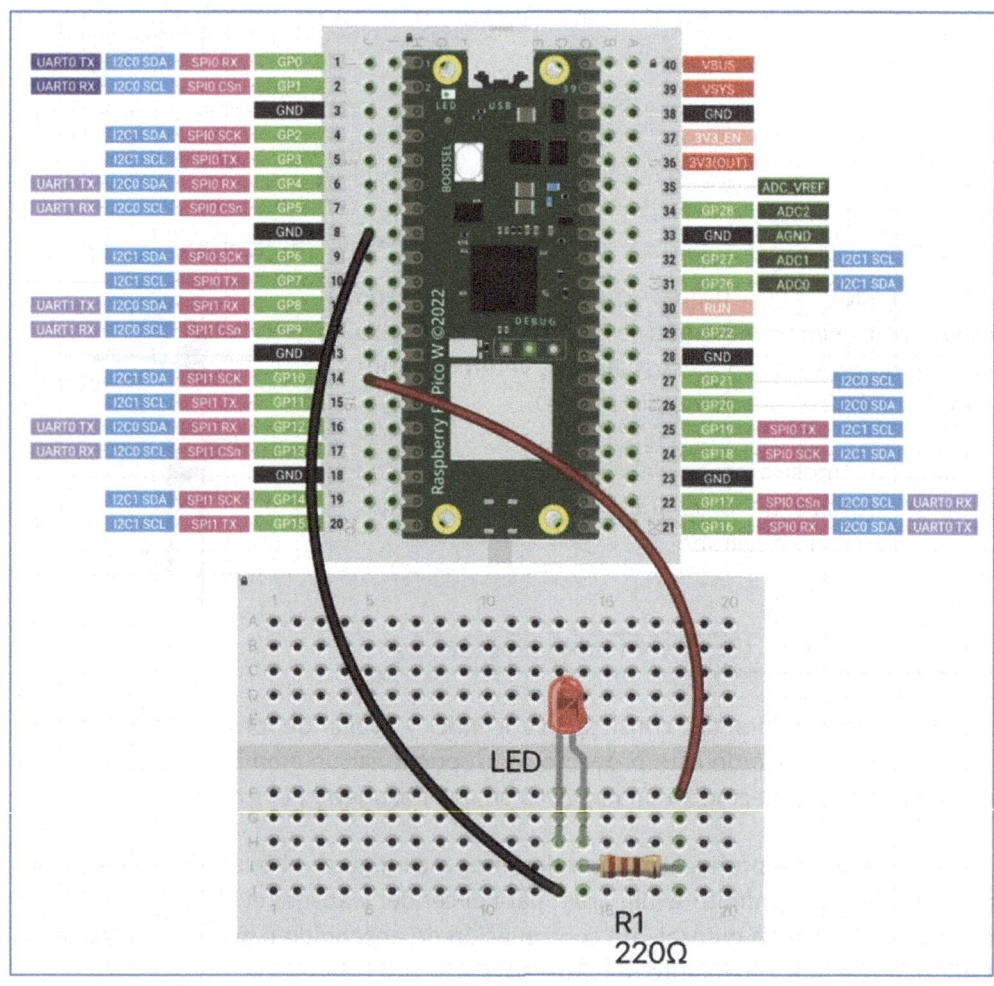

Croquis de conexionado de los elementos del proyecto 1

Los pines utilizados en este programa y su función son:

Pin	Función
GPIO10	Salida para el LED

El GPIO 10 se configura como una salida para controlar el LED.

CÓDIGO

Se muestra a continuación el programa que se encargará de encender y apagar de forma indefinida, el diodo LED de la placa.

```python
1.  # --------------------------------------------------------
2.  #    Encendido LED intermitente
3.  #    Proyecto_1.py
4.  # --------------------------------------------------------
5.
6.  import machine
7.  import time
8.
9.  # Configuramos el pin GPIO 10 como salida
10. LED = machine.Pin(10, machine.Pin.OUT)
11.
12. # Bucle infinito para encender y apagar el LED
13. while True:
14.     # Establecemos el valor del pin a 1 (encendido)
15.     LED.value(1)
16.     # Imprimimos mensaje para indicar que el LED está encendido
17.     print("LED encendido")
18.     # Esperamos 0.5 segundos
19.     time.sleep(0.5)
20.
21.     # Establecemos el valor del pin a 0 (apagado)
22.     LED.value(0)
23.     # Imprimimos mensaje para indicar que el LED está apagado
24.     print("LED apagado")
25.     # Esperamos 0.5 segundos
26.     time.sleep(0.5)
```

En primer lugar, importamos los módulos **machine** y **time**. El módulo machine proporciona acceso a los pines GPIO y otras características del hardware de la Raspberry Pi Pico, mientras que el módulo time proporciona funciones relacionadas con el tiempo, como **sleep()** para pausar la ejecución del programa.

Configuramos el GPIO número 10 como un pin de salida utilizando la clase **machine.Pin** del módulo machine. El objeto **LED** es el nombre asignado al GPIO 10 y será el que usaremos para controlar el LED.

Utilizando un bucle **while True:,** primero establecemos el valor del pin GPIO 10 LED.value(1) en 1 para encender el LED, imprimimos en la consola el mensaje "LED encendido", pausamos la ejecución del programa durante medio segundo time.sleep(0.5) y repetimos los pasos pero esta vez, estableciendo el valor del GPIO 10 en 0, para apagar el LED y mostrar el mensaje de confirmación.

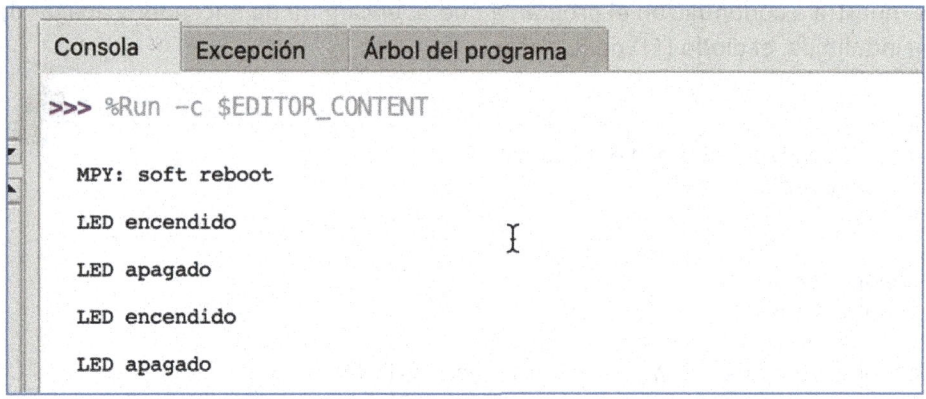

Consola de Thonny que muestra información sobre el estado del LED

Como el bucle **while True:** se ejecuta infinitamente, el **LED** seguirá encendiéndose y apagándose con un intervalo de medio segundo entre cada cambio de estado.

CÓDIGO ALTERNATIVO

Mostramos, a continuación, otra forma de obtener la intermitencia del diodo LED manteniendo la misma configuración de hardware anterior. En este caso, usamos una función llamada **intermitente**.

Esta función trabaja con dos parámetros: el objeto **LED** (que representa el pin GPIO 10) y **delay**, que es el tiempo de encendido o apagado del LED.

La función **intermitente** se encarga de encender y apagar el LED según la duración especificada en el objeto **delay** (0.5 segundos en este caso).

```
1. # --------------------------------------------------------
2. #   Encendido LED intermitente Versión 2
3. #   Proyecto_1_1.py
```

```
 4. # ------------------------------------------------------------
 5.
 6. import machine
 7. import time
 8.
 9. # Función para encender y apagar el LED intermitentemente
10. def intermitente(LED, delay):
11.     while True:
12.         # Establecemos el valor del pin a 1 (encendido)
13.         LED.value(1)
14.         # Imprimimos mensaje para indicar LED encendido
15.         print("LED encendido")
16.         # Esperamos el tiempo indicado en delay
17.         time.sleep(delay)
18.
19.         # Establecemos el valor del pin a 0 (apagado)
20.         LED.value(0)
21.         # Imprimimos mensaje para indicar que el LED está apagado
22.         print("LED apagado")
23.         # Esperamos el tiempo indicado en delay
24.         time.sleep(delay)
25.
26. # Configuramos el pin GPIO 10 como salida
27. LED = machine.Pin(10, machine.Pin.OUT)
28.
29. # Llamamos a la función intermitente
30. intermitente(LED, 0.5)  # Pasamos el objeto LED y delay a la
función
31.
```

PROYECTO 2. LEDS ASTABLES

Este proyecto consiste en implementar un circuito astable utilizando dos LEDs en los pines GPIO 10 y GPIO 11 de la Raspberry Pi Pico.

El objetivo de este proyecto es que conseguir que cada vez que uno de los LEDs se encienda, el otro se apague.

Un circuito astable es un tipo de circuito oscilador que genera una salida que cambia periódicamente entre dos estados sin necesidad de una señal de entrada.

MATERIALES

Los materiales que necesitaremos para este proyecto son:

- Protoboard.
- Cables varios para puentes y conexiones.
- Raspberry Pi Pico W + cable USB para conexión a PC.
- Dos diodos LED de cualquier color.
- Dos resistencias de 220Ω.

CONEXIONADO

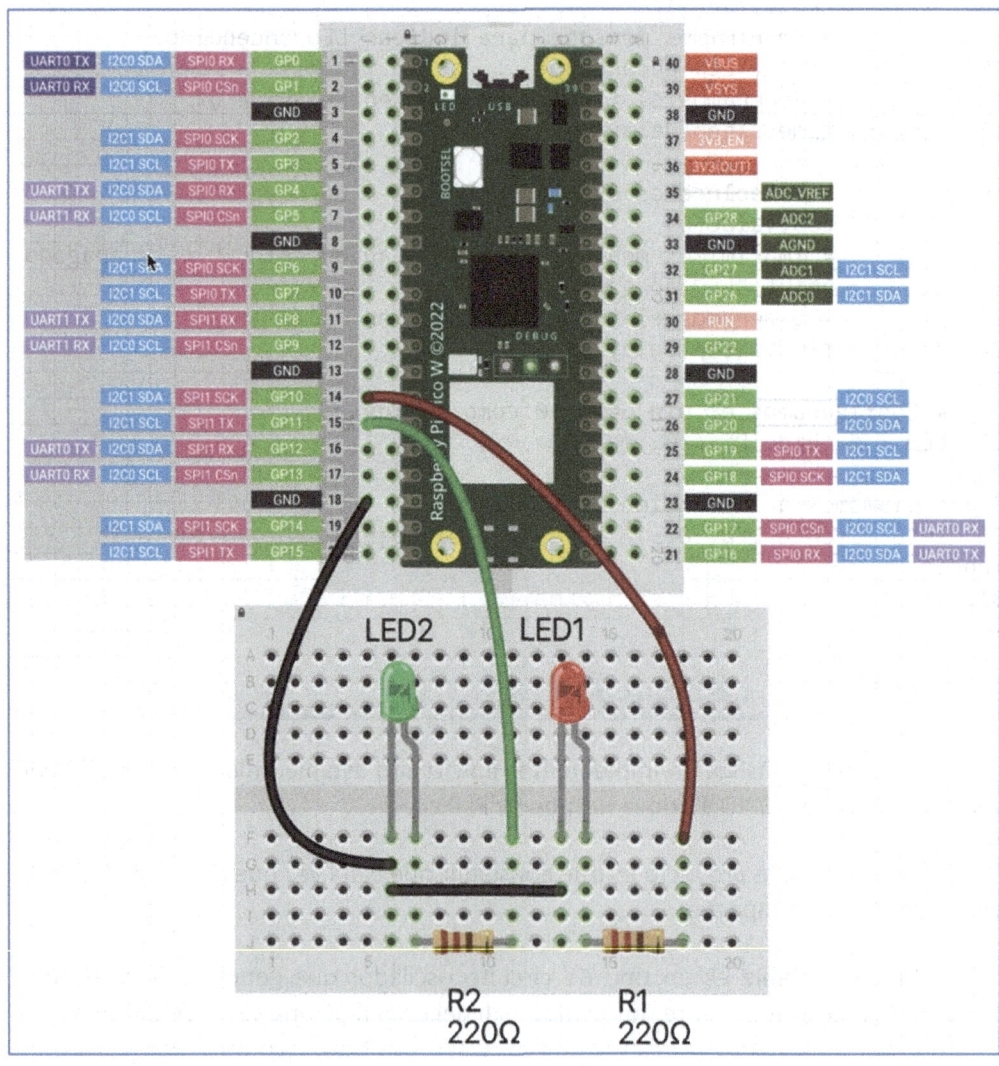

Croquis de conexionado de los elementos del proyecto 2

En este proyecto, se utilizarán dos LEDs configurados en modo astable, lo que significa que están alternando su estado de encendido a apagado, y viceversa, en un ciclo continuo.

Pines utilizados y sus funciones en este proyecto:

Pin	Función
GPIO10	Salida para el LED1
GPIO11	Salida para el LED2

Los GPIO 10 y 11 se configuran como salidas para los LED1 y LED2, respectivamente.

CÓDIGO

Veamos el programa que configura el circuito como dos diodos LEDs astables.

```python
1. # ---------------------------------------------------------
2. #    LEDS ASTABLES
3. #    Proyecto_2.py
4. # ---------------------------------------------------------
5.
6. import machine
7. import time
8.
9. # Configuramos los pines GPIO para los LEDs
10. LED1 = machine.Pin(10, machine.Pin.OUT)  # Pin GPIO 10 para LED1
11. LED2 = machine.Pin(11, machine.Pin.OUT)  # Pin GPIO 11 para LED2
12.
13. # Estado inicial
14. estado_led1 = 1  # Encendido
15. estado_led2 = 0  # Apagado
16.
17. # Bucle infinito
18. while True:
19.     # Cambiar el estado del LED1 y LED2 alternativamente
20.     LED1.value(estado_led1)
21.     LED2.value(estado_led2)
22.
23.     # Cambiar el estado para el siguiente ciclo
24.     estado_led1, estado_led2 = estado_led2, estado_led1
25.
26.     # Esperar 0.5 segundos antes de cambiar de estado
27.     time.sleep(0.5)
```

Si analizamos con detalle el código, veremos que, nuevamente, usamos un bucle infinito mediante un **while True:.**

El cambio de estado de los LEDs, dentro del bucle, se realiza cambiando el estado de los pines LED1 y LED2 de forma alternativa en cada iteración. Esto se consigue asignando **estado_led1** al pin **LED1** y **estado_led2** al pin **LED2**.

Después del cambio de estado, para el siguiente ciclo se intercambian los valores de las variables. Esto permite que, en el siguiente ciclo del bucle, los LEDs cambien a su estado opuesto.

time.sleep(0.5) permite pausar la ejecución del programa durante medio segundo antes de que comience la siguiente iteración del bucle. Esto es lo que permite crear el intervalo de tiempo entre cada cambio de estado de los LEDs.

En este ejemplo, no se ha incluido la monitorización del estado de encendido o apagado de los LEDs desde la consola. Dejamos a su elección la implementación de dicha verificación.

CÓDIGO ALTERNATIVO

El código anterior dispone los dos estados de encendido y apagado entre cambios con un mismo tiempo, pero podría ser necesario aplicar tiempos de encendido y apagado diferentes entre ellos.

Estos tiempos se podrían definir de la siguiente forma:

```
while True:
    # Cambiar el estado del LED1
    LED1.value(estado_led1)
    # Cambiar el estado del LED2 después de 0.5 segundos
    time.sleep(0.5)
    LED2.value(estado_led2)
    # Cambiar el estado para el siguiente ciclo
    estado_led1, estado_led2 = estado_led2, estado_led1
    # Esperar 2 segundos antes de cambiar de estado nuevamente
    time.sleep(2)
```

Como se puede ver, basta con especificar un **time.sleep(x)** concreto para cada cambio de estado.

PROYECTO 3. LEDS BIESTABLES (FLIP-FLOP)

Este proyecto consiste en implementar un circuito biestable utilizando un pulsador conectado al GPIO5, que será el que determine el cambio de estado de dos diodos LED conectados a los pines GPIO 10 y GPIO 11 de la Raspberry Pi Pico.

MATERIALES

Los materiales que necesitaremos para este proyecto son:

- Protoboard y cables varios para puentes y conexiones.
- Raspberry Pi Pico W + cable USB para conexión a PC.
- Dos diodos LED de cualquier color.
- Un pulsador y dos resistencias de 220Ω.

CONEXIONADO

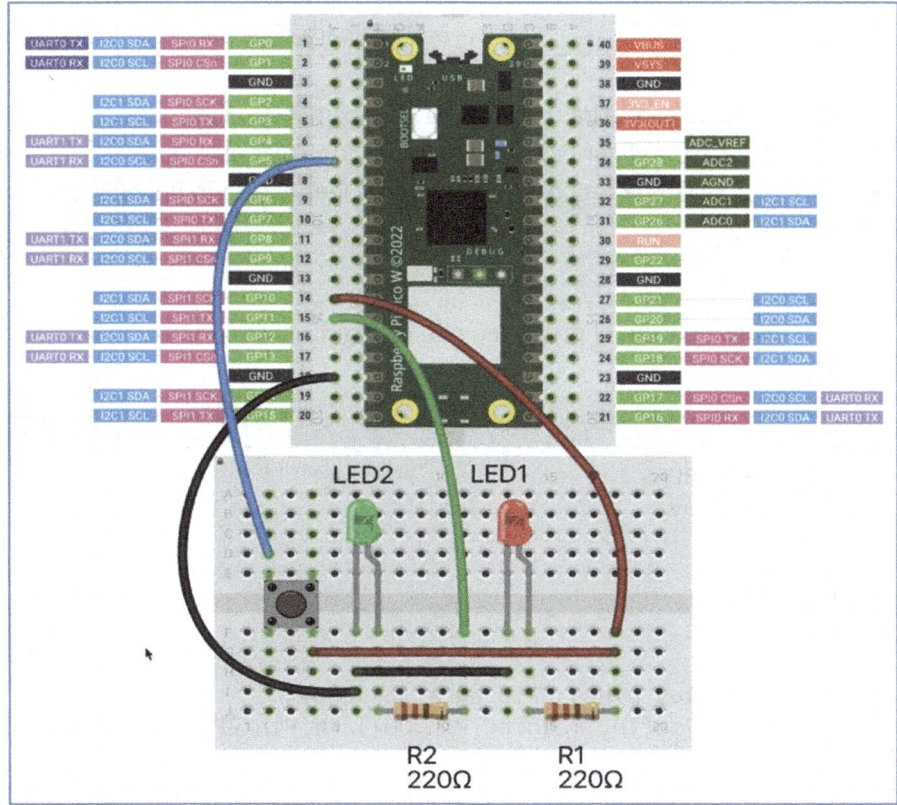

Croquis de conexionado de los elementos del proyecto 3

Un circuito biestable o flip-flop es un tipo de circuito secuencial que puede almacenar un bit de información y cambiar de estado en respuesta a una señal de entrada externa, a diferencia de los circuitos astables, en los que la alternancia entre estados se produce de forma automática sin necesidad de señales de entrada externa que determinen el cambio de estado.

El pulsador que emplearemos tiene un conexionado muy simple, se muestra en la siguiente imagen su distribución de pines.

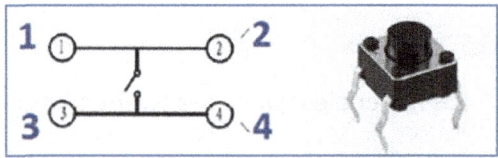

Mostramos a continuación los pines utilizados y sus funciones en este proyecto:

Pin	Función
GPIO10	Salida para el LED1
GPIO11	Salida para el LED2
GPIO5	Entrada para el pulsador

- El GPIO 10 se configura como salida para controlar el LED1.
- El GPIO 11 se configura como salida para controlar el LED2.
- El GPIO 5 se configura como entrada para leer el estado del pulsador.

CÓDIGO

Se muestra a continuación el programa que configura el circuito como dos diodos LED biestables.

```
1. # ----------------------------------------------------
2. #   LEDS BIESTABLES
3. #   Proyecto_3.py
4. # ----------------------------------------------------
5.
6. import machine
7. import time
8.
9. # Configuramos los pines GPIO para los LEDs
10. LED1 = machine.Pin(10, machine.Pin.OUT)  # Pin GPIO 10 para LED1
11. LED2 = machine.Pin(11, machine.Pin.OUT)  # Pin GPIO 11 para LED2
12. PULSADOR = machine.Pin(5, machine.Pin.IN)  # Pin GPIO 5 pulsador
13.
14. # Estado inicial de los LEDs
```

```
15. estado_led1 = 1
16. estado_led2 = 0
17.
18. # Variable para almacenar el estado del pulsador
19. estado_pulsador = 0
20.
21. # Bucle circuito biestable con control de pulsador
22. while True:
23.     # Verificar si se ha detectado una transición de pulsación
24.     if PULSADOR.value() == 1 and estado_pulsador == 0:
25.         # Cambiar el estado de los LEDs
26.         LED1.value(estado_led1)
27.         LED2.value(estado_led2)
28.
29.         # Cambiar el estado para el siguiente ciclo
30.         estado_led1, estado_led2 = estado_led2, estado_led1
31.
32.         # Imprimir el mensaje de estado en la consola
33.         print("Pulsación detectada")
34.         print("Biestable en estado A" if estado_led1 == 0 else
"Biestable en estado B")
35.
36.         # Actualizar el estado del pulsador
37.         estado_pulsador = 1
38.     elif PULSADOR.value() == 0 and estado_pulsador == 1:
39.         # Actualizar el estado del pulsador
40.         estado_pulsador = 0
41.
42.     # Bloqueo de rebote en la pulsación
43.     time.sleep(0.1)
```

La gestión del pulsador se realiza mediante la variable **estado_pulsador**, que toma el estado actual del pulsador. Con una pulsación (el valor del pin cambia de 0 a 1), se cambia el estado de los LEDs y se imprime un mensaje en la consola informando de la pulsación y mostrando el estado actual del biestable.

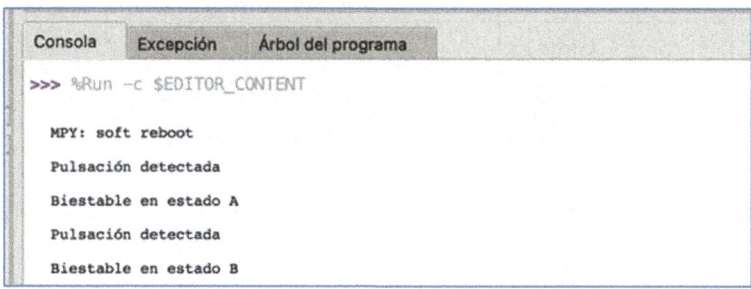

Consola de Thonny que muestra información sobre el estado del biestable

La línea **time.sleep(0.1)** al final del bucle genera un tiempo de espera de 0.1 segundos entre cada verificación del estado del pulsador. Al introducir este pequeño retardo, permitimos que cualquier rebote mecánico del pulsador no sea "procesado" por la entrada GPIO5, asegurando de esta forma que se detecten de forma inequívoca pulsaciones únicas del pulsador.

PROYECTO 4. LEDS SECUENCIALES

Este proyecto está orientado a crear un encendido secuencial de varios diodos LED de derecha a izquierda, y viceversa. El famoso efecto de luces frontales del coche fantástico.

MATERIALES

Los materiales que necesitaremos para este proyecto son:

- Protoboard y cables varios para puentes y conexiones.
- Raspberry Pi Pico W + cable USB para conexión a PC.
- Seis diodos LED de color rojo
- Seis resistencias de 220Ω.

CONEXIONADO

Mostramos a continuación, los pines utilizados y sus funciones en este proyecto:

Pin	Función
GPIO10	Salida para el LED 1
GPIO11	Salida para el LED 2
GPIO12	Salida para el LED 3
GPIO13	Salida para el LED 4
GPIO14	Salida para el LED 5
GPIO15	Salida para el LED 6

Los GPIO del 10 al 15 se configuran como salidas para controlar los 6 LEDs de la secuencia.

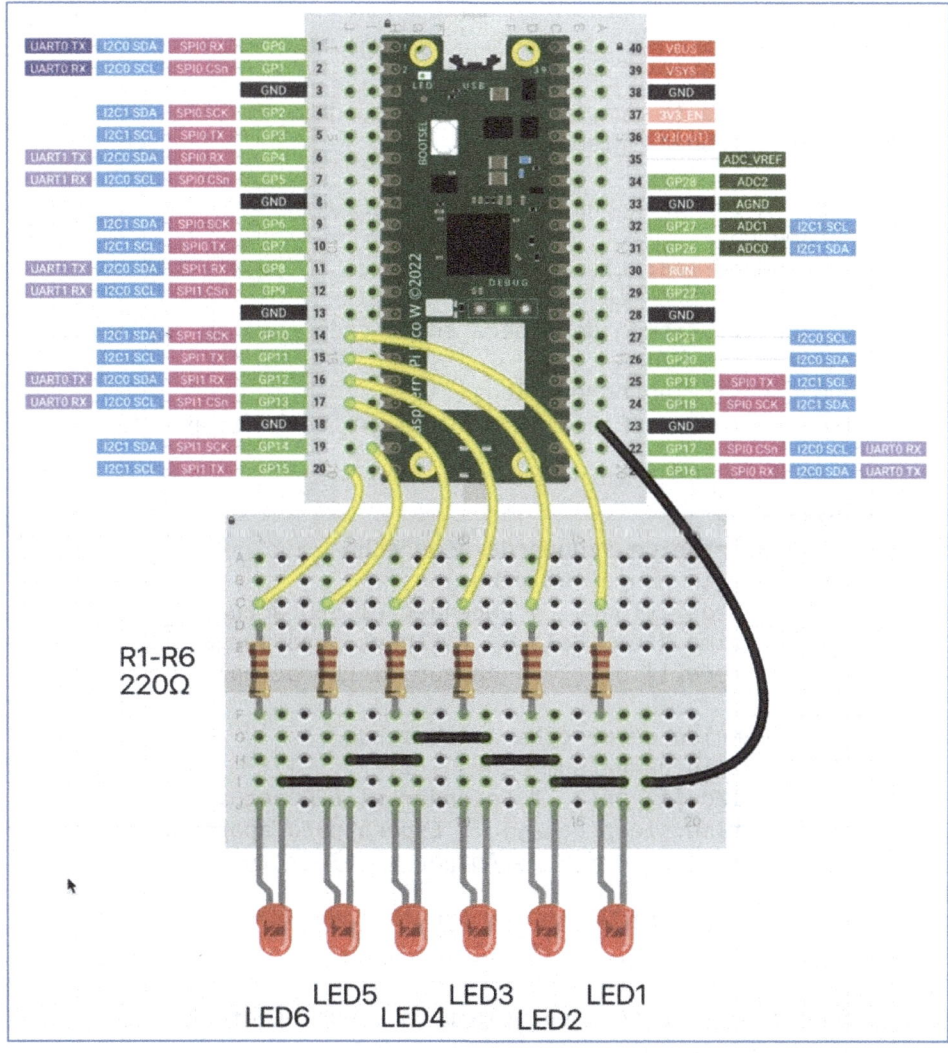

Croquis de conexionado de los elementos del proyecto 4

CÓDIGO

Se muestra a continuación el programa que permite configurar el encendido de varios diodos LED de forma secuencial.

```
1.  # ------------------------------------------------------------
2.  #   LEDS SECUENCIALES
3.  #   Proyecto_4.py
4.  # ------------------------------------------------------------
```

```
 5. import machine
 6. import time
 7.
 8. # Definición de la función para la secuencia de LEDs
 9. def secuencia(numero_led, delay):
10.     '''
11.     Función que crea una secuencia de LEDs
12.     Parámetros:
13.         numero_led: Lista de los GPIO en los que están conectados
los LEDs.
14.         delay: Tiempo de espera entre cada paso en segundos.
15.     '''
16.     num_pines = len(numero_led)
17.     leds = [machine.Pin(pin, machine.Pin.OUT) for pin in
numero_led]
18.
19.     while True:
20.         # Barrido de izquierda a derecha
21.         for i in range(num_pines):
22.             leds[i].on()  # Encender el LED actual
23.             time.sleep(delay)  # Espera para apagar LED
24.             leds[i].off()  # Apagar el LED actual
25.
26.         # Barrido de derecha a izquierda
27.         for i in range(num_pines - 1, -1, -1):
28.             leds[i].on()  # Encender el LED actual
29.             time.sleep(delay)  # Espera para apagar LED
30.             leds[i].off()  # Apagar el LED actual
31.
32. # Lista de pines GPIO para los LEDs del 10 al 15
33. numero_led = [10, 11, 12, 13, 14, 15]
34.
35. # Llamar a la función secuencia para crear el efecto
36. secuencia(numero_led, 0.1)
37.
```

La función **secuencia** controla una secuencia de LEDs conectados a pines GPIO de la Raspberry Pi Pico, que barren de izquierda a derecha y luego de derecha a izquierda de forma indefinida.

El parámetro **numero_led** contiene una lista de números de pines GPIO a los que están conectados los LEDs.

delay es el tiempo de espera entre cada paso del barrido que en este caso está configurado a 100 milisegundos.

PROYECTO 5. CONTADOR LED BINARIO

El objetivo de este proyecto es encender una secuencia de LEDs de derecha a izquierda, representando un contador en binario, mientras se muestra el valor decimal y binario de cada contaje.

MATERIALES

Los materiales que necesitaremos para este proyecto son los mismos que se han empleado en el proyecto 4. De hecho, vamos a mantener el mismo conexionado de ese proyecto para la nueva funcionalidad que le vamos a dar al circuito.

CÓDIGO

Se muestra a continuación el programa que permite configurar el encendido de varios diodos LED de forma secuencial.

```
1.  # ------------------------------------------------------
2.  #   CONTADOR LED BINARIO
3.  #   Proyecto_5.py
4.  # ------------------------------------------------------
5.
6.  import machine
7.  import time
8.
9.  def cont_binario(pines_led, num_ciclos, delay):
10.     '''
11.     Enciende los LEDs formando un contador en binario y muestra
12.     en la consola el valor decimal y binario correspondiente.
13.     '''
14.     # Configurar los pines GPIO como salida
15.     num_leds = len(pines_led)
16.     leds = [machine.Pin(pin, machine.Pin.OUT) for pin in
pines_led]
17.
18.     for i in range(num_ciclos):
19.         # Obtener la representación binaria del contador
20.         binario = bin(i)[2:]
21.         # Rellenar con ceros a la izquierda si es necesario
22.         binario = '0' * (num_leds - len(binario)) + binario
23.         decimal = i
24.         # Imprimir el número en decimal y binario
25.         print(f"Decimal: {decimal}, Binario: {binario}")
```

```
26.
27.          for j in range(num_leds):
28.              # Encendido/apagado LED según el valor binario
29.              leds[j].value(int(binario[j]))
30.          # Tiempo de espera para visualizar el conteo
31.          time.sleep(delay)
32.
33. # Pines GPIO de derecha a izquierda
34. pines_led = [15, 14, 13, 12, 11, 10]
35.
36. # Contaje de 64 números con un tiempo de espera de 0.5 segundos
37. cont_binario(pines_led, 64, 0.5)
```

El programa configura la disposición de los LEDs mediante la función **cont_binario**. Esta función necesita tres parámetros: **pines_led**, que es una lista de los pines GPIO a los que están conectados los LEDs, **num_ciclos**, que especifica la cantidad de ciclos que el contador binario realizará y **delay**, que determina el tiempo de espera entre cada cambio de estado de los LEDs para que sean visibles por el usuario.

Los pines GPIO se organizan de derecha a izquierda para mostrar el orden lógico del contador: **pines_led = [15, 14, 13, 12, 11, 10]**.

 El orden de los pines no es creciente, como la lógica nos haría pensar, pero en este caso, recordemos que aprovechamos la configuración del circuito del proyecto 4 como base para este proyecto.

El bucle principal itera a través del número total de ciclos especificados en la variable **num_ciclos,** que en este proyecto será de 64 ciclos ya que el máximo número que podemos representar en binario para 6 bits es el 63 (111111).

Para cada ciclo, se convierte el número actual del ciclo en su representación binaria utilizando la función **bin(i)** y se rellena con ceros a la izquierda según sea necesario para que tenga la longitud adecuada.

Después de obtener la representación binaria del número actual, el programa enciende o apaga los LEDs correspondientes según el valor de cada bit en la representación binaria.

Por último, para cada ciclo del contador binario, el programa imprime en la consola el valor decimal y binario del número actual en el contador. La función **print()** se utiliza para mostrar estos valores en la consola en cada iteración del bucle principal.

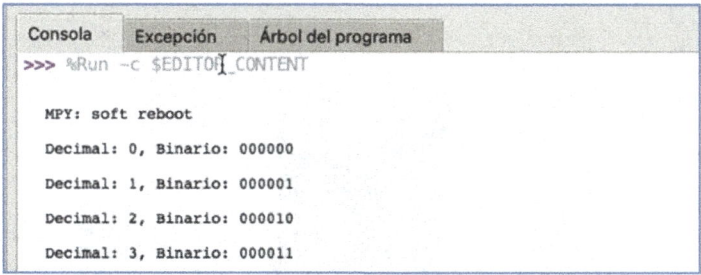

Consola de Thonny que muestra el estado del contador en decimal y binario

PROYECTO 6. LED RGB

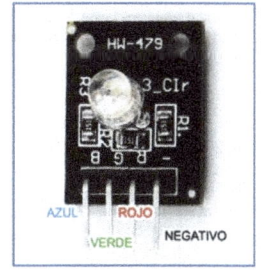

El objetivo de este proyecto es crear un efecto visual utilizando un módulo LED RGB de alta potencia HW 479, SMD HW-478 o cualquier otro de características similares, respetando obviamente, la correcta asignación de los pines de color para el LED RGB.

Un LED RGB permite la emisión de luz en una amplia gama de colores al mezclar la luz emitida por sus tres LEDs individuales rojo, verde y azul.

El programa que usaremos utiliza la técnica de modulación por ancho de pulso **(PWM)** para controlar la intensidad de cada color del LED RGB. Esta técnica permite ajustar la cantidad de luz emitida por cada LED, permitiendo mezclar los colores creando una amplia gama de colores.

Con dicha funcionalidad, podremos crear un efecto de transición suave entre los colores, consiguiendo un ciclo continuo de cambios de color.

MATERIALES

Los materiales que necesitaremos para este proyecto son:

- Protoboard y cables varios para puentes y conexiones.
- Raspberry Pi Pico W + cable USB para conexión a PC.
- Un diodo LED RGB HW-479 , HW-478 o similar.
- Tres resistencias de 220Ω.

CONEXIONADO

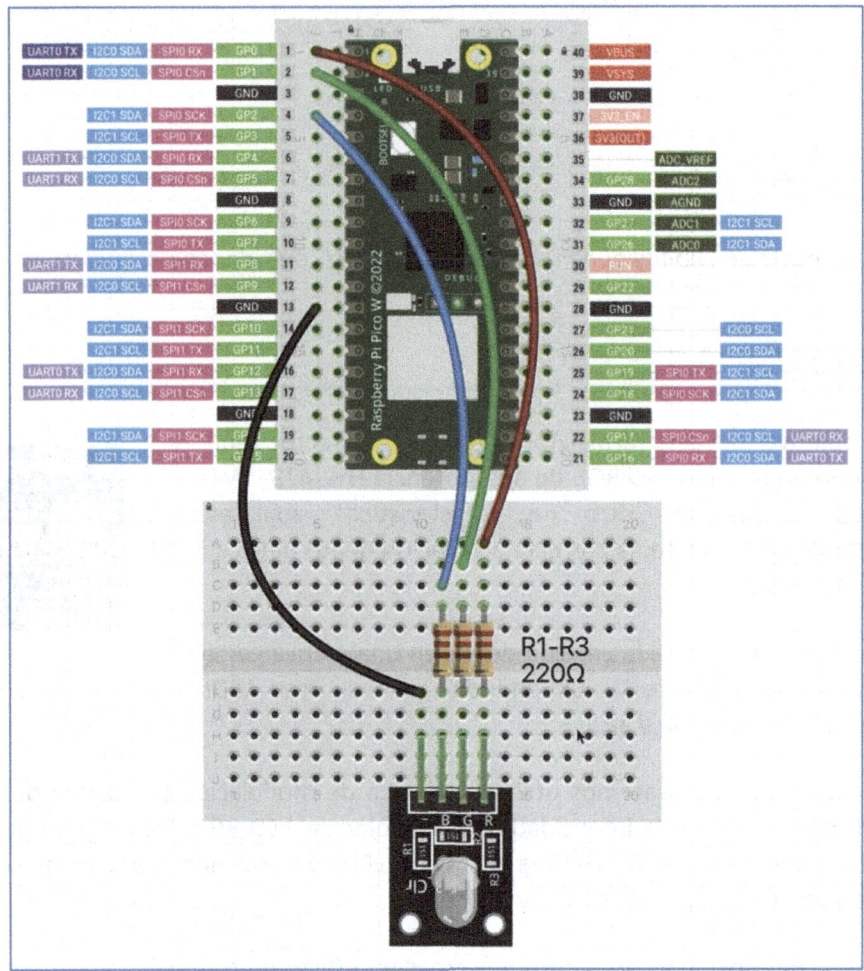

Croquis de conexionado de los elementos del proyecto 6

Este proyecto utiliza un LED RGB con hardware que tiene tres pines para controlar los colores rojo, verde y azul. Mostramos, a continuación, la tabla con los pines utilizados y sus funciones:

Pin	Función
GPIO0	Control de LED Rojo
GPIO1	Control de LED Verde
GPIO2	Control de LED Azul

En este caso, los GPIO 0, 1 y 2 se configuran para controlar el LED RGB, donde el pin 0 controla el rojo, el pin 1 controla el verde y el pin 2 controla el azul.

CÓDIGO

Se muestra a continuación el programa que permite gestionar la frecuencia del diodo RGB mediante la modulación de ancho de pulso (PWM) y de esta forma, controlar la intensidad luminosa de cada color del LED RGB.

```
1.  # -----------------------------------------------------------
2.  #    LED RGB con HW-479 o HW-478
3.  #    Proyecto_6.py
4.  # -----------------------------------------------------------
5.
6.  import machine
7.  import utime
8.
9.  # Definir pines para el LED RGB
10. pin_rojo = machine.Pin(0)
11. pin_verde = machine.Pin(1)
12. pin_azul = machine.Pin(2)
13.
14. # Inicializar PWM para cada pin con una frecuencia de 1000 Hz
15. pwm_rojo = machine.PWM(pin_rojo, freq=1000)
16. pwm_verde = machine.PWM(pin_verde, freq=1000)
17. pwm_azul = machine.PWM(pin_azul, freq=1000)
18.
19. # Función para realizar un efecto de transición suave
20. def suavizar(pwm, delay):
21.     # Suavizar (Fade IN)
22.     for valor in range(0, 65535, 256):
23.         pwm.duty_u16(valor)
24.         utime.sleep_ms(delay)
25.     # Suavizar (Fade OUT)
26.     for valor in range(65535, -1, -256):
27.         pwm.duty_u16(valor)
28.         utime.sleep_ms(delay)
29.
30. # Bucle principal
31. while True:
32.     # Velocidad de transición suave para cada canal de color
33.     suavizar(pwm_rojo, 5)
34.     suavizar(pwm_verde, 5)
35.     suavizar(pwm_azul, 5)
36.
```

En funcionamiento del programa es muy sencillo. Se inicializan los PWM de cada color LED RGB a una frecuencia de 1000Hz.

El siguiente paso es variar esa frecuencia mediante una función llamada **suavizar**, que es la que permite generar un efecto de transición suave entre los diferentes niveles de intensidad luminosa. Esta función cambia gradualmente la intensidad luminosa del LED, comenzando desde un nivel bajo a alto mediante **Fade In** y viceversa, mediante **Fade Out**.

Para el módulo HW479 los pines GPIO para LED RGB son: pin 0 para el rojo, pin 1 para el verde y pin 2 para el azul.

En el bucle principal llama a la función **suavizar** para cada uno de los canales de color del LED RGB (rojo, verde y azul) con una velocidad de transición suave de 5 milisegundos.

Observe el lector que, en este programa, no importamos el módulo **time** sino, **utime**.

Podemos usar cualquiera de los dos módulos ya que son perfectamente compatibles en sistemas embebidos con MicroPython. Sin embargo, cada uno tiene sus propias características:

- **Módulo time**: Este módulo es más común en implementaciones de Python estándar y ofrece más funcionalidades relacionadas con el tiempo.
- **Módulo utime**: Este módulo está específicamente diseñado para su uso en entornos de microcontroladores y sistemas embebidos. Ofrece un conjunto más limitado de funcionalidades, pero es más ligero en términos de recursos y más adecuado para aplicaciones donde el espacio y la eficiencia son críticos; utime es especialmente útil para tareas comunes en microcontroladores, como la medición de intervalos de tiempo, la espera durante ciertos períodos, etc.

PROYECTOS CON SENSORES

INTRODUCCIÓN

Los sensores desempeñan un papel crucial en la interacción entre los dispositivos y su entorno. En este capítulo, nos centraremos en proyectos que aprovechan la capacidad de los sensores para detectar y medir cambios en el entorno que rodea a Raspberry Pi Pico.

Podríamos definir como sensor, a un dispositivo que permite a la Raspberry Pi Pico detectar y medir cambios en su entorno. Estos cambios pueden abarcar una amplia gama de variables, como temperatura, humedad, luz, movimiento, sonido, etc.

Los sensores proporcionan información que el controlador puede utilizar para tomar decisiones o realizar acciones con relación a la información recibida.

Como veremos en este capítulo, son una parte fundamental de muchos proyectos de IoT, automatización, robótica, etc., ya que permiten a los dispositivos interactuar con el entorno.

Vamos a ver, a continuación, cómo integrar diferentes tipos de sensores con Raspberry Pi Pico para crear soluciones innovadoras y prácticas.

PROYECTO 7. TEMPERATURA Y HUMEDAD

El objetivo de este proyecto es disponer de un medidor de temperatura y humedad mediante la utilización un sensor DHT11 con la Raspberry Pi Pico. Este sensor proporciona una solución simple y efectiva para monitorizar la temperatura y la humedad en diversos entornos.

MATERIALES

Los materiales que necesitaremos para este proyecto son:

- Protoboard y cables varios para puentes y conexiones.
- Raspberry Pi Pico W + cable USB para conexión a PC.
- Sensor de temperatura y humedad DHT11.
- Tres resistencias de 220Ω.

Sensor DHT11

Vamos a ver con detalle las características del sensor que vamos a utilizar.

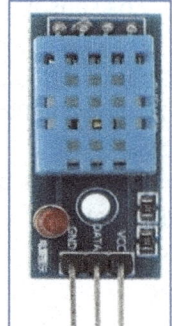

- **Rango Temperatura**: Temperatura en un rango de 0 a 50 grados Celsius con una precisión de ±2 grados Celsius.

- **Rango Humedad**: Humedad relativa en un rango del 20% al 90% con una precisión de ±5%.

- **VCC**: Este pin se conecta al positivo de la Raspberry Pi Pico. 3.3V para el sensor que vamos a usar.

- **DATA**: Pin bidireccional que se utiliza para enviar y recibir datos entre sensor y Raspberry.

- **GND**: Este pin se conecta a negativo.

IMPORTANTE. Existen muchas distribuciones de módulos de sensores de temperatura DHT11 o bien, modelos similares como DHT22 con otros rangos de medición. Dependiendo del modelo usado, los pines y esquema de conexionado pueden variar. Preste atención a las especificaciones del sensor que va a emplear para evitar fallos en el funcionamiento.

CONEXIONADO

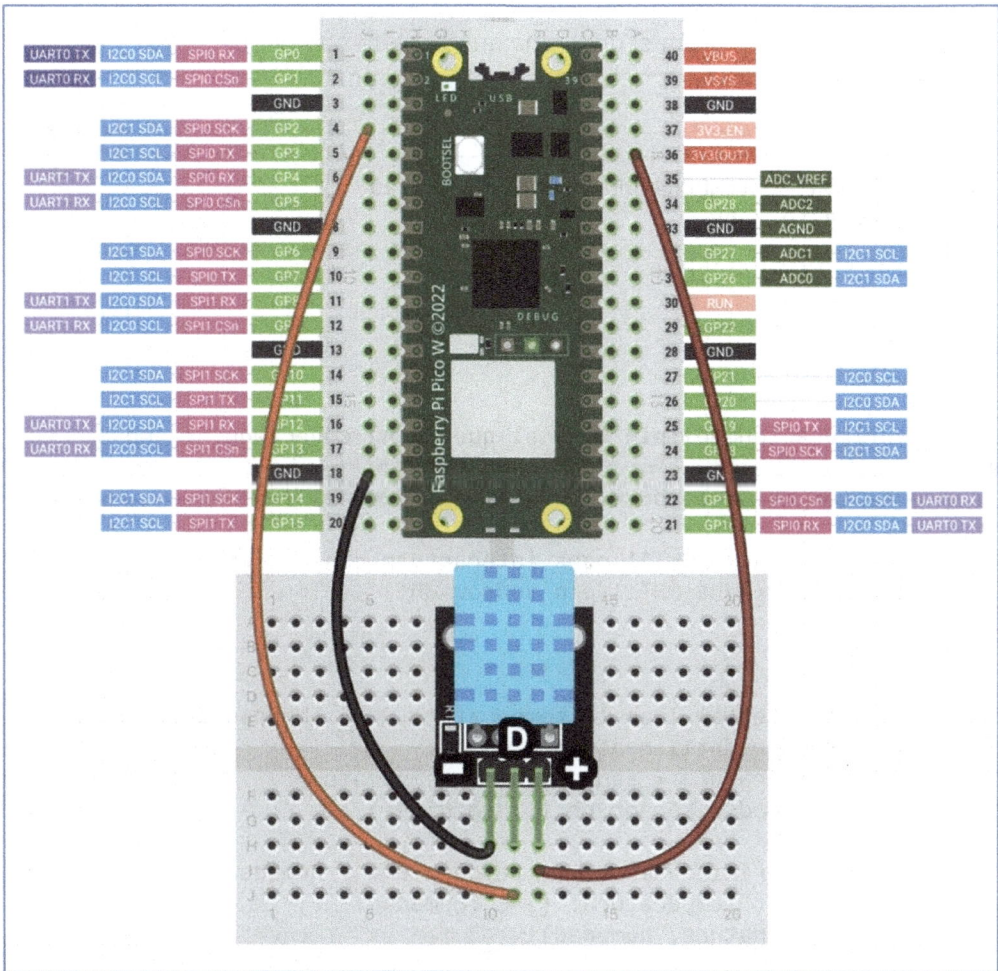

Croquis de conexionado del sensor del proyecto 7

Mostramos a continuación los pines usados para este proyecto:

Pin	Función
GPIO2	Pin de datos del sensor DHT11
3.3V	Alimentación 3.3V del sensor DHT11
GND	Conexión a negativo GND del sensor DHT11

CÓDIGO

Se muestra a continuación el programa que permite obtener del sensor indicado, los parámetros de temperatura y humedad del ambiente.

```
1. # --------------------------------------------------------
2. #    SENSOR DE TEMPERATURA Y HUMEDAD DHT11
3. #    Proyecto_7.py
4. # --------------------------------------------------------
5.
6. import dht
7. import machine
8. import utime
9.
10. # Configuración del pin GPIO al que se ha conectado el sensor
DHT11
11. pin_sensor_dht = machine.Pin(2, machine.Pin.IN)
12.
13. # Crear un objeto DHT11 para interactuar con el sensor
14. sensor_dht11 = dht.DHT11(pin_sensor_dht)
15.
16. while True:
17.     try:
18.         # Intentar leer la temperatura y la humedad del sensor
19.         sensor_dht11.measure()
20.         temperatura = sensor_dht11.temperature()
21.         humedad = sensor_dht11.humidity()
22.
23.         # Imprimir valores de temperatura y humedad en la consola
24.         print("Temperatura: {}°C, Humedad:
{}%".format(temperatura, humedad))
25.
26.     except OSError as error_sensor:
27.         # Si hay error al leer el sensor, imprimir mensaje error
28.         print("Error al leer el sensor DHT11:", error_sensor)
29.
30.     # Intervalo de tiempo antes de la siguiente lectura
31.     utime.sleep(10)
32.
```

El primer paso es importar el módulo **dht** que se encargará de proporcionar la capacidad de poder interactuar con sensores de temperatura y humedad, específicamente el sensor DHT11 que empleamos en este proyecto.

Este módulo contiene las clases y funciones necesarias para comunicarse con el sensor y leer los datos de temperatura y humedad que proporciona.

Configuramos el GPIO 2 para la comunicación entre el sensor y la Raspberry Pi Pico y creamos el objeto **sensor_dht11** de la clase **DHT11** del módulo **dht** para interactuar con el sensor GPIO 2.

Configuramos un bucle que se encargará de leer periódicamente los datos del sensor.

En cada iteración del bucle, se intenta leer la temperatura y la humedad del sensor utilizando el método **measure()** del objeto **sensor_dht11**.

Se ha incluido una gestión de errores para el supuesto en que la comunicación entre microcontrolador y sensor no sea posible.

Si la lectura de datos es correcta, se muestran en la consola la temperatura y la humedad.

Se ha configurado un intervalo de 10 segundos entre lecturas.

En la siguiente imagen, podemos ver cómo muestra la consola de Thonny los valores que recoge el sensor.

Para probar el sensor, hemos soplado aire sobre él, para modificar la temperatura y humedad del entorno y observar su respuesta.

Entre lecturas, hemos desconectado temporalmente el pin de datos del sensor, para ver cómo, en la consola, se refleja dicho error de lectura ante la imposibilidad de poder comunicar la Raspberry con el dispositivo (marcado con una flecha roja).

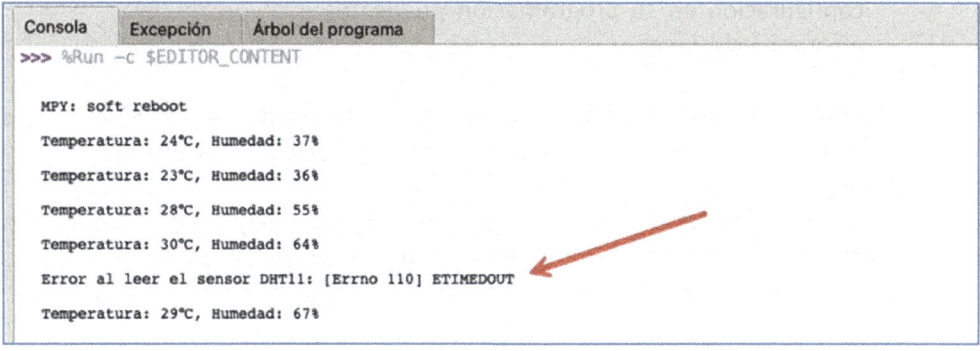

Consola de Thonny que muestra los valores de temperatura y humedad

PROYECTO 8. SENSOR DE ULTRASONIDOS

En este proyecto vamos a realizar un medidor de distancia "relativamente fiable" con un sensor de ultrasonidos. Su objetivo será medir la distancia entre el sensor y un objeto cercano.

El propósito es mostrar cómo usar un sensor de ultrasonido para realizar mediciones de distancia en aplicaciones de hardware, como sistemas de detección de obstáculos, niveles o sistemas de seguridad, entre otros.

MATERIALES

Los materiales que necesitaremos para este proyecto son:

- Protoboard.
- Cables varios para puentes y conexiones.
- Raspberry Pi Pico W + cable USB para conexión a PC.
- Sensor ultrasonidos HC-SR04.

Sensor HC-SR04

Vamos a ver con detalle las características del sensor que vamos a utilizar.

- El sensor puede medir **distancias** en un rango 2 cm a 450 cm aproximadamente, aunque las condiciones ambientales o la configuración en su programación puede afectar a este rango.

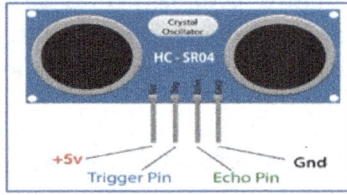

- **Frecuencia** de ultrasonido de 40 kHz. Estas ondas se reflejan en los objetos cercanos y el sensor las detecta para calcular la distancia.

- **Precisión** de aproximadamente ± 3 mm en condiciones ideales. Sin embargo, esta precisión puede disminuir en situaciones donde hay obstáculos u otras interferencias en el camino de las ondas ultrasónicas.

- Su **ángulo de apertura** es de aproximadamente 15 grados. Esto significa que su zona de detección es relativamente estrecha.

- El sensor se **alimenta** a 5VDC.

- Utiliza un sistema de **disparo** y **eco** para medir distancias.

    o Duración mínima del pulso de disparo TRIG (nivel TTL): 10 µS

    o Duración del pulso ECO de salida (nivel TTL): 100-25000 µS

CONEXIONADO

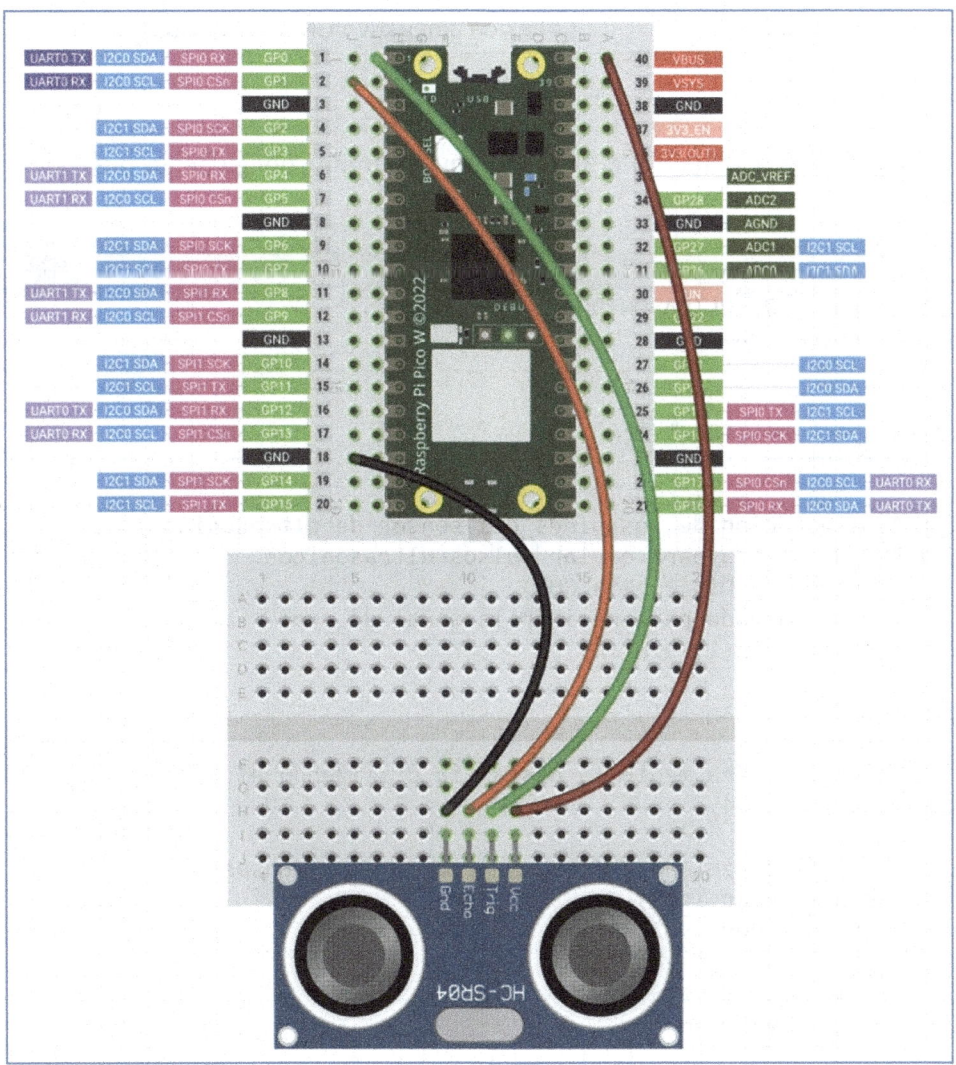

Croquis de conexionado del sensor HC-SR04 del proyecto 8

Los GPIO utilizados para este proyecto son los siguientes:

Pin	Función
GPIO0	Pin de salida (Trigger)
GPIO1	Pin de entrada (Echo)
5V	Alimentación 5V del sensor de ultrasonidos
GND	Conexión a negativo GND del sensor

CÓDIGO

Se muestra a continuación el programa que permite configurar un medidor de distancia por ultrasonidos.

```
1.  # -------------------------------------------------
2.  #   SENSOR DE ULTRASONIDOS
3.  #   Proyecto_8.py
4.  # -------------------------------------------------
5.
6.  from machine import Pin
7.  import utime
8.
9.  # Configuración de los pines del sensor de ultrasonido
10. # Pin de salida para enviar pulsos ultrasónicos
11. pin_trigger = Pin(0, Pin.OUT)
12. # Pin de entrada para recibir la señal de eco
13. pin_echo = Pin(1, Pin.IN)
14.
15. def medir_distancia():
16.     '''
17.     Función para medir la distancia utilizando el sensor de
ultrasonido HC-SR04.
18.     '''
19.     # Configuración parámetros recomendados Sensor
20.     pin_trigger.low()
21.     utime.sleep_us(2)
22.     pin_trigger.high()
23.     utime.sleep_us(5)
24.     pin_trigger.low()
25.
26.     # Mide el tiempo que tarda en llegar el eco
27.     while pin_echo.value() == 0:
28.         tiempo_inicio = utime.ticks_us()
29.     while pin_echo.value() == 1:
```

```
30.          tiempo_fin = utime.ticks_us()
31.
32.     # Calcula duración del pulso de eco y convierte en distancia
33.     duracion_pulso = tiempo_fin - tiempo_inicio
34.     distancia = (duracion_pulso * 0.0343) / 2
35.
36.     # Imprime la distancia medida en centímetros
37.     print("La distancia al objeto es: {:.2f}
cm".format(distancia))
38.
39. # Bucle principal para medir la distancia cada 2 segundos
40. while True:
41.     medir_distancia()
42.     utime.sleep(2)
```

Para el correcto funcionamiento del sensor de ultrasonidos HC-SR04, en primer lugar tenemos que configurar los pines para enviar los pulsos de ultrasonidos desde el pin de disparo (**pin_trigger**) y otro para recibir la señal de eco (**pin_echo**).

También tenemos que definir una función que será la encargada de realizar la medida de la distancia. La función se llama **medir_distancia().**

Esta función se encarga de enviar los pulsos al pin del trigger del sensor y medir el tiempo que tarda en llegar el eco al pin de entrada. Con la duración del pulso de eco, se calcula la distancia al objeto utilizando la fórmula de conversión proporcionada por el fabricante.

```
pin_trigger.low()
utime.sleep_us(2)
pin_trigger.high()
utime.sleep_us(5)
pin_trigger.low()
```

Los valores 2 y 5 representan los tiempos en microsegundos para generar los pulsos de trigger según las especificaciones del sensor de ultrasonido HC-SR04.

El primer pulso de corta duración (2 microsegundos) es necesario para iniciar la medición. Este pulso es corto para asegurarse de que el sensor esté listo para recibir el pulso ultrasónico.

El segundo pulso más largo (5 microsegundos) es la señal de trigger que le indica al sensor de ultrasonido que debe enviar los pulsos ultrasónicos.

Estos valores son críticos para el funcionamiento adecuado del sensor y se basan en las especificaciones del fabricante del HC-SR04. Es importante mantener estos tiempos para garantizar mediciones precisas de distancia.

El cálculo de la distancia se basa en el tiempo que tarda la señal de ultrasonidos en ir desde el emisor hasta el objeto y luego regresar al receptor.

La velocidad del sonido en el aire es de aproximadamente 343 metros por segundo (34300 centímetros por segundo). Esto significa que una onda de sonido tarda aproximadamente 29.15 microsegundos en recorrer 1 centímetro.

Dado que el sensor ultrasónico nos proporciona el tiempo que tarda la señal desde que es enviada hasta que el receptor captura su eco, podemos utilizar esta información para calcular la distancia al objeto.

Para ello, dividimos el tiempo de la señal por 29.15 microsegundos y luego dividimos el resultado por 2, ya que la señal viaja hacia el objeto y vuelve al sensor, recorriendo la misma distancia dos veces.

El bucle principal del programa se encarga llamar cada 2 segundos, a la función **medir_distancia()** que permite tomar los valores de distancia proporcionados por el sensor y mostrarlos en la consola en centímetros.

```
Consola     Excepción     Árbol del programa

>>> %Run -c $EDITOR_CONTENT

MPY: soft reboot

La distancia al objeto es: 31.14 cm

La distancia al objeto es: 32.00 cm

La distancia al objeto es: 32.14 cm

La distancia al objeto es: 7.08 cm

La distancia al objeto es: 3.89 cm

La distancia al objeto es: 31.83 cm
```

Consola de Thonny que muestra la medición de la distancia

PROYECTO 9. SENSOR DE APARCAMIENTO

Este proyecto tiene como objetivo desarrollar un sistema de asistencia al estacionamiento para vehículos utilizando un sensor ultrasónico HC-SR04 empleado en el proyecto anterior y un altavoz (zumbador) como indicador audible al usuario.

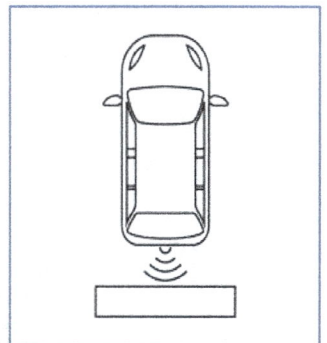

El sensor de ultrasonidos mide la distancia entre el vehículo y el obstáculo más cercano, mientras que el altavoz emitirá diferentes sonidos en función de la distancia al obstáculo para ayudar al conductor a estacionar de manera segura.

MATERIALES

Los materiales que necesitaremos para este proyecto son:

- Protoboard.
- Cables varios para puentes y conexiones.
- Raspberry Pi Pico W + cable USB para conexión a PC.
- Sensor ultrasonidos HC-SR04.
- Zumbador pasivo HW-508 o similar.

CONEXIONADO

Los GPIO utilizados para este proyecto son los siguientes:

Pin	Función
GPIO0	Pin de salida (Trigger)
GPIO1	Pin de entrada (Echo)
GPIO2	Pin salida altavoz
5V	Alimentación 5V del sensor de ultrasonidos
GND	Conexión a GND del sensor y altavoz

- El GPIO0 se configura como salida para enviar los pulsos ultrasónicos (Trigger) al sensor HC-SR04.

- El GPIO1 se configura como entrada para recibir la señal de eco (Echo) del sensor HC-SR04.
- El GPIO2 se utiliza para conectar el altavoz para los avisos sonoros.
- El pin (VCC) del sensor HC-SR04 debe estar conectado a la alimentación de 5V en la placa.
- El pin GND del sensor HC-SR04 y el del altavoz deben estar conectados al negativo (GND).

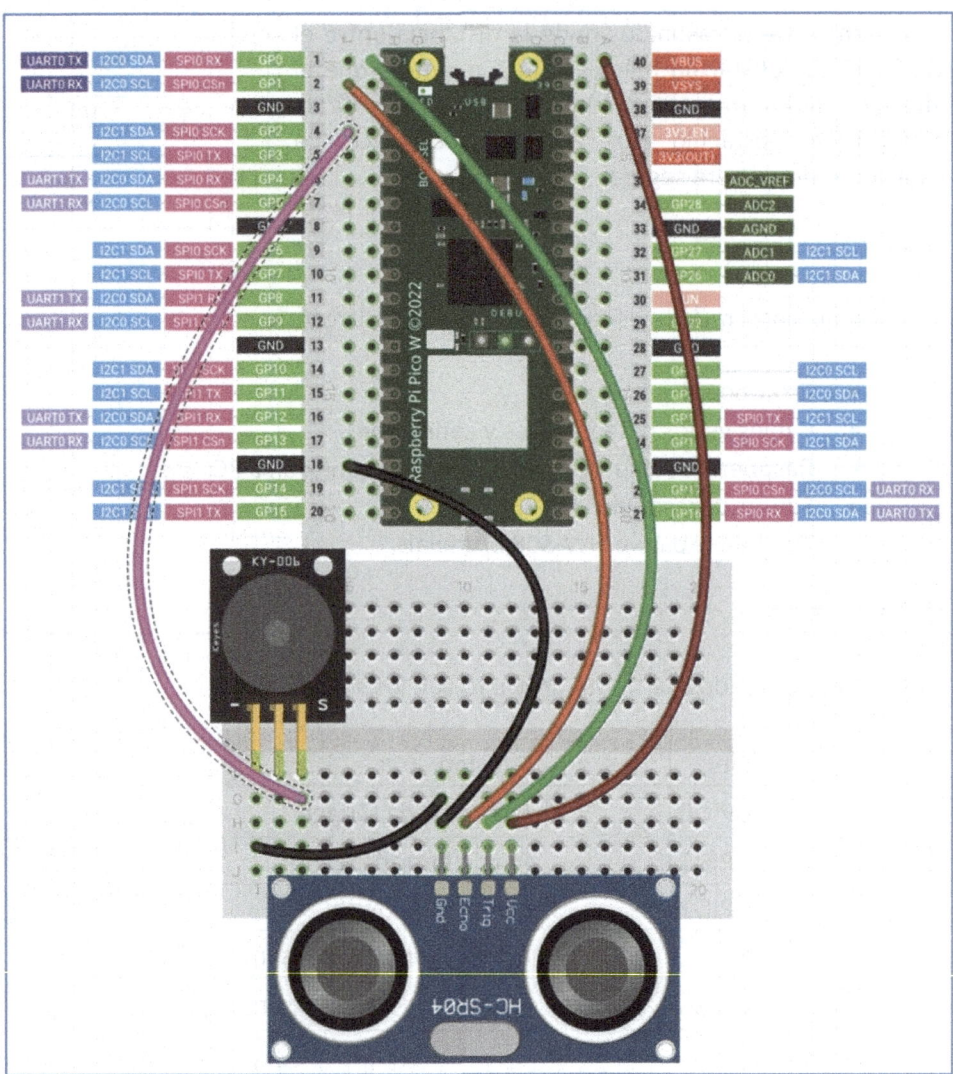

Croquis de conexionado del sensor HC-SR04 y altavoz del proyecto 9 para configurar un sensor de aparcamiento para un vehículo

CÓDIGO

Se muestra a continuación el programa que permite configurar un detector de aparcamiento para un vehiculo mediante un sensor de ultrasonidos.

```python
1.  # ------------------------------------------------------------
2.  #    SENSOR DE APARCAMIENTO PARA COCHE
3.  #    Proyecto_9.py
4.  # ------------------------------------------------------------
5.
6.  from machine import Pin, PWM
7.  import utime
8.
9.  # Configuración de los pines del sensor de ultrasonido
10. pin_trigger = Pin(0, Pin.OUT)
11. pin_echo = Pin(1, Pin.IN)
12.
13. # Configuración del altavoz
14. pin_altavoz = Pin(2, Pin.OUT)
15. altavoz = PWM(pin_altavoz)
16.
17. def beep(frecuencia, duracion, repeticiones):
18.     # Repetir el sonido varias veces
19.     for _ in range(repeticiones):
20.         # Configurar la frecuencia del beep
21.         altavoz.freq(frecuencia)
22.         # Configurar el ciclo de trabajo (50%)
23.         altavoz.duty_u16(32767)
24.         # Esperar la duración del beep
25.         utime.sleep_ms(duracion)
26.         # Apagar el altavoz después del beep
27.         altavoz.duty_u16(0)
28.         # Esperar un breve intervalo entre repeticiones
29.         utime.sleep_ms(100)
30.
31. def medir_distancia():
32.     '''
33.     Función para medir distancia utilizando el sensor HC-SR04.
34.     '''
35.     # Configuración de parámetros del sensor
36.     pin_trigger.low()
37.     utime.sleep_us(2)
38.     pin_trigger.high()
39.     utime.sleep_us(5)
40.     pin_trigger.low()
41.
```

```
42.     # Mide el tiempo que tarda en llegar el eco
43.     while pin_echo.value() == 0:
44.         tiempo_inicio = utime.ticks_us()
45.     while pin_echo.value() == 1:
46.         tiempo_fin = utime.ticks_us()
47.
48.     # Calcula duración del pulso de eco y convierte en distancia
49.     duracion_pulso = tiempo_fin - tiempo_inicio
50.     distancia = (duracion_pulso * 0.0343) / 2
51.
52.     # Imprime la distancia medida en centímetros
53.     print("La distancia al objeto es: {:.2f}
cm".format(distancia))
54.
55.     # Control del zumbador según la distancia medida
56.     # Usamos un print() para confirmar el tipo de beep en consola
57.     if distancia <= 7:
58.         print("Sonando altavoz...")
59.         if distancia <= 3.5:
60.             # Distancia inferior a 3.5 cm, beep continuo
61.             print("Pitido continuo...")
62.             altavoz.freq(500)
63.             altavoz.duty_u16(32767)
64.         elif distancia <= 4.5:
65.             # Distancia inferior a 4.5 cm, beep triple
66.             print("Pitido triple...")
67.             beep(500, 100, 3)
68.         elif distancia <= 6.99:
69.             # Distancia inferior a 7 cm, beep simple
70.             print("Pitido simple...")
71.             beep(500, 200, 1)
72.         else:
73.             # Zumbador en silencio si la distancia es mayor a 7
cm
74.             altavoz.duty_u16(0)   #
75.     else:
76.         print("Altavoz en silencio...")
77.         altavoz.duty_u16(0)
78.
79. # Bucle principal para medir la distancia cada 0.2 segundos
80. while True:
81.     medir_distancia()
82.     utime.sleep(0.2)
83.
```

El código, como podrá ver el lector, es similar al usado en el proyecto 8 para el estudio del sensor de ultrasonidos. El principal cambio es la frecuencia a la que se lee la distancia (0.2 segundos) y la implementación de las condiciones de distancia que emitirán el sonido por el altavoz.

Para configurar el altavoz, usamos el módulo PWM que permite variar la frecuencia y el ciclo de trabajo de una señal cuadrada, lo que permite generar diferentes tonos de sonido en el altavoz. Para ello, se define el pin del altavoz GPIO 2 y se crea un objeto PWM asociado a dicho pin.

Para la gestión de los diferentes sonidos de aproximación, se ha generado la función **beep()** que recibe tres parámetros: la **frecuencia** del sonido, la **duración** del sonido y el número de **repeticiones**.

Para generar las diferentes tonalidades de sonido en relación a la distancia del coche del obstáculo, se utiliza un bucle for para repetir el sonido tantas veces como se indique en el parámetro repeticiones.

Dentro del bucle, configuramos la frecuencia del altavoz con **altavoz.freq(frecuencia)**, establecemos un ciclo de trabajo del 50% con **altavoz.duty_u16(32767)** para que el altavoz esté activo durante la mitad del tiempo, aplicamos la duración del sonido en relación con **utime.sleep_ms(duracion)** y finalmente apagamos el altavoz con **altavoz.duty_u16(0)**.

Entre cada repetición, aplicamos un breve retraso de 100 milisegundos con **utime.sleep_ms(100)** para que los sonidos no se solapen.

Finalmente, con relación a la distancia medida por el sensor, se utilizan condicionales **if** para determinar qué sonido se debe emitir.

- Si la distancia medida es inferior o igual a 7 centímetros, se activará el altavoz y se seleccionará el tipo de sonido en función de la distancia medida.

  o Distancia inferior o igual a 7 cm, pitido simple.
  o Distancia inferior o igual a 4.5 cm, pitido triple.
  o Distancia inferior o igual a 3.5 cm, pitido continuo.

Como apoyo al programa, imprimimos en la consola de Thonny mensajes informativos para indicar qué sonido se está reproduciendo en función de la medida obtenida.

Consola	Excepción	Árbol del programa

```
La distancia al objeto es: 3.93 cm

Sonando altavoz...

Pitido triple...

La distancia al objeto es: 5.81 cm

Sonando altavoz...

Pitido simple...
```

Consola de Thonny que muestra la medición de la distancia y el sonido aplicado

PROYECTO 10. SENSOR DE LUMINOSIDAD

El objetivo de este proyecto es proporcionar una forma práctica de visualizar y entender cómo funciona un sensor de luminosidad LDR y cómo puede utilizarse para controlar otros dispositivos, en función de cambios en la luminosidad ambiental.

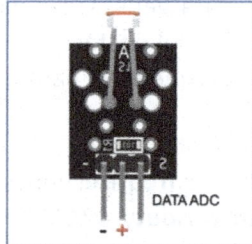

Para este proyecto utilizaremos el módulo HW-486 que, aparte de la LDR, ya lleva integrada la resistencia que se utiliza para formar un divisor de voltaje cuando se conecta al circuito y que, además, sirve para proporcionar una referencia estable para medir las variaciones.

Al encender y apagar varios LEDs en función del nivel de luminosidad, podemos comprender mejor cómo los sensores pueden interactuar con el entorno y cómo podemos utilizar esa información para crear sistemas automatizados o domóticos.

MATERIALES

Los materiales que necesitaremos para este proyecto son:

- Protoboard.
- Cables varios para puentes y conexiones.
- Raspberry Pi Pico W + cable USB para conexión a PC.
- Fotorresistencia LDR HW-486.
- Cuatro diodos LED rojo (o de cualquier otro color).
- Cuatro resistencias de 220Ω.

FOTORRESISTENCIA LDR

La fotorresistencia HW-486 es un tipo de sensor de luz, también conocido como LDR, que varía su resistencia eléctrica en función de la intensidad de la luz que incide sobre ella. Cuando se expone a una mayor cantidad de luz, la resistencia de la fotorresistencia disminuye, y viceversa.

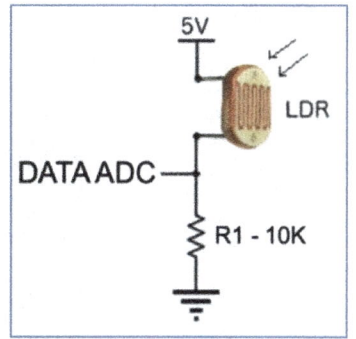

Si utilizamos una LDR como componente suelto, deberemos añadir la resistencia de 10K al circuito para conformar el divisor de tensión que necesita la LDR. En la imagen de la derecha, podemos ver cómo se tiene que conformar dicho divisor de tensión.

CONEXIONADO

Los GPIO utilizados para este proyecto son los siguientes:

Pin	Función
GPIO26(ADC0)	Pin del sensor de luz (LDR)
GPIO1	Pin de salida para el LED 1
GPIO2	Pin de salida para el LED 2
GPIO3	Pin de salida para el LED 3
GPIO4	Pin de salida para el LED 4
3V3	Alimentación (3.3V) del sensor LDR
GND	Conexión a negativo sensor LDR

- El GPIO26 (ADC0) se utiliza para leer la señal analógica del sensor de luminosidad (LDR).
- Los GPIO 1, 2, 3, y 4 se utilizan como salidas para controlar los LEDs.
- El pin VCC del sensor LDR debe estar conectado a la alimentación de 3.3V en la placa.
- El pin GND del sensor LDR debe estar conectado a tierra (GND) en la placa.

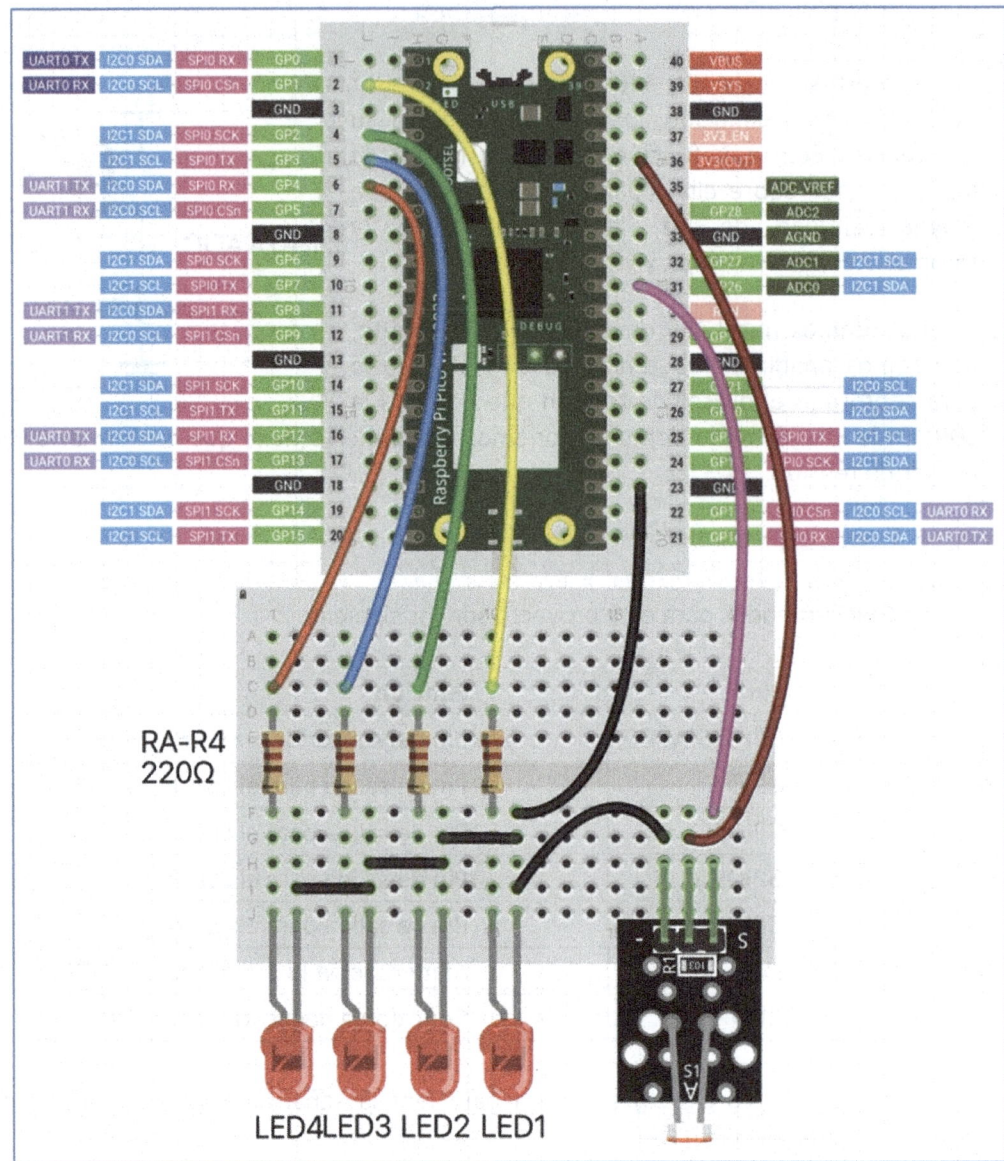

Croquis de conexionado del sensor HC-SR04 del proyecto 10

CÓDIGO

Se muestra a continuación el programa que permite configurar el número de luces que se van a encender, en función de la luminosidad existente en el ambiente, medida a través de una LDR.

```
 1. # ------------------------------------------------------------
 2. #    SENSOR DE LUMINOSIDAD Y ENCENDIDO DE LUCES
 3. #    Proyecto_10.py
 4. # ------------------------------------------------------------
 5.
 6. from machine import ADC, Pin
 7. import utime
 8.
 9. # Pin conectado al sensor de luz (LDR)
10. pin_ldr = ADC(0)
11. luz1 = Pin(1, Pin.OUT)   # LED 1
12. luz2 = Pin(2, Pin.OUT)   # LED 2
13. luz3 = Pin(3, Pin.OUT)   # LED 3
14. luz4 = Pin(4, Pin.OUT)   # LED 4
15.
16. # Rangos de intensidad de luz para encender luces
17. umbral_apagado = 14000
18. umbral_1 = 16000
19. umbral_2 = 20000
20. umbral_3 = 25000
21. umbral_maximo = 30000
22.
23. while True:
24.     # Valor del sensor de luz
25.     valor_ldr = pin_ldr.read_u16()
26.
27.     # Mostrar en consola el valor del sensor de luz
28.     print("Valor del sensor de luz:", valor_ldr)
29.
30.     # Control de luces según el valor del sensor de luz
31.     if valor_ldr < umbral_apagado:
32.         # Apagar todos los LED si la luz es muy intensa
33.         luz1.value(0)
34.         luz2.value(0)
35.         luz3.value(0)
36.         luz4.value(0)
37.         print("LUCES APAGADAS")
38.     elif umbral_apagado <= valor_ldr < umbral_1:
39.         # Encender solo el LED 1
40.         luz1.value(1)
41.         luz2.value(0)
42.         luz3.value(0)
43.         luz4.value(0)
44.         print("LUZ 1 encendida")
45.     elif umbral_1 <= valor_ldr < umbral_2:
46.         # Encender LED 1 y LED 2
```

```
47.          luz1.value(1)
48.          luz2.value(1)
49.          luz3.value(0)
50.          luz4.value(0)
51.          print("LUCES 1 y 2 encendidas")
52.      elif umbral_2 <= valor_ldr < umbral_3:
53.          # Encender LED 1, LED 2 y LED 3
54.          luz1.value(1)
55.          luz2.value(1)
56.          luz3.value(1)
57.          luz4.value(0)
58.          print("LUCES 1, 2 y 3 encendidas")
59.      else:
60.          # Encender todos los LEDs
61.          luz1.value(1)
62.          luz2.value(1)
63.          luz3.value(1)
64.          luz4.value(1)
65.          print("*** Todas las luces encendidas ***")
66.
67.      utime.sleep(1)  # Esperamos 1 segundo antes de la próxima
lectura
68.
```

Para este proyecto, como novedad, importamos las clases **ADC** y **Pin** del módulo **machine** en vez de importar el módulo completo.

La clase **ADC** (Analogic Digital Converter) se utiliza para configurar y leer valores de un pin analógico. En este caso, el ADC(0) que es donde conectaremos la LDR.

La clase **Pin** se utiliza para configurar y controlar los pines GPIO de la placa.

Para la gestión de los diferentes rangos de encendidos de las luces, se han establecido varios umbrales de intensidad de luz que determinarán cuándo se deben encender o apagar las luces LED.

En el bucle principal, para cada iteración se lee el valor del sensor de luz utilizando el método **read_u16()** del objeto **ADC** y lo almacenamos en la variable **valor_ldr**.

En función del valor que tenga la variable **valor_ldr**, una serie de **estructuras if-elif-else** determinan qué luces (LEDs) deben encenderse o apagarse.

Como confirmación del buen funcionamiento del programa, se muestran en la consola los mensajes que indican el valor actual del sensor de luz y qué luces están encendidas para cada iteración del bucle, que se realiza cada segundo.

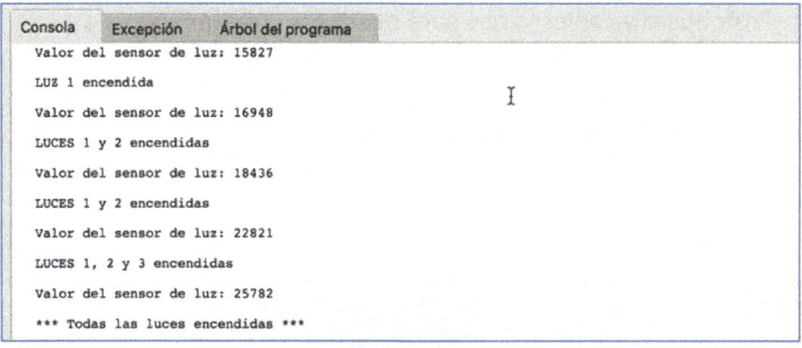

Consola de Thonny que muestra el valor del sensor de luz y las luces activadas para cada rango de nivel

PROYECTO 11. DETECTOR DE FUEGO CON LED INTERMITENTE Y SIRENA

Con este proyecto vamos a ver cómo implementar una sencilla alarma de incendio mediante un detector de llama, un zumbador y un LED que servirá de aviso luminoso.

El sensor utilizado es el HW-491 o KY-026. Sensor digital que puede detectar la presencia de fuego. Funciona como un interruptor que se activa cuando detecta la radiación infrarroja emitida por una llama.

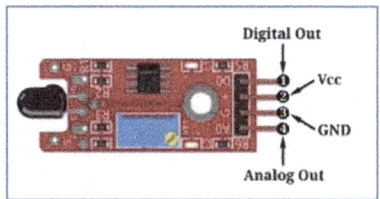

Cuando el sensor detecta fuego, su salida digital cambia de estado, lo que permite al sistema activar otros eventos como la alarma sonora y visual.

El sensor también puede operar con una salida analógica que puede ajustarse mediante el potenciómetro integrado con la finalidad de calibrar mejor el dispositivo. Si queremos usar esa salida, deberemos usar una entrada analógica en la Raspberry Pi Pico.

MATERIALES

Los materiales que necesitaremos para este proyecto son:

- Protoboard y cables varios para puentes y conexiones.
- Raspberry Pi Pico W + cable USB para conexión a PC.
- Sensor de llama HW-491 o KY-026
- Un diodo LED rojo y una resistencia de 220Ω.

CONEXIONADO

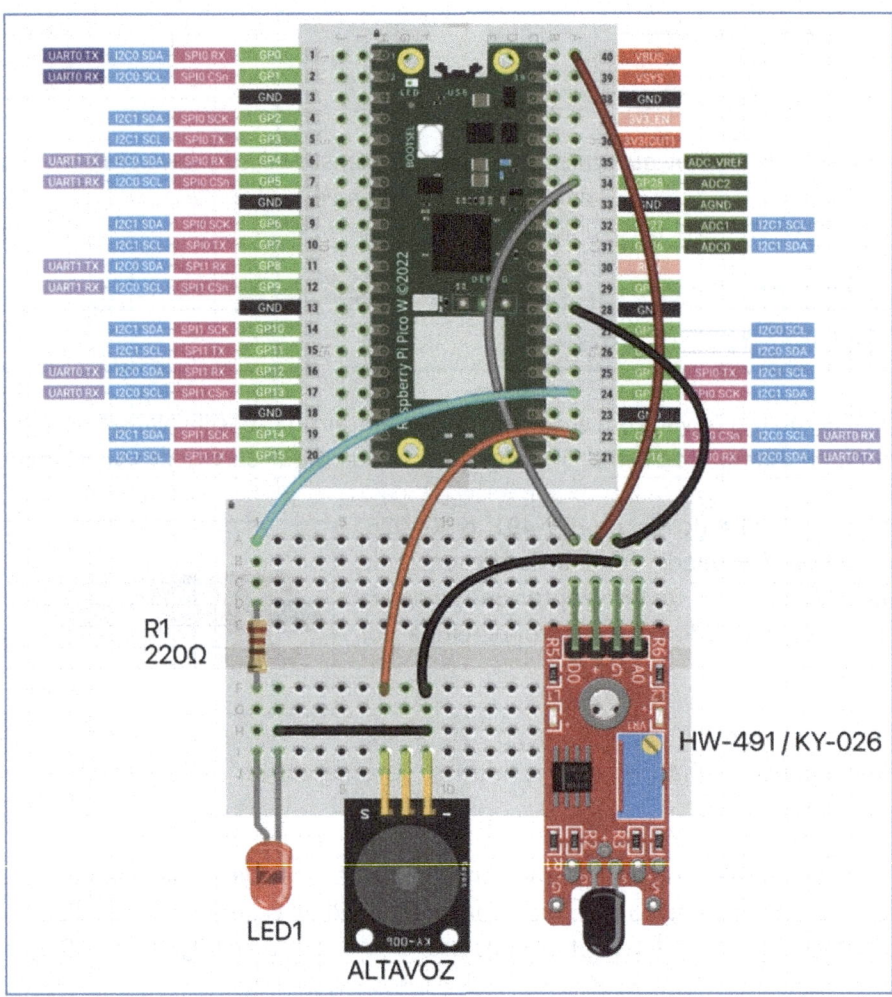

Croquis de conexionado de los componentes del proyecto 11

Los GPIO utilizados en este proyecto son:

Pin	Función
GPIO28	Pin del sensor de fuego
GPIO17	Pin de salida PWM para la sirena
GPIO18	Pin de salida para el LED
5V	Alimentación del sensor de fuego
GND	Negativo del sensor de fuego y sirena

- El GPIO28 se utiliza como entrada para el sensor de fuego.
- El GPIO17 se usa para controlar la sirena con PWM.
- El GPIO18 se emplea como salida para el LED intermitente.
- El pin VCC del sensor de fuego debe estar conectado a la alimentación de 5V en la placa.
- El pin GND (-) del sensor de fuego y la sirena deben estar conectados a negativo (GND) en la placa.

CÓDIGO

Se muestra a continuación el programa que configura una alarma de incendio con un diodo LED y un altavoz a modo de sirena.

```
1.  # ------------------------------------------------------------
2.  #    DETECTOR DE LLAMA CON LED INTERMITENTE Y SIRENA
3.  #    Proyecto_11.py
4.  # ------------------------------------------------------------
5.
6.  from machine import Pin, PWM
7.  import time
8.
9.  # Pin del sensor de fuego
10. pin_sensor_fuego = 28
11. sensor_fuego = Pin(pin_sensor_fuego, Pin.IN)
12. # Pin del zumbador
13. pin_sirena = 17
14. sirena = PWM(Pin(pin_sirena))
15. # Pin del LED
16. pin_led = 18
17. led = Pin(pin_led, Pin.OUT)
18.
19. # Imprimir mensaje activación sistema alarma
```

```
20. print("¡ALARMA INCENDIO ACTIVADA!")
21.
22. while True:
23.     # Si se detecta fuego, activar la sirena y el LED
intermitente
24.     if sensor_fuego.value() == 1:
25.         print("¡Fuego detectado! ¡PELIGRO!")
26.         # Configurar la sirena como una alarma
27.         for i in range(500, 3000, 200):
28.             sirena.freq(i)
29.             sirena.duty_u16(32767)
30.             time.sleep(0.05)
31.         # Activar el LED intermitente durante la detección de
fuego
32.         for _ in range(5):
33.             led.toggle()
34.             time.sleep(0.5)
35.         sirena.duty_u16(0)
36.     # Tiempo entre lecturas del sensor de llama
37.     time.sleep(0.1)
```

El programa comienza importando las bibliotecas necesarias, **Pin** y **PWM** de **machine** para controlar los pines GPIO y generar señales PWM para la sirena.

Configuramos los pines GPIO para el sensor de fuego, la sirena y el LED intermitente, imprimiendo un mensaje en la consola del sistema, indicando que la alarma de incendio está activada.

 Observe el lector cómo vamos cambiando a lo largo de los proyectos el código de configuración de los pines GPIO. El objetivo es ver que una misma configuración puede programarse de maneras diferentes manteniendo el mismo resultado deseado.

Finalmente, disponemos del típico bucle que verifica continuamente si se detecta fuego en el sensor. Si se detecta fuego, cuando el valor del sensor es 1, se activa la sirena y el LED intermitente.

La sirena se ha configurado para simular una alarma de fuego con una frecuencia y un ciclo de trabajo específicos, mientras que el LED parpadeará cinco veces a intervalos regulares.

Mientras la variable **sensor_fuego** esté a 1 ante una detección de llama, el LED parpadeará de forma indefinida, así como la sirena.

En el momento en que desaparece la alarma, se restablece la sirena a un estado de silencio, se apaga el LED y se espera a la siguiente lectura del sensor de fuego.

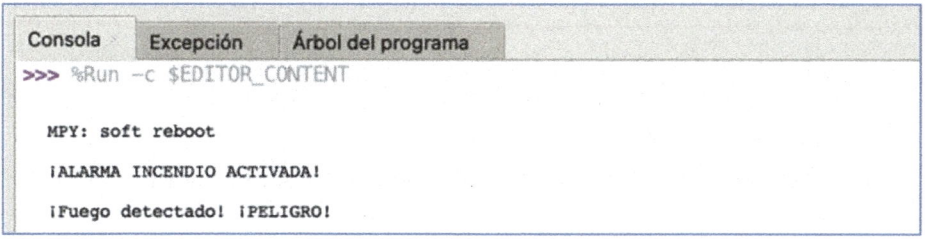

```
Consola    Excepción    Árbol del programa
>>> %Run -c $EDITOR_CONTENT

MPY: soft reboot

¡ALARMA INCENDIO ACTIVADA!

¡Fuego detectado! ¡PELIGRO!
```

Consola de Thonny que muestra la activación de la alarma y un aviso de detección

PROYECTO 12. SENSOR FLEX

El objetivo de este proyecto es crear un sistema de monitorización utilizando un sensor de flexión conectado a una Raspberry Pi Pico. Mediante la lectura de los valores del sensor, se activarán distintos LEDs que indicarán visualmente el nivel de flexión del sensor.

Un sensor **Flex Sensor** es un dispositivo que cambia su resistencia eléctrica en función de la cantidad de flexión que experimenta.

Cuando se aplica una fuerza que provoca flexión en el sensor, la distancia entre las partículas conductoras dentro del material cambia, lo que a su vez altera la resistencia eléctrica del sensor.

El Flex Sensor que vamos a utilizar lleva una resistencia plana que tiene un valor de 10K cuando está en una posición no flexionada. Al flexionar, en función de la cantidad y la dirección de la flexión, aumentará o disminuirá el valor de la resistencia y lo usaremos para encender unos LEDs y mostrar en la consola los valores de lectura de la resistencia.

Es importante ajustar los valores de referencia del sensor que usemos en este proyecto según sus características. El valor en reposo del sensor puede variar entre diferentes modelos o incluso entre unidades del mismo modelo. Por lo tanto, es necesario calibrar los umbrales de activación de los LEDs en el código del programa de acuerdo con el rango de lecturas obtenido por el sensor en reposo. Esto asegurará un funcionamiento óptimo del proyecto propuesto.

MATERIALES

Los materiales que necesitaremos para este proyecto son:

- Protoboard y cables varios para puentes y conexiones.
- Raspberry Pi Pico W + cable USB para conexión a PC.
- Sensor Flex 10K.
- Tres diodos LED (rojo, ámbar y verde) y tres resistencias de 220Ω.

CONEXIONADO

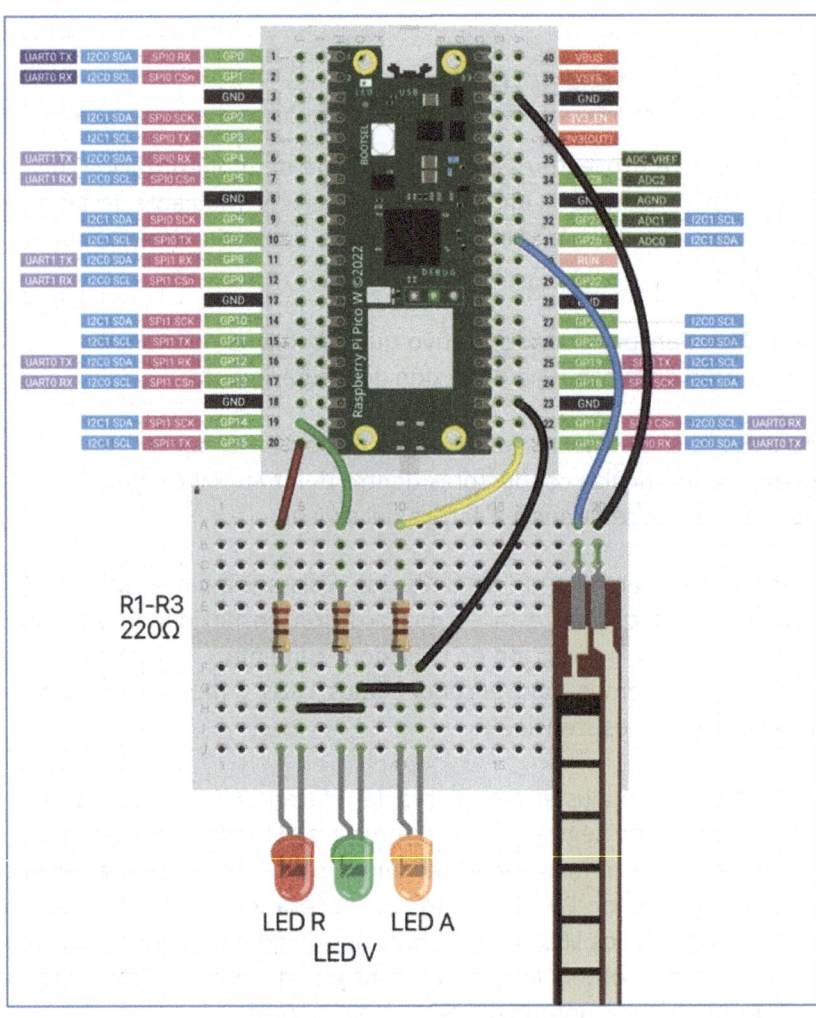

Croquis de conexionado de los componentes del proyecto 12

Los GPIO utilizados en este proyecto son:

Pin	Función
GPIO26 (ADC3)	Pin ADC para el sensor de flexión
GPIO14	Pin de salida para el LED verde
GPIO15	Pin de salida para el LED rojo
GPIO16	Pin de salida para el LED amarillo
GND	Conexión a negativo del sensor de flexión

- El GPIO26 se configura como un pin ADC para leer el sensor de flexión.
- Los GPIO 14, 15, y 16 se utilizan como salidas para los LEDs verde, rojo y amarillo, respectivamente.
- El pin GND del sensor de flexión y los LEDs deben estar conectados a negativo en la placa.

CÓDIGO

Se muestra a continuación el programa que crea un sistema de monitorización utilizando un sensor de flexión conectado a una Raspberry Pi Pico.

```
1.  # ------------------------------------------------------------
2.  #    SENSOR FLEX
3.  #    Proyecto_12.py
4.  # ------------------------------------------------------------
5.
6.  from machine import Pin, ADC
7.  import utime
8.
9.  # Pin ADC para el sensor de flexión
10. pin_adc = 26
11. adc = ADC(Pin(pin_adc))
12.
13. # Configuración de los LEDs
14. led_verde = Pin(14, Pin.OUT)
15. led_rojo = Pin(15, Pin.OUT)
16. led_amarillo = Pin(16, Pin.OUT)
17.
18. # Función para leer y mostrar los valores del sensor
19. def leer_flex():
20.     while True:
```

```
21.            valor_flex = adc.read_u16()  # Lectura valor del sensor
22.
23.            # Imprimir el valor del sensor en la consola
24.            print("Valor del sensor:", valor_flex)
25.
26.            # Determinar qué LED se enciende e informar
27.            if 900 <= valor_flex <= 1000:
28.                led_verde.value(1)
29.                led_rojo.value(0)
30.                led_amarillo.value(0)
31.                print("LED verde encendido (900-1000)")
32.            elif valor_flex > 1000:
33.                led_verde.value(0)
34.                led_rojo.value(1)
35.                led_amarillo.value(0)
36.                print("LED rojo encendido (>1000)")
37.            elif valor_flex < 900:
38.                led_verde.value(0)
39.                led_rojo.value(0)
40.                led_amarillo.value(1)
41.                print("LED amarillo encendido (<900)")
42.
43.            utime.sleep(0.5)  # Tiempo entre lecturas
44.
45. # Iniciar la monitorización del Flex Sensor
46. leer_flex()
47.
```

El funcionamiento es bastante simple.

En primer lugar, se inicializa el ADC para leer el valor del sensor de flexión utilizando el pin ADC 26.

Configuramos los pines GPIO para los LEDs verde, rojo y amarillo (pines 14, 15 y 16, respectivamente).

Gracias a la función **leer_flex()** leemos el valor del sensor de flexión utilizando el método **read_u16()** del ADC.

Este valor se muestra en la consola y sirve de verificación de la correcta lectura de parámetros del sensor al actuar sobre él.

Finalmente, en función de la lectura del sensor encendemos o apagamos los diodos LED de monitorización.

- Si el valor del sensor está entre 900 y 1000, se enciende el LED verde.
- Si el valor es mayor que 1000, se enciende el LED rojo.
- Si es menor que 900, se enciende el LED amarillo.

Los periodos entre lectura y lectura se efectúan cada 0.5 segundos, permitiendo al sistema observar los cambios en los LEDs y en los mensajes de parámetros de la consola.

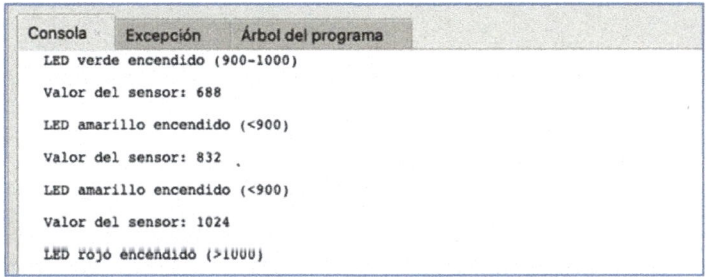

Consola de Thonny que muestra los valores de lectura del sensor y el LED encendido con relación a dichos valores

PROYECTOS CON DISPLAYS

INTRODUCCIÓN

En los capítulos anteriores dedicados a los LEDs y sensores, usábamos la consola de Thonny para obtener información, datos y variables de los procesos que se ejecutaban en los proyectos propuestos.

Para la mayoría de los proyectos, es necesario interactuar con el usuario y que este, pueda disponer de información visual y comprensible sobre los procesos o detalles de la aplicación en funcionamiento. Por lo tanto, los displays son un elemento imprescindible para comunicar datos, mensajes o estados al usuario, de manera efectiva.

Los displays juegan un papel fundamental en este aspecto, sirviendo como interfaz visual para transmitir información relevante y comprensible al usuario. Desde los clásicos displays de 7 segmentos hasta las avanzadas matrices LED controladas por MAX7219, pasando por los versátiles displays LCD, cada tipo ofrece una manera única de presentar datos al usuario, y su elección dependerá en gran medida de la naturaleza de la aplicación y la información a mostrar.

En este capítulo, exploraremos varias de las opciones más populares de displays, descubriendo las características distintivas de cada tipo, sus aplicaciones más comunes y cómo integrarlos eficientemente en nuestros proyectos.

PROYECTO 13. DISPLAY DE 7 SEGMENTOS

En este proyecto vamos a ver cómo controlar un display de 7 segmentos para visualizar de manera clara y legible un contador de 0 a F.

Este tipo de displays suele usarse para mostrar información numérica y están compuestos por siete elementos y un punto (8 LEDs, diodos emisores de luz).

 En este proyecto, vamos a usar un display ánodo común. Esto significa que los pines comunes (3 y 8) van a 3,3V y cada segmento LED se enciende cuando un valor negativo es recibido desde la Raspberry Pi Pico. Con el cátodo común, el conexionado es al contrario. El pin común va al negativo y cada segmento se enciende cuando un valor positivo es recibido desde la Raspberry Pi Pico.

Los pines del display están organizados de acuerdo con la disposición estándar de los segmentos (a, b, c, d, e, f, g) y el punto decimal (dp).

- **Segmento a**: Pin 1
- **Segmento b**: Pin 2
- **Segmento c**: Pin 3
- **Segmento d**: Pin 4
- **Segmento e**: Pin 5
- **Segmento f**: Pin 6
- **Segmento g**: Pin 7
- **Punto (dp)**: Pin 8

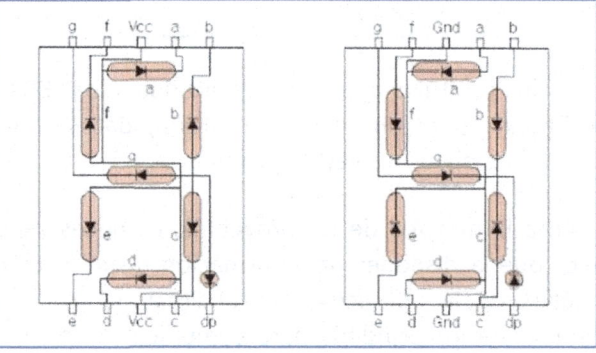

 Es importante tener en cuenta que esta asignación puede variar según el fabricante o el modelo específico del display. Por lo tanto, siempre es recomendable consultar el datasheet del componente que tenemos, para asegurar la correcta conexión del mismo.

MATERIALES

Los materiales que necesitaremos para este proyecto son:

- Protoboard y cables varios para puentes y conexiones.
- Raspberry Pi Pico W + cable USB para conexión a PC.
- Display **5611AH** de 7 segmentos en ánodo común.
- Una resistencia de 220Ω.

CONEXIONADO

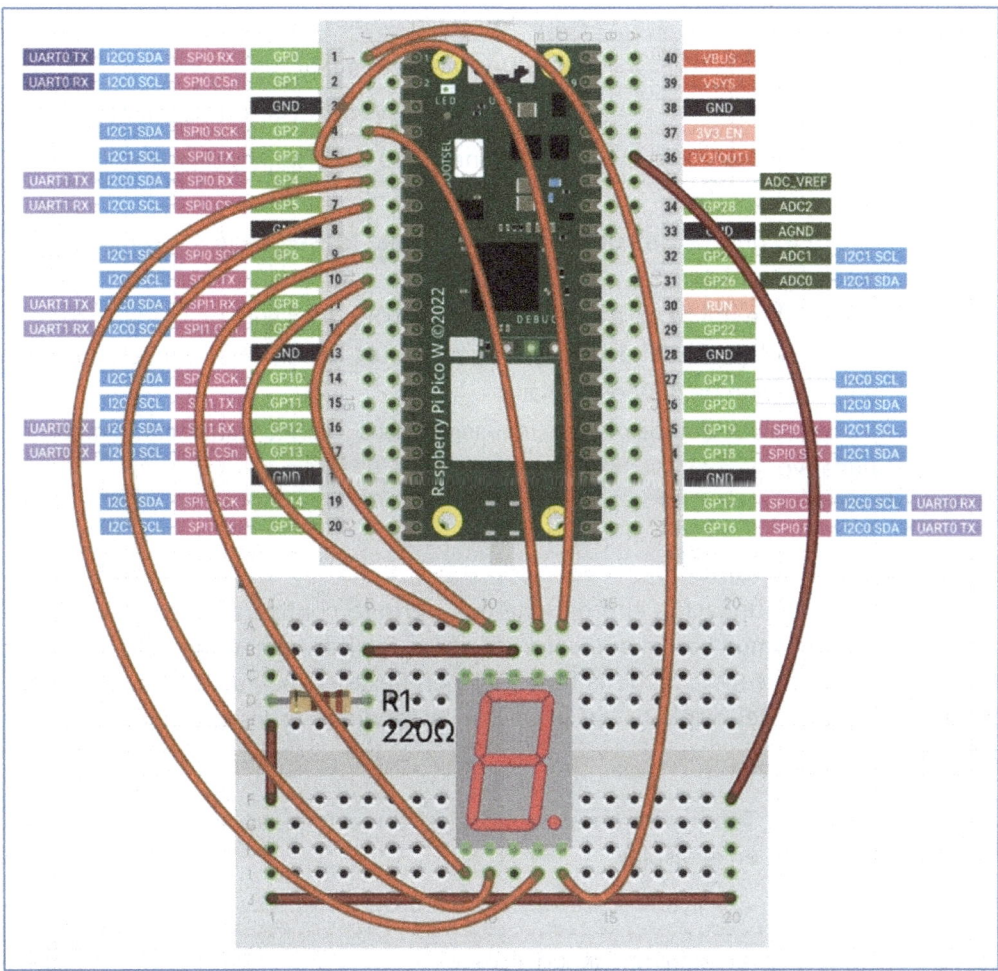

Croquis de conexionado del display del proyecto 13

Los GPIO utilizados en este proyecto son:

Pin	Función
GPIO2	Segmento A del display
GPIO3	Segmento B del display
GPIO4	Segmento C del display
GPIO5	Segmento D del display
GPIO6	Segmento E del display

GPIO7	Segmento F del display
GPIO8	Segmento G del display
GPIO0	Punto Decimal (DP) del display
3V3	Alimentación (3.3V) del display y segmentos
GND	Conexión negativo del display y segmentos

- Los GPIO del 2 al 8 se utilizan para controlar los segmentos A-G del display de 7 segmentos.
- El GPIO0 se utiliza para el Punto Decimal (DP) del display.
- El pin 3V3 (VCC) del display y los segmentos deben estar conectados a la alimentación de 3.3V en la placa.
- El pin GND del display y los segmentos deben estar conectados a negativo.

CÓDIGO

Se muestra a continuación el programa que permite configurar el encendido del display en ánodo común con el que veremos cómo realizar un contaje de 0 a F en el display. Con la representación de la letra F (15 en hexadecimal) aprovechamos para encender el punto del display y así visualizar encendidos todos los elementos del display.

En la consola de Thonny veremos cómo el sistema muestra en modo texto el número que aparece en el display.

```
1.  # --------------------------------------------------------
2.  #    DISPLAY 7 SEGMENTOS ÁNODO CÓMUN
3.  #    Proyecto_13.py
4.  # --------------------------------------------------------
5.
6.  from machine import Pin
7.  import utime
8.
9.  # Diseño del display de 7 segmentos
10. #         A
11. #       - - -
12. #   F |     | B
13. #     |  G  |
14. #       - - -
15. #   E |     | C
16. #     |     |
```

```
17. #       ---     o DP (Punto Decimal)
18. #       D
19.
20. # Pines GPIO para los segmentos del display de 7 segmentos
21. pins = [
22.     Pin(2, Pin.OUT),   # A
23.     Pin(3, Pin.OUT),   # B
24.     Pin(4, Pin.OUT),   # C
25.     Pin(5, Pin.OUT),   # D
26.     Pin(6, Pin.OUT),   # E
27.     Pin(8, Pin.OUT),   # F
28.     Pin(7, Pin.OUT),   # G
29.     Pin(0, Pin.OUT)    # DP
30. ]
31.
32. # Patrones de dígitos comunes para el display de 7 segmentos de
ánodo común
33. segmentos = [
34.     [0, 0, 0, 0, 0, 0, 1, 1], # 0
35.     [1, 0, 0, 1, 1, 1, 1, 1], # 1
36.     [0, 0, 1, 0, 0, 1, 0, 1], # 2
37.     [0, 0, 0, 0, 1, 1, 0, 1], # 3
38.     [1, 0, 0, 1, 1, 0, 0, 1], # 4
39.     [0, 1, 0, 0, 1, 0, 0, 1], # 5
40.     [0, 1, 0, 0, 0, 0, 0, 1], # 6
41.     [0, 0, 0, 1, 1, 1, 1, 1], # 7
42.     [0, 0, 0, 0, 0, 0, 0, 1], # 8
43.     [0, 0, 0, 0, 1, 0, 0, 1], # 9
44.     [0, 0, 0, 1, 0, 0, 0, 1], # A
45.     [1, 1, 0, 0, 0, 0, 0, 1], # B
46.     [0, 1, 1, 0, 0, 0, 1, 1], # C
47.     [1, 0, 0, 0, 0, 1, 0, 1], # D
48.     [0, 1, 1, 0, 0, 0, 0, 1], # E
49.     [0, 1, 1, 1, 0, 0, 0, 0], # F
50. ]
51.
52. # Lista de letras para mapear valores hexadecimales en la consola
53. letras = ['A', 'b', 'C', 'd', 'E', 'F.']
54.
55. # Apaga todos los segmentos del display
56. def reset():
57.     for pin in pins:
58.         pin.value(1)
59.
60. reset()
61.
62. while True:
```

```
63.        # Muestra cada dígito en orden
64.        for dígito_index, dígito in enumerate(segmentos):
65.            for pin, value in zip(pins, dígito):
66.                pin.value(value)
67.
68.            # Imprime el dígito o la letra en la consola
69.            if dígito_index <= 9:
70.                print("Mostrando dígito:", dígito_index)
71.            else:
72.                print("Mostrando letra:", letras[dígito_index - 10])
73. # Frecuencia de contaje 1 segundo
74.            utime.sleep(1)
75.
```

En primer lugar, definimos los pines GPIO a los que se conectarán los segmentos del display.

Al emplear un display con ánodo común, para activar los diferentes segmentos, deberemos enviar un valor negativo (0), mientras que, para apagarlos, habrá que enviar un (1).

En relación con la configuración de los diferentes dígitos y letras a mostrar, definimos una lista llamada **segmentos** que contiene los patrones de segmentos para cada **dígito** del 0 al F. Cada elemento de la lista contiene 8 valores booleanos que representan el estado de los segmentos (encendido o apagado) para el dígito correspondiente.

Como hemos comentado, 0 representa que el segmento está encendido y 1 que está apagado. Cada elemento de la lista segmentos representa los segmentos correspondientes al dígito en orden de A a DP (Punto Decimal).

Como queremos mostrar en la consola de Thonny el mismo valor que está representando el display mediante la variable **dígito_index**, definimos una lista adicional llamada **letras** que contiene las letras de la A a la F que representan los dígitos hexadecimales del 10 al 15.

Para evitar la posibilidad de que el display arranque el contaje con algún segmento encendido, hemos creado una función llamada **reset()** que envía un 1 (estado de apagado) a todos los segmentos del display.

Finalmente, como ya hemos visto en anteriores proyectos, un bucle itera sobre cada elemento de la lista segmentos representando en el display los valores propuestos.

El bucle for asigna el valor correspondiente a cada pin GPIO del display según el patrón de segmentos del dígito actual para imprimir luego en la consola, el dígito actual si es un número del 0 al 9, o la letra correspondiente si es un valor hexadecimal del 10 al 15. Finalmente, se espera 1 segundo antes de pasar al siguiente dígito.

Consola	Excepción	Árbol del programa
Mostrando el dígito: 6		
Mostrando el dígito: 7		
Mostrando el dígito: 8		
Mostrando el dígito: 9		
Mostrando la letra: A		
Mostrando la letra: b		

Consola de Thonny que muestra los valores de dígitos y letras que muestra el display

PROYECTO 14. DISPLAY DE 4 DÍGITOS TM1637

En este proyecto aprenderemos a utilizar la pantalla LED de 7 segmentos de 4 dígitos TM1637 con Raspberry Pi Pico mediante MicroPython.

Estos displays son una opción eficiente para mostrar gran variedad de datos, como información de sensores, la hora, un cronómetro, números aleatorios, etc., sin necesidad de "hipotecar" las GPIO de la Raspberry Pi Pico ya que, como vimos en el proyecto anterior, son necesarios ocho GPIO's para gobernar un único display de un dígito.

La particularidad de este display es que incorpora un controlador llamado **TM1637 LED Driver IC**, que simplifica considerablemente el cableado al requerir solo 2 cables para su control.

Además, al trabajar con su propia librería, se organiza y estructura mejor el código.

DISPLAY TM1637

Este controlador simplifica la interfaz con el microcontrolador, ya que solo requiere dos pines para la comunicación: uno para el reloj (**CLK**) y otro para los datos (**DIO**), aparte obviamente de su alimentación **GND** y **VCC**.

Además, dispone de una serie de prestaciones que van a permitir añadir efectos vistosos a nuestros proyectos:

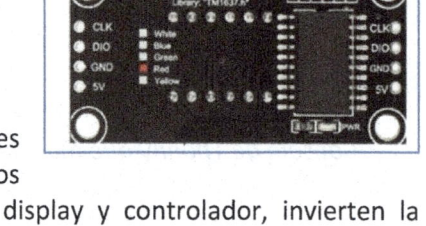

- Permite ajustar el brillo del display en 8 niveles diferentes, lo que facilita la visualización en diferentes condiciones de iluminación.

- Ofrece diversas funciones para mostrar texto, números, tiempo, temperatura y realizar desplazamientos de texto.

- Varios colores de los dígitos.

 Es importante que revisemos los pines de nuestro display, ya que algunos fabricantes para un mismo tipo de display y controlador, invierten la colocación del GND y VCC.

MATERIALES

Los materiales que necesitaremos para este proyecto son:

- Protoboard.
- Cables varios para puentes y conexiones.
- Raspberry Pi Pico W + cable USB para conexión a PC.
- Display **TM1637** LED IC.

CONEXIONADO

Los GPIO utilizados en este proyecto son:

Pin	Función
GPIO0	CLK (Clock) del display TM1637
GPIO1	DIO (Data) del display TM1637
3V3	Alimentación (3.3V) del display
GND	Conexión a tierra (GND) del display

- El GPIO0 se utiliza como CLK (Clock) para la comunicación con el display TM1637.
- El GPIO1 se utiliza como DIO (Data) para la comunicación con el display TM1637.
- El pin VCC del display debe estar conectado a la alimentación de 3.3V en la placa.
- El pin GND del display debe estar conectado a negativo.

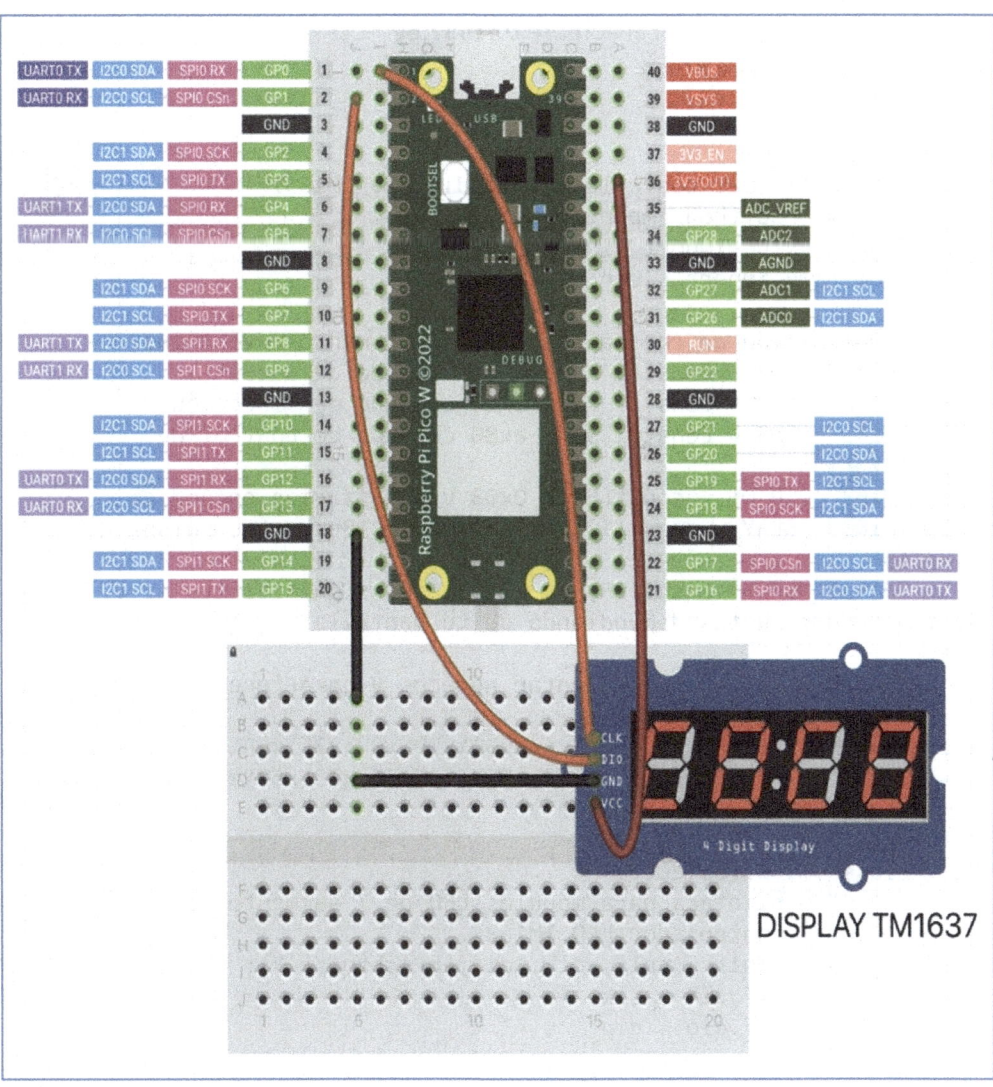

Croquis de conexionado del display del proyecto 14

CÓDIGO

Para este proyecto tenemos que implementar dos códigos. Por un lado la librería que usa el display TM1637, y por otro, el propio programa que se encarga de gestionar el uso del display para visualizar el contenido deseado.

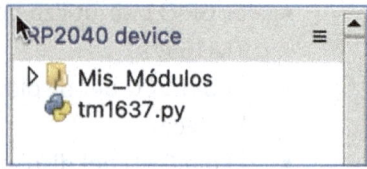

Así que vamos a empezar por la librería TM1637 que deberá ser guardada en la propia Raspberry Pi Pico con el nombre **tm1637.py**

Librería tm1637.py

```
1. # Librería del controlador del display TM1637
2. from micropython import const
3. from machine import Pin
4. from time import sleep_us, sleep_ms
5.
6. # Definición de constantes para los comandos del TM1637
7. TM1637_CMD1 = const(64)   # 0x40 comando de datos
8. TM1637_CMD2 = const(192)  # 0xC0 comando de dirección
9. TM1637_CMD3 = const(128)  # 0x80 comando de control de
visualización
10. TM1637_DSP_ON = const(8)  # 0x08 visualización encendida
11. TM1637_DELAY = const(10)  # Retardo de 10us entre pulsos de
clk/dio
12. TM1637_MSB = const(128)   # El bit más significativo es el punto
decimal o dos puntos dependiendo de tu pantalla
13.
14. # Segmentos para representar números y caracteres
15. _SEGMENTS =
bytearray(b'\x3F\x06\x5B\x4F\x66\x6D\x7D\x07\x7F\x6F\x77\x7C\x39\x5E\
x79\x71\x3D\x76\x06\x1E\x76\x38\x55\x54\x3F\x73\x67\x50\x6D\x78\x3E\x
1C\x2A\x76\x6E\x5B\x00\x40\x63')
16.
17. class TM1637(object):
18.     """Biblioteca para módulos LED de 7 segmentos cuádruples
basados en el controlador LED TM1637."""
19.     def __init__(self, clk, dio, brightness=7):
20.         self.clk = clk
21.         self.dio = dio
22.
23.         if not 0 <= brightness <= 7:
24.             raise ValueError("Brillo fuera de rango")
25.         self._brightness = brightness
```

```
26.
27.            self.clk.init(Pin.OUT, value=0)
28.            self.dio.init(Pin.OUT, value=0)
29.            sleep_us(TM1637_DELAY)
30.
31.            self._write_data_cmd()
32.            self._write_dsp_ctrl()
33.
34.        def _start(self):
35.            self.dio(0)
36.            sleep_us(TM1637_DELAY)
37.            self.clk(0)
38.            sleep_us(TM1637_DELAY)
39.
40.        def _stop(self):
41.            self.dio(0)
42.            sleep_us(TM1637_DELAY)
43.            self.clk(1)
44.            sleep_us(TM1637_DELAY)
45.            self.dio(1)
46.
47.        def _write_data_cmd(self):
48.            # Incremento automático de dirección, modo normal
49.            self._start()
50.            self._write_byte(TM1637_CMD1)
51.            self._stop()
52.
53.        def _write_dsp_ctrl(self):
54.            # Visualización encendida, ajuste de brillo
55.            self._start()
56.            self._write_byte(TM1637_CMD3 | TM1637_DSP_ON |
self._brightness)
57.            self._stop()
58.
59.        def _write_byte(self, b):
60.            for i in range(8):
61.                self.dio((b >> i) & 1)
62.                sleep_us(TM1637_DELAY)
63.                self.clk(1)
64.                sleep_us(TM1637_DELAY)
65.                self.clk(0)
66.                sleep_us(TM1637_DELAY)
67.            self.clk(0)
68.            sleep_us(TM1637_DELAY)
69.            self.clk(1)
70.            sleep_us(TM1637_DELAY)
71.            self.clk(0)
```

```
72.             sleep_us(TM1637_DELAY)
73.
74.     def brightness(self, val=None):
75.         """Ajusta el brillo de la pantalla 0-7."""
76.         # Brillo 0 = ancho de pulso 1/16
77.         # Brillo 7 = ancho de pulso 14/16
78.         if val is None:
79.             return self._brightness
80.         if not 0 <= val <= 7:
81.             raise ValueError("Brillo fuera de rango")
82.
83.         self._brightness = val
84.         self._write_data_cmd()
85.         self._write_dsp_ctrl()
86.
87.     def write(self, segments, pos=0):
88.         """Muestra hasta 6 segmentos moviéndose hacia la derecha
desde una posición dada.
89.         El bit más significativo en el 2º segmento controla el
colon entre el 2º
90.         y 3º segmentos."""
91.         if not 0 <= pos <= 5:
92.             raise ValueError("Posición fuera de rango")
93.         self._write_data_cmd()
94.         self._start()
95.
96.         self._write_byte(TM1637_CMD2 | pos)
97.         for seg in segments:
98.             self._write_byte(seg)
99.         self._stop()
100.        self._write_dsp_ctrl()
101.
102.    def encode_digit(self, digit):
103.        """Convierte un carácter 0-9, a-f a un segmento."""
104.        return _SEGMENTS[digit & 0x0f]
105.
106.    def encode_string(self, string):
107.        """Convierte una cadena de hasta 4 caracteres que
contiene 0-9, a-z,
108.        espacio, guión, estrella a una matriz de segmentos,
coincidiendo con la longitud de la
109.        cadena fuente."""
110.        segments = bytearray(len(string))
111.        for i in range(len(string)):
112.            segments[i] = self.encode_char(string[i])
113.        return segments
114.
```

```
115.      def encode_char(self, char):
116.          """Convierte un carácter 0-9, a-z, espacio, guión o
estrella a un segmento."""
117.          o = ord(char)
118.          if o == 32:
119.              return _SEGMENTS[36] # espacio
120.          if o == 42:
121.              return _SEGMENTS[38] # estrella/grados
122.          if o == 45:
123.              return _SEGMENTS[37] # guión
124.          if o >= 65 and o <= 90:
125.              return _SEGMENTS[o-55] # letras mayúsculas A-Z
126.          if o >= 97 and o <= 122:
127.              return _SEGMENTS[o-87] # letras minúsculas a-z
128.          if o >= 48 and o <= 57:
129.              return _SEGMENTS[o-48] # 0-9
130.          raise ValueError("Carácter fuera de rango: {:d}
'{:s}'".format(o, chr(o)))
131.
132.      def hex(self, val):
133.          """Muestra un valor hexadecimal 0x0000 a través de
0xffff, alineado a la derecha."""
134.          string = '{:04x}'.format(val & 0xffff)
135.          self.write(self.encode_string(string))
136.
137.      def number(self, num):
138.          """Muestra un valor numérico -999 a través de 9999,
alineado a la derecha."""
139.          # Limita al rango -999 a 9999
140.          num = max(-999, min(num, 9999))
141.          string = '{0: >4d}'.format(num)
142.          self.write(self.encode_string(string))
143.
144.      def numbers(self, num1, num2, colon=True):
145.          """Muestra dos valores numéricos -9 a través de 99, con
ceros principales
146.          y separados por dos puntos."""
147.          num1 = max(-9, min(num1, 99))
148.          num2 = max(-9, min(num2, 99))
149.          segments =
self.encode_string('{0:0>2d}{1:0>2d}'.format(num1, num2))
150.          if colon:
151.              segments[1] |= 0x80 # dos puntos encendidos
152.          self.write(segments)
153.
154.      def temperature(self, num):
155.          if num < -9:
```

```
156.                     self.show('lo') # bajo
157.             elif num > 99:
158.                 self.show('hi') # alto
159.             else:
160.                 string = '{0: >2d}'.format(num)
161.                 self.write(self.encode_string(string))
162.             self.write([_SEGMENTS[38], _SEGMENTS[12]], 2) # grados C
163.
164.     def show(self, string, colon=False):
165.         segments = self.encode_string(string)
166.         if len(segments) > 1 and colon:
167.             segments[1] |= 128
168.         self.write(segments[:4])
169.
170.     def scroll(self, string, delay=250):
171.         segments = string if isinstance(string, list) else
self.encode_string(string)
172.         data = [0] * 8
173.         data[4:0] = list(segments)
174.         for i in range(len(segments) + 5):
175.             self.write(data[0+i:4+i])
176.             sleep_ms(delay)
177.
178. class TM1637Decimal(TM1637):
179.     """Biblioteca para módulos LED de 7 segmentos cuádruples
basados en el controlador LED TM1637.
180.     Esta clase está destinada a ser utilizada con módulos de
visualización decimal (módulos
181.     que tienen un punto decimal después de cada LED de 7
segmentos).
182.     """
183.
184.     def encode_string(self, string):
185.         """Convierte una cadena en segmentos LED.
186.         Convierte una cadena de longitud de hasta 4 caracteres
que contiene 0-9, a-z,
187.         espacio, guion, estrella y '.' a una matriz de
segmentos, coincidiendo con la longitud de la
188.         cadena fuente."""
189.         segments = bytearray(len(string.replace('.','')))
190.         j = 0
191.         for i in range(len(string)):
192.             if string[i] == '.' and j > 0:
193.                 segments[j-1] |= TM1637_MSB
194.                 continue
195.             segments[j] = self.encode_char(string[i])
196.             j += 1
```

```
197.        return segments
198.
```

Vamos a repasar brevemente sus principales funciones con las que podemos interactuar para visualizar contenido en el display.

- **brightness(self, val=None):** Método que ajusta el brillo del display TM1637. Si se proporciona un valor entre 0 y 7, se establece el brillo en ese valor.
- **write(self, segments, pos=0):** Método que muestra hasta 6 segmentos de datos en el display TM1637, comenzando desde una posición dada.
- **hex(self, val):** Método que muestra un valor hexadecimal en el display TM1637.
- **number(self, num):** Método que muestra un número en el display TM1637.
- **numbers(self, num1, num2, colon=True):** Método que muestra dos números en el display TM1637, con un posible punto entre ellos.
- **temperature(self, num)**: Método que muestra temperatura en el display TM1637, con un indicador de grados Celsius.
- **show(self, string, colon=False):** Método que muestra una cadena de caracteres en el display TM1637, con la opción de mostrar un punto.
- **scroll(self, string, delay=250):** Método que desplaza horizontalmente una cadena de caracteres en el display TM1637.

Código del proyecto 14

Llegados a este punto y conociendo cómo podemos usar los métodos que la librería nos ofrece, veamos cómo podemos gestionar el display.

```
1. # ------------------------------------------------------------
2. #    DISPLAY DE 4 DÍGITOS TM1637
3. #    Proyecto_14.py
4. # ------------------------------------------------------------
5.
6. # Importación de librerías
7. import tm1637
8. from machine import Pin
9. from utime import sleep
10.
11. # Inicialización del display TM1637
12. mi_display = tm1637.TM1637(clk=Pin(0), dio=Pin(1))
13.
14. # Lista de niveles de brillo
```

```
15. niveles_brillo = [0, 1, 2, 3, 4, 5, 6, 7]
16.
17. # Ciclo para visualizar cada nivel de brillo
18. for brillo in niveles_brillo:
19.     mi_display.brightness(brillo)  # Ajusta el brillo
20.
21.     # Crea un patrón de luz que varía en intensidad
22.     pattern = [0] * 4
23.     for i in range(4):
24.         pattern[i] = 2 ** (i + brillo) - 1
25.
26.     # Visualiza el patrón de luz en el display
27.     mi_display.write(pattern)
28.
29.     sleep(1)  # Espera 1 segundo antes de cambiar el brillo
30.
31. # Ciclo infinito para visualizar todas las muestras en bucle
32. while True:
33.     # Visualiza una palabra en el display
34.     mi_display.show("Hola")
35.     sleep(1)
36.
37.     # Visualiza un texto desplazándose horizontalmente
38.     mi_display.scroll("CARLOS", delay=100)
39.     sleep(1)
40.
41.     # Visualiza un número negativo
42.     mi_display.number(-123)
43.     sleep(1)
44.
45.     # Visualiza una hora con dos puntos
46.     mi_display.numbers(12, 34)
47.     sleep(1)
48.
49.     # Visualiza la temperatura (20 grados Celsius)
50.     mi_display.temperature(20)
51.     sleep(1)
52.
53.     # Borra la pantalla nuevamente
54.     mi_display.show(" ")
```

Para que funcione correctamente el display, hay que inicializarlo; para ello, creamos un objeto llamado **mi_display** y definimos los pines de reloj (**clk**) y de datos (**dio**).

A continuación, programamos un ejemplo del control del brillo del display mediante un bucle **for** que, gracias a un patrón, va tomando los diferentes niveles de brillo de una lista llamada **niveles_brillo**.

El siguiente paso es configurar las diferentes opciones de ejemplo para el control del display.

- Mostrar una palabra en el display.
- Desplazar horizontalmente un texto.
- Mostrar un número negativo.
- Mostrar una hora con dos puntos.
- Mostrar una temperatura en grados Celsius.
- Borrar pantalla.

Display TM1637 que visualiza alguno de los ejemplos propuestos en el proyecto 14

PROYECTO 15. DISPLAY LCD 20X4 IIC/I2C STM32

Siguiendo el estudio del manejo de los displays, vamos a ver ahora un modelo más versátil, que va a permitir mostrar más información gracias a su display de 4 líneas y 20 caracteres por línea. Para ello, el programa utiliza dos librerías principales: **pico_i2c_lcd.py** y **lcd_api.py**.

La librería **pico_i2c_lcd.py** proporciona una interfaz simplificada para interactuar con el display LCD a través de la comunicación I2C. Esta librería se encargará de la inicialización del I2C y la configuración del display.

La librería **lcd_api.py** contiene la implementación de las funciones básicas necesarias para controlar el LCD. Proporciona una interfaz de bajo nivel que facilita el desarrollo de aplicaciones.

DISPLAY LCD 20x4 IIC/I2C STM32

Para este proyecto usaremos el display LCD 20 x 4, pero sería perfectamente útil, cualquier otro similar, aunque este fuera de, por ejemplo, 16 x 2 (dos líneas de 16 caracteres) identificando dicho modelo en la configuración del LCD (lo veremos más adelante).

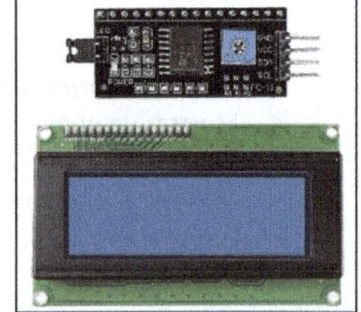

El display **LCD 20x4 IIC/I2C STM32** es un tipo específico de pantalla de cristal líquido (LCD) que utiliza la interfaz IIC/I2C.

El término **20x4** se refiere a la cantidad de caracteres que puede mostrar el display en cada línea y la cantidad de líneas de texto que puede mostrar. En este caso, puede mostrar 20 caracteres por línea y tiene 4 líneas de texto.

Interfaz IIC/I2C es una interfaz de comunicación serie que permite la transferencia de datos entre dispositivos utilizando solo dos cables: uno para datos (**SDA**) y otro para el reloj (**SCL**).

MATERIALES

Los materiales que necesitaremos para este proyecto son:

- Protoboard y cables varios para puentes y conexiones.
- Raspberry Pi Pico W + cable USB para conexión a PC.
- Display **20 x 4 LCD** IIC/I2C STM32.

CONEXIONADO

Los GPIO utilizados en este proyecto son:

Pin	Función
GPIO0	SDA (Serial Data) para I2C
GPIO1	SCL (Serial Clock) para I2C
5V	Alimentación 5V para el display LCD
GND	Conexión a negativo del display LCD

- El GPIO0 se utiliza como SDA (Serial Data) para la comunicación I2C.
- El GPIO1 se utiliza como SCL (Serial Clock) para la comunicación I2C.
- El pin VCC del display LCD debe estar conectado a la alimentación de 5V en la placa.
- El pin GND del display LCD debe estar conectado a negativo en la placa.

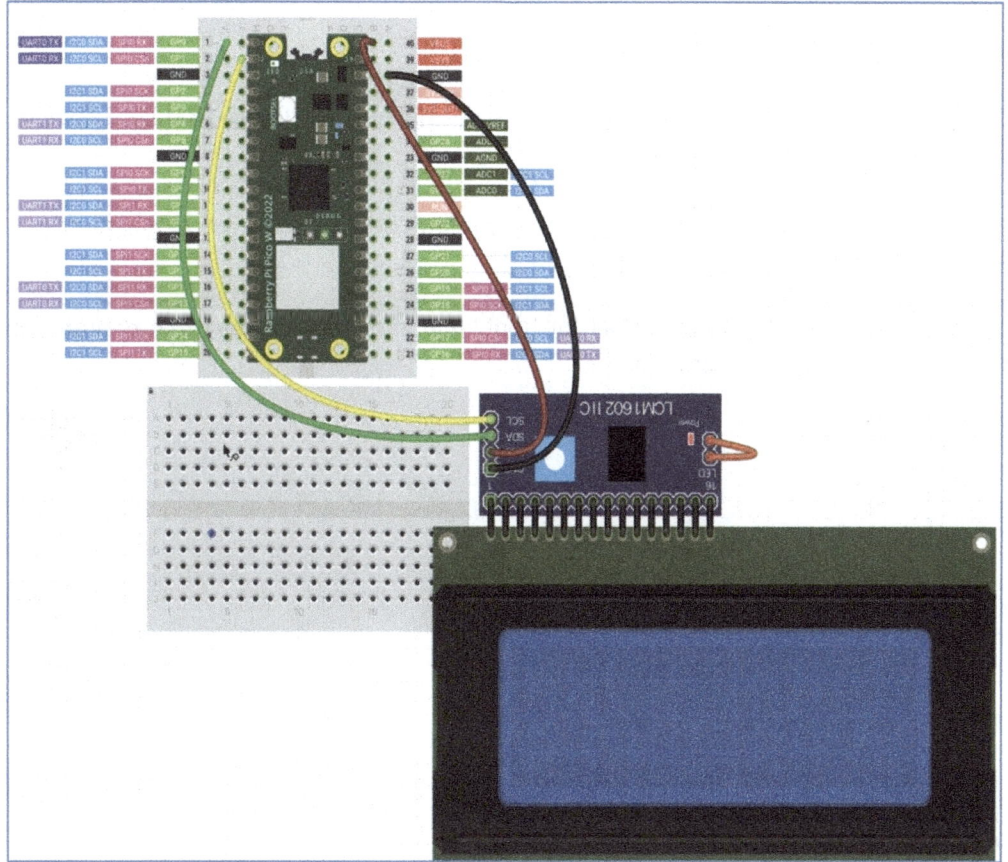

Croquis de conexionado del display LCD 20 x 4 del proyecto 15

CÓDIGO

El trabajo con dispositivos I2C implica la carga en el microcontrolador de las librerías I2C adecuadas para la comunicación entre el display LCD y la Raspberry Pi Pico.

Además, también se tendrá que dejar instalada en el repositorio de la Raspberry la librería que afecta a la gestión del propio display LCD.

RP2040 device

▷ 📁 Mis_Módulos
  🐍 lcd_api.py
  🐍 pico_i2c_lcd.py
  🐍 tm1637.py

Así pues, el primer paso es crear ambas librerías y grabarlas en la Raspberry Pi Pico.

Librería pico_i2c_lcd.py

La librería **pico_i2c_lcd.py** proporciona una interfaz sencilla para interactuar con el display LCD a través de la comunicación I2C.

Se muestra a continuación el código a implementar y grabar en la Raspberry Pi Pico con el nombre **pico_i2c_lcd.py.**

Para mejor comprensión de las funcionalidades de la librería, se comentan los diferentes bloques de programa.

```
1.  import utime
2.  import gc
3.
4.  from lcd_api import LcdApi
5.  from machine import I2C
6.
7.  # Definiciones de pines para PCF8574
8.  MASK_RS = 0x01        # P0
9.  MASK_RW = 0x02        # P1
10. MASK_E  = 0x04        # P2
11.
12. SHIFT_BACKLIGHT = 3   # P3
13. SHIFT_DATA      = 4   # P4-P7
14.
15. class I2cLcd(LcdApi):
16.
17.     def __init__(self, i2c, i2c_addr, num_lines, num_columns):
18.         self.i2c = i2c
19.         self.i2c_addr = i2c_addr
20.         self.i2c.writeto(self.i2c_addr, bytes([0]))
21.         utime.sleep_ms(20)   # Permitir tiempo para que el LCD se
encienda
22.         # Enviar reset 3 veces
23.         self.hal_write_init_nibble(self.LCD_FUNCTION_RESET)
24.         utime.sleep_ms(5)    # Es necesario un retraso de al
menos 4.1 ms
```

```
25.          self.hal_write_init_nibble(self.LCD_FUNCTION_RESET)
26.          utime.sleep_ms(1)
27.          self.hal_write_init_nibble(self.LCD_FUNCTION_RESET)
28.          utime.sleep_ms(1)
29.          # Poner el LCD en modo de 4 bits
30.          self.hal_write_init_nibble(self.LCD_FUNCTION)
31.          utime.sleep_ms(1)
32.          LcdApi.__init__(self, num_lines, num_columns)
33.          cmd = self.LCD_FUNCTION
34.          if num_lines > 1:
35.              cmd |= self.LCD_FUNCTION_2LINES
36.          self.hal_write_command(cmd)
37.          gc.collect()
38.
39.      def hal_write_init_nibble(self, nibble):
40.          # Escribe un nibble de inicialización en el LCD.
41.          # Esta función particular solo se usa durante la
inicialización.
42.          byte = ((nibble >> 4) & 0x0f) << SHIFT_DATA
43.          self.i2c.writeto(self.i2c_addr, bytes([byte | MASK_E]))
44.          self.i2c.writeto(self.i2c_addr, bytes([byte]))
45.          gc.collect()
46.
47.      def hal_backlight_on(self):
48.          # Permite a la capa HAL encender el retroiluminado
49.          self.i2c.writeto(self.i2c_addr, bytes([1 <<
SHIFT_BACKLIGHT]))
50.          gc.collect()
51.
52.      def hal_backlight_off(self):
53.          # Permite a la capa HAL apagar el retroiluminado
54.          self.i2c.writeto(self.i2c_addr, bytes([0]))
55.          gc.collect()
56.
57.      def hal_write_command(self, cmd):
58.          # Escribe un comando en el LCD. Los datos se capturan en
el flanco descendente de E.
59.          byte = ((self.backlight << SHIFT_BACKLIGHT) |
60.                  (((cmd >> 4) & 0x0f) << SHIFT_DATA))
61.          self.i2c.writeto(self.i2c_addr, bytes([byte | MASK_E]))
62.          self.i2c.writeto(self.i2c_addr, bytes([byte]))
63.          byte = ((self.backlight << SHIFT_BACKLIGHT) |
64.                  ((cmd & 0x0f) << SHIFT_DATA))
65.          self.i2c.writeto(self.i2c_addr, bytes([byte | MASK_E]))
66.          self.i2c.writeto(self.i2c_addr, bytes([byte]))
67.          if cmd <= 3:
```

```
68.                    # Los comandos home y clear requieren un retraso
máximo de 4.1 ms
69.                    utime.sleep_ms(5)
70.            gc.collect()
71.
72.        def hal_write_data(self, data):
73.            # Escribe datos en el LCD. Los datos se capturan en el
flanco descendente de E.
74.            byte = (MASK_RS |
75.                    (self.backlight << SHIFT_BACKLIGHT) |
76.                    (((data >> 4) & 0x0f) << SHIFT_DATA))
77.            self.i2c.writeto(self.i2c_addr, bytes([byte | MASK_E]))
78.            self.i2c.writeto(self.i2c_addr, bytes([byte]))
79.            byte = (MASK_RS |
80.                    (self.backlight << SHIFT_BACKLIGHT) |
81.                    ((data & 0x0f) << SHIFT_DATA))
82.            self.i2c.writeto(self.i2c_addr, bytes([byte | MASK_E]))
83.            self.i2c.writeto(self.i2c_addr, bytes([byte]))
84.            gc.collect()
85.
```

Librería lcd_api.py

La librería **lcd_api.py** es fundamental para el funcionamiento interno de **pico_i2c_lcd.py**. Esta librería contiene la implementación de las funciones básicas necesarias para controlar el LCD tales como la inicialización del LCD, la escritura de datos en el LCD, la gestión del cursor o la retroiluminación. Al igual que en el caso anterior, esta librería deberá grabarse en la Raspberry Pi Pico con el nombre **lcd_api.py**.

```
1.  import time
2.
3.  class LcdApi:
4.
5.      LCD_CLR = 0x01                # DB0: borrar pantalla
6.      LCD_HOME = 0x02               # DB1: regresar al inicio
7.
8.      LCD_ENTRY_MODE = 0x04         # DB2: establecer modo entrada
9.      LCD_ENTRY_INC = 0x02          # --DB1: incrementar
10.     LCD_ENTRY_SHIFT = 0x01        # --DB0: mover
11.
12.     LCD_ON_CTRL = 0x08            # DB3: encender LCD/cursor
13.     LCD_ON_DISPLAY = 0x04         # --DB2: encender pantalla
14.     LCD_ON_CURSOR = 0x02          # --DB1: encender cursor
15.     LCD_ON_BLINK = 0x01           # --DB0: parpadeo del cursor
```

```
16.
17.     LCD_MOVE = 0x10              # DB4: mover cursor/pantalla
18.     LCD_MOVE_DISP = 0x08         # --DB3: mover pantalla (0->
mover cursor)
19.     LCD_MOVE_RIGHT = 0x04        # --DB2: mover a derecha (0->
izquierda)
20.
21.     LCD_FUNCTION = 0x20          # DB5: establecer función
22.     LCD_FUNCTION_8BIT = 0x10     # --DB4: establecer modo de 8
bits (0-> modo de 4 bits)
23.     LCD_FUNCTION_2LINES = 0x08   # --DB3: dos líneas (0-> una
línea)
24.     LCD_FUNCTION_10DOTS = 0x04   # --DB2: fuente de 5x10 (0->
fuente de 5x7)
25.     LCD_FUNCTION_RESET = 0x30    # Ver sección "Inicialización
por instrucción"
26.
27.     LCD_CGRAM = 0x40             # DB6: establecer dirección de
CG RAM
28.     LCD_DDRAM = 0x80             # DB7: establecer dirección de
DD RAM
29.
30.     LCD_RS_CMD = 0
31.     LCD_RS_DATA = 1
32.
33.     LCD_RW_WRITE = 0
34.     LCD_RW_READ = 1
35.
36.     def __init__(self, num_lines, num_columns):
37.         self.num_lines = num_lines
38.         if self.num_lines > 4:
39.             self.num_lines = 4
40.         self.num_columns = num_columns
41.         if self.num_columns > 40:
42.             self.num_columns = 40
43.         self.cursor_x = 0
44.         self.cursor_y = 0
45.         self.implied_newline = False
46.         self.backlight = True
47.         self.display_off()
48.         self.backlight_on()
49.         self.clear()
50.         self.hal_write_command(self.LCD_ENTRY_MODE |
self.LCD_ENTRY_INC)
51.         self.hide_cursor()
52.         self.display_on()
53.
```

```
54.      def clear(self):
55.          """Borra la pantalla LCD y mueve el cursor a la esquina
superior izquierda."""
56.          self.hal_write_command(self.LCD_CLR)
57.          self.hal_write_command(self.LCD_HOME)
58.          self.cursor_x = 0
59.          self.cursor_y = 0
60.
61.      def show_cursor(self):
62.          """Hace que el cursor sea visible."""
63.          self.hal_write_command(self.LCD_ON_CTRL |
self.LCD_ON_DISPLAY |
64.                                  self.LCD_ON_CURSOR)
65.
66.      def hide_cursor(self):
67.          """Oculta el cursor."""
68.          self.hal_write_command(self.LCD_ON_CTRL |
self.LCD_ON_DISPLAY)
69.
70.      def blink_cursor_on(self):
71.          """Enciende el cursor y lo hace parpadear."""
72.          self.hal_write_command(self.LCD_ON_CTRL |
self.LCD_ON_DISPLAY |
73.                                  self.LCD_ON_CURSOR |
self.LCD_ON_BLINK)
74.
75.      def blink_cursor_off(self):
76.          """Enciende el cursor, pero no lo hace parpadear (es
decir, lo hace sólido)."""
77.          self.hal_write_command(self.LCD_ON_CTRL |
self.LCD_ON_DISPLAY |
78.                                  self.LCD_ON_CURSOR)
79.
80.      def display_on(self):
81.          """Enciende (es decir, muestra) el LCD."""
82.          self.hal_write_command(self.LCD_ON_CTRL |
self.LCD_ON_DISPLAY)
83.
84.      def display_off(self):
85.          """Apaga (es decir, oculta) el LCD."""
86.          self.hal_write_command(self.LCD_ON_CTRL)
87.
88.      def backlight_on(self):
89.          """Enciende la retroiluminación.
90.          Esto no es realmente un comando de LCD, pero algunos
módulos tienen controles de retroiluminación,
```

```
91.            por lo que esto permite que la interfaz de acceso al
hardware pase el comando.
92.            """
93.            self.backlight = True
94.            self.hal_backlight_on()
95.
96.     def backlight_off(self):
97.            """Apaga la retroiluminación.
98.            Esto no es realmente un comando de LCD, pero algunos
módulos tienen controles de retroiluminación,
99.            por lo que esto permite que la interfaz de acceso al
hardware pase el comando.
100.           """
101.           self.backlight = False
102.           self.hal_backlight_off()
103.
104.    def move_to(self, cursor_x, cursor_y):
105.           """Mueve la posición del cursor a la posición indicada.
La posición del cursor comienza en cero (es decir, cursor_x == 0
indica la primera columna)."""
106.           self.cursor_x = cursor_x
107.           self.cursor_y = cursor_y
108.           addr = cursor_x & 0x3f
109.           if cursor_y & 1:
110.               addr += 0x40    # Las líneas 1 y 3 agregan 0x40
111.           if cursor_y & 2:    # Las líneas 2 y 3 agregan el número
de columnas
112.               addr += self.num_columns
113.           self.hal_write_command(self.LCD_DDRAM | addr)
114.
115.    def putchar(self, char):
116.           """Escribe el carácter indicado en el LCD en la posición
actual del cursor, y avanza el cursor una posición."""
117.           if char == '\n':
118.               if self.implied_newline:
119.                   # implied_newline significa que avanzamos debido
a un retorno de carro,
120.                   # por lo que si obtenemos un retorno de carro
justo después de eso, lo ignoramos.
121.                   pass
122.               else:
123.                   self.cursor_x = self.num_columns
124.           else:
125.               self.hal_write_data(ord(char))
126.               self.cursor_x += 1
127.           if self.cursor_x >= self.num_columns:
128.               self.cursor_x = 0
```

```
129.                self.cursor_y += 1
130.                self.implied_newline = (char != '\n')
131.            if self.cursor_y >= self.num_lines:
132.                self.cursor_y = 0
133.            self.move_to(self.cursor_x, self.cursor_y)
134.
135.    def putstr(self, string):
136.        """Escribe la cadena indicada en el LCD en la posición
actual del cursor y avanza la posición del cursor apropiadamente."""
137.        for char in string:
138.            self.putchar(char)
139.
140.    def custom_char(self, location, charmap):
141.        """Escribe un carácter en una de las 8 ubicaciones de
CGRAM, disponibles como chr(0) a chr(7)."""
142.        location &= 0x7
143.        self.hal
144.
```

Un resumen de esas funciones disponible es:

- **lcd.clear():** Limpia la pantalla.
- **lcd.show_cursor():** Muestra el cursor en la posición actual.
- **lcd.hide_cursor():** Oculta el cursor en la posición actual.
- **lcd.blink_cursor_on():** Hace parpadear el cursor en la posición actual.
- **lcd.blink_cursor_off**(): Detiene el parpadeo del cursor.
- **lcd.display_on():** Enciende el display.
- **lcd.display_off():** Apaga el display.
- **lcd.backlight_on():** Enciende la retroiluminación.
- **lcd.backlight_off():** Apaga la retroiluminación.
- **lcd.move_to(x, y):** Mueve el cursor a la posición especificada.
- **lcd.putstr("mi texto"):** Muestra la cadena de texto especificada.

Código del proyecto 15

Llegados a este punto, mostramos a continuación un sencillo programa de ejemplo con el que vamos a probar algunas de las funcionalidades de la librería **lcd_api.py** que van a permitir realizar algunas funcionalidades concretas en el display LCD.

```
1. # ------------------------------------------------
2. #   DISPLAY DE 4 DÍGITOS TM1637
3. #   Proyecto_15.py
4. # ------------------------------------------------
```

```
 5.
 6. from machine import I2C, Pin
 7. from time import sleep
 8. from pico_i2c_lcd import I2cLcd
 9.
10. # Inicialización del objeto I2C
11. i2c = I2C(0, sda=Pin(0), scl=Pin(1), freq=400000)
12.
13. # Escaneo de la dirección I2C del dispositivo
14. I2C_ADDR = i2c.scan()[0]
15.
16. # Configuración del display para 4 líneas de 20 caracteres
17. lcd = I2cLcd(i2c, I2C_ADDR, 4, 20)
18.
19. # Limpiar la pantalla
20. lcd.clear()
21. # Mover el cursor a la primera línea y primera columna
22. lcd.move_to(0, 0)
23. # Mostrar la dirección I2C escaneada
24. lcd.putstr("DIRECCION I2C: " + str(I2C_ADDR) + "\n")
25. # Mostrar el título del libro
26. lcd.putstr("    LIBROS RC\n")
27. lcd.putstr(" RASPBERRY PI PICO\n")
28. lcd.putstr("  CON MICROPYTHON")
29. sleep(2)
30. # Limpiar la pantalla
31. lcd.clear()
32.
33. # Mostrar texto en las 4 líneas
34. lcd.move_to(0, 0)
35. lcd.putstr("Texto en la fila N.1\n")
36. lcd.putstr("Texto en la fila N.2\n")
37. lcd.putstr("Texto en la fila N.3\n")
38. lcd.putstr("Texto en la fila N.4")
39. sleep(2)
40.
41. # Mostrar mensaje de retroiluminación intermitente
42. lcd.clear()
43. lcd.putstr("*RETROILUMINACION*")
44. for i in range(2):
45.     lcd.backlight_on()
46.     sleep(0.3)
47.     lcd.backlight_off()
48.     sleep(0.3)
49.     lcd.backlight_on()
```

Vamos a explicar con un poco más de detalle el código que "ataca" al display LDC, ya que es el primer ejemplo que usamos con gestión de librerías externas.

Comenzamos inicializando el objeto I2C que será el que usaremos para importar las clases **I2C** y **Pin** del módulo **machine** e importamos también la clase **I2cLcd** del módulo **pico_i2c_lcd**; a continuación, creamos un objeto I2C llamado **i2c** que representa la interfaz I2C de la Raspberry Pi Pico especificando el número de interfaz I2C (0), los pines SDA y SCL del Pi Pico (0 y 1, respectivamente) y la frecuencia de comunicación (400000 Hz).

Otro paso importante es escanear los dispositivos conectados a la interfaz I2C para obtener la dirección del display, que en nuestro ejemplo, al tener solo un dispositivo conectado, es la primera dirección devuelta por **scan()**.

Para terminar con la configuración del display, se crea un objeto **lcd** de esta clase, pasando como argumentos el objeto i2c, la dirección I2C del display, el número de líneas (4) y el número de columnas (20).

Es importante asegurarnos de que las líneas y columnas configuradas son según las especificaciones del display que estemos utilizando. Por ejemplo:

lcd = I2cLcd(i2c, I2C_ADDR, 4, 20) configura un display de 4 líneas y 20 columnas, mientras que **lcd = I2cLcd(i2c, I2C_ADDR, 2, 16)** haría lo propio pero para 2 líneas y 16 columnas.

A partir de la configuración de la comunicación con el display y los parámetros de este, las siguientes líneas de código se encargan de enviar información al display para testear las diferentes funciones y mostrarlas en pantalla.

A continuación, podemos ver algunas capturas de pantalla con el resultado funcional del proyecto 15 en el display LCD.

Display I2C 20 x 4 LCD visualizando alguno de los ejemplos propuestos en el proyecto

PROYECTO 16. DOT 8X8 MAC7219

Dejamos de un lado los displays típicos para pasar a algo diferente, pero con funcionalidades similares. En este proyecto vamos a controlar una matriz de LED 8x8 utilizando el chip MAX7219.

Vamos a configurarlo para representar formas, textos o líneas de manera que el dispositivo facilite información al usuario sobre diferentes procesos.

Dot Matrix 8x8 con driver MAX7219

Este módulo conforma un display LED con una matriz de puntos de 8x8 en cátodo común. Lo interesante del módulo es que viene con un decodificador BCD MAX7219 que simplifica la tarea de direccionado del dispositivo al usar simplemente 3 pines para su comunicación, aparte de los dos obvios de alimentación.

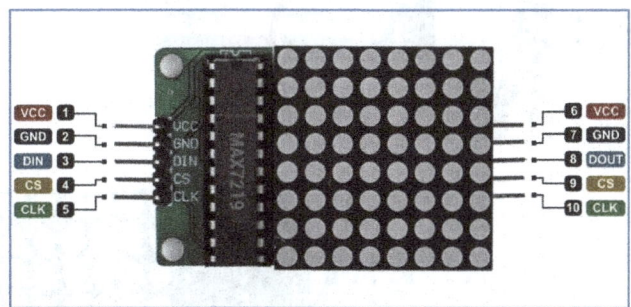

El MAX7219 se comunica a través de la interfaz SPI, por lo que solo necesita 3 pines de datos para conectarse a la Raspberry Pi Pico y, además, podemos unir varios módulos juntos para disponer de una pantalla más grande usando únicamente, esos mismos 3 cables. Lo veremos más adelante en el capítulo dedicado al montaje de una estación meteorológica.

 Este módulo se alimenta a 5V y debido a que con todos los LEDs encendidos a máximo brillo, el dispositivo puede consumir bastante corriente (puede llegar a 1A), si optamos por unir varios, es recomendable usar una fuente de alimentación externa a la de la Raspberry Pi Pico para evitar sobrecalentar el regulador de voltaje.

MATERIALES

Los materiales que necesitaremos para este proyecto son:

- Protoboard.
- Cables varios para puentes y conexiones.

- Raspberry Pi Pico W + cable USB para conexión a PC.
- Módulo LED Dot Matrix 8x8 con driver MAX7219.

CONEXIONADO

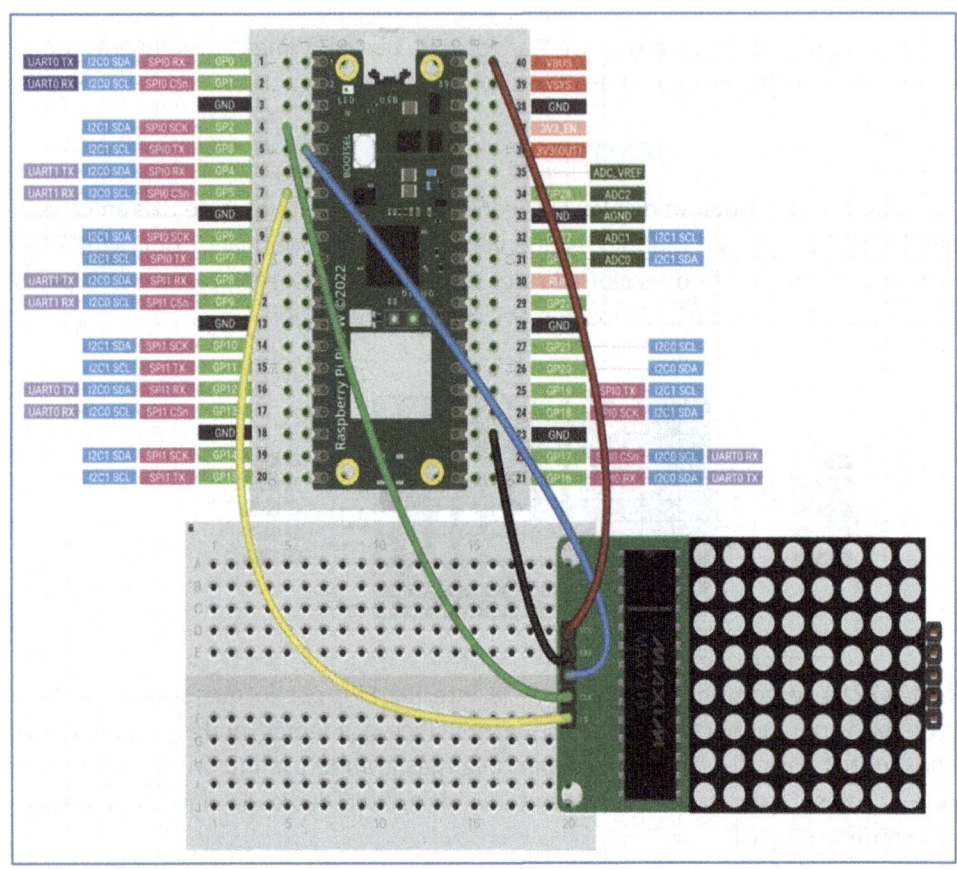

Croquis de conexionado del Dot 8x8 Max7219 del proyecto 16

Los GPIO utilizados en este proyecto son:

Pin	Función
GPIO2	CLK (Clock) para el bus SPI
GPIO3	DIN (Data In) para el bus SPI
GPIO5	CS (Chip Select) para el bus SPI
5V	Alimentación 5V para el display
GND	Conexión a negativo del display

- El GPIO2 se utiliza como CLK (Clock) para el bus SPI.
- El GPIO3 se utiliza como DIN (Data In) para el bus SPI.
- El GPIO5 se utiliza como CS (Chip Select) para el bus SPI.
- El pin VCC del display debe estar conectado a la alimentación de 5V.
- El pin GND del display LCD debe estar conectado a negativo en la placa.

CÓDIGO

Al igual que el proyecto anterior, este módulo necesita instalar en la Raspberry Pi Pico su propia librería de control.

A la librería en MicroPython para controlar el chip MAX7219 y matrices de LED la llamaremos **max7219.py** y, deberá ser grabada en la propia Raspberry Pi Pico.

Esta biblioteca como ya hemos comentado permite controlar una o varias matrices de LED 8x8 de forma sencilla, ya que incluye funciones para configurar el chip, encender y apagar LEDs individuales, mostrar texto en la matriz, controlar el brillo, etc.

Librería max7219.py

Vamos a ver, a continuación, algunas de sus funciones más típicas y que son, sin duda, de las que más usaremos para nuestros proyectos.

- **brightness(N):** Permite ajustar el brillo de la matriz de LED. El parámetro **N** especifica el nivel de brillo entre 0 a 15.

- **pixel(x, y, valor):** Enciende o apaga un LED en las coordenadas (x, y) de la matriz. El parámetro **valor** es un valor booleano que especifica si el LED debe estar encendido (True) o apagado (False).

- **show():** Esta función actualiza físicamente la matriz de LED para mostrar los cambios realizados con otras funciones. Debe llamarse después de realizar cualquier cambio en el encendido de los LEDs para que estos sean visibles.

- **text(text, x=0, y=0, wrap=True):** Muestra texto en la matriz de LED. El parámetro **text** es el texto que se mostrará, **x** e **y** especifican la posición inicial del texto y **wrap**, determina si el texto se envolverá automáticamente si es demasiado largo para caber en una fila de la matriz.

- **scroll(text, delay=100):** Desplaza el texto a través de la matriz de LED. El parámetro **text** es el texto que se desplazará, y **delay** especifica el tiempo de espera entre cada paso de desplazamiento, en milisegundos.

A continuación, mostramos el código que hay que grabar en la Raspberry Pi Pico con el nombre de **max7219.py.**

```
1.  """
2.  MicroPython max7219 cascadable 8x8 LED matrix driver
3.  https://github.com/mcauser/micropython-max7219
4.  MIT License
5.  Copyright (c) 2017 Mike Causer
6.  Permission is hereby granted, free of charge, to any person
obtaining a copy
7.  of this software and associated documentation files (the
"Software"), to deal
8.  in the Software without restriction, including without limitation
the rights
9.  to use, copy, modify, merge, publish, distribute, sublicense,
and/or sell
10. copies of the Software, and to permit persons to whom the
Software is
11. furnished to do so, subject to the following conditions:
12. The above copyright notice and this permission notice shall be
included in all
13. copies or substantial portions of the Software.
14. THE SOFTWARE IS PROVIDED "AS IS", WITHOUT WARRANTY OF ANY KIND,
EXPRESS OR
15. IMPLIED, INCLUDING BUT NOT LIMITED TO THE WARRANTIES OF
MERCHANTABILITY,
16. FITNESS FOR A PARTICULAR PURPOSE AND NONINFRINGEMENT. IN NO EVENT
SHALL THE
17. AUTHORS OR COPYRIGHT HOLDERS BE LIABLE FOR ANY CLAIM, DAMAGES OR
OTHER
18. LIABILITY, WHETHER IN AN ACTION OF CONTRACT, TORT OR OTHERWISE,
ARISING FROM,
19. OUT OF OR IN CONNECTION WITH THE SOFTWARE OR THE USE OR OTHER
DEALINGS IN THE
20. SOFTWARE.
21. """
22.
23. from micropython import const
24. import framebuf
25.
26. _NOOP = const(0)
27. _DIGIT0 = const(1)
```

```
28. _DECODEMODE = const(9)
29. _INTENSITY = const(10)
30. _SCANLIMIT = const(11)
31. _SHUTDOWN = const(12)
32. _DISPLAYTEST = const(15)
33.
34. class Matrix8x8:
35.     def __init__(self, spi, cs, num):
36.         """
37.         Conductor de matrices LED MAX7219 8x8.
38.         >>> import max7219
39.         >>> from machine import Pin, SPI
40.         >>> spi = SPI(1)
41.         >>> display = max7219.Matrix8x8(spi, Pin('X5'), 4)
42.         >>> display.text('1234',0,0,1)
43.         >>> display.show()
44.         """
45.         self.spi = spi
46.         self.cs = cs
47.         self.cs.init(cs.OUT, True)
48.         self.buffer = bytearray(8 * num)
49.         self.num = num
50.         fb = framebuf.FrameBuffer(self.buffer, 8 * num, 8,
framebuf.MONO_HLSB)
51.         self.framebuf = fb
52.         # Provide methods for accessing FrameBuffer graphics
primitives. This is a workround
53.         # because inheritance from a native class is currently
unsupported.
54.         #
http://docs.micropython.org/en/latest/pyboard/library/framebuf.html
55.         self.fill = fb.fill  # (col)
56.         self.pixel = fb.pixel # (x, y[, c])
57.         self.hline = fb.hline  # (x, y, w, col)
58.         self.vline = fb.vline  # (x, y, h, col)
59.         self.line = fb.line  # (x1, y1, x2, y2, col)
60.         self.rect = fb.rect  # (x, y, w, h, col)
61.         self.fill_rect = fb.fill_rect  # (x, y, w, h, col)
62.         self.text = fb.text  # (string, x, y, col=1)
63.         self.scroll = fb.scroll  # (dx, dy)
64.         self.blit = fb.blit  # (fbuf, x, y[, key])
65.         self.init()
66.
67.     def _write(self, command, data):
68.         self.cs(0)
69.         for m in range(self.num):
70.             self.spi.write(bytearray([command, data]))
```

```
71.            self.cs(1)
72.
73.      def init(self):
74.          for command, data in (
75.              (_SHUTDOWN, 0),
76.              (_DISPLAYTEST, 0),
77.              (_SCANLIMIT, 7),
78.              (_DECODEMODE, 0),
79.              (_SHUTDOWN, 1),
80.          ):
81.              self._write(command, data)
82.
83.      def brightness(self, value):
84.          if not 0 <= value <= 15:
85.              raise ValueError("Brightness out of range")
86.          self._write(_INTENSITY, value)
87.
88.      def show(self):
89.          for y in range(8):
90.              self.cs(0)
91.              for m in range(self.num):
92.                  self.spi.write(bytearray([_DIGIT0 + y,
self.buffer[(y * self.num) + m]]))
93.              self.cs(1)
```

Código del proyecto 16

Veamos, a continuación, cómo podemos gestionar las funciones de la librería max7219.py para mostrar información en el display.

Encenderemos los LEDs de las cuatro esquinas del display, haremos varios cuadrados que van disminuyendo su tamaño, un contador del 0 al 9 y, finalmente, un barrido de LEDs en horizontal y vertical para cada columna y fila, respectivamente.

```
1. # -----------------------------------------------------------
2. #   DISPLAY DOT 8x8 MAX7219
3. #   Proyecto_16.py
4. # -----------------------------------------------------------
5.
6. from machine import Pin, SPI
7. import max7219
8. from time import sleep
9. import time
10.
11. # Configuración de los pines para el SPI
```

```
12. spi = SPI(0, sck=Pin(2), mosi=Pin(3))  # Configurar SPI, CLK en
GP2 y DIN en GP3
13.
14. # Configuración del display LED 8x8
15. num_displays = 1  # Número de matrices MAX7219 conectadas en
cascada
16. cs_pin = Pin(5, Pin.OUT)  # Pin CS conectado al GPIO5
17. display8x8 = max7219.Matrix8x8(spi, cs_pin, num_displays)
18.
19. # Limpiar el display
20. display8x8.fill(0)
21.
22. # Encender un único punto en las cuatro esquinas del display
23. display8x8.pixel(0, 0, 1)
24. display8x8.pixel(7, 0, 1)
25. display8x8.pixel(0, 7, 1)
26. display8x8.pixel(7, 7, 1)
27. display8x8.show()
28. sleep(2)
29.
30. # Limpiar el display
31. display8x8.fill(0)
32.
33. # Cuadrados que van reduciendo su tamaño
34. # Función para dibujar un cuadrado en la esquina superior
izquierda
35. def encender_cuadro(x1, y1, x2, y2):
36.     for x in range(x1, x2 + 1):
37.         for y in range(y1, y2 + 1):
38.             display8x8.pixel(x, y, 1)
39.     display8x8.show()
40.
41. # Función para apagar el cuadrado
42. def apagar_cuadro(x1, y1, x2, y2):
43.     for x in range(x1, x2 + 1):
44.         for y in range(y1, y2 + 1):
45.             display8x8.pixel(x, y, 0)
46.     display8x8.show()
47.
48. # Definir las coordenadas del cuadrado inicial
49. x1, y1 = 0, 0
50. x2, y2 = 7, 7
51.
52. # Encender y apagar gradualmente los cuadrados reduciendo su
tamaño
53. while x1 < 3 and y1 < 3:
54.     encender_cuadro(x1, y1, x2, y2)
```

```
55.        time.sleep(0.5)
56.        apagar_cuadro(x1, y1, x2, y2)
57.        time.sleep(0.5)
58.        # Reducir el tamaño del cuadro
59.        x1 += 1
60.        y1 += 1
61.        x2 -= 1
62.        y2 -= 1
63.
64. # Contador del 0 al 9
65. # Lista de dígitos
66. digitos = ['0', '1', '2', '3', '4', '5', '6', '7', '8', '9']
67.
68. # Contador del o al 9
69. for digito in digitos:
70.        # Limpiar el display
71.        display8x8.fill(0)
72.        # Mostrar el dígito en la posición (0,0)
73.        display8x8.text(digito, 0, 0, 1)
74.        display8x8.show()
75.        sleep(1)  # Esperar un segundo antes de seguir
76.
77. # Función para limpiar el display
78. display8x8.fill(0)
79.
80. # Barrido horizontal y vertical
81. # Función para encender una línea horizontal
82. def encender_linea_horizontal(y):
83.        for x in range(8):
84.            display8x8.pixel(x, y, 1)
85.            time.sleep(0.1)
86.            display8x8.show()
87.
88. # Función para encender una línea vertical
89. def encender_linea_vertical(x):
90.        for y in range(8):
91.            display8x8.pixel(x, y, 1)
92.            time.sleep(0.1)
93.            display8x8.show()
94.
95. # Barrido de líneas horizontales
96. for i in range(8):
97.        encender_linea_horizontal(i)
98.
99. # Limpiar el display
100. display8x8.fill(0)
101.
```

```
102. # Barrido de líneas verticales
103. for i in range(8):
104.     encender_linea_vertical(i)
```

En este proyecto importamos la librería max7219 para proporcionar a la Raspberry Pi Pico, la interfaz necesaria para controlar la matriz LED 8x8.

El siguiente paso consiste en configurar la comunicación SPI con los pines correspondientes y los parámetros del display a la vez que definimos el número de matrices MAX7219 conectadas en cascada (1) y el pin para el chip **select (CS).**

Creamos el objeto **display8x8** que identificará en el programa a nuestro display y, con diferentes funciones y métodos, vamos encendiendo y apagando los LEDs de la matriz para conseguir las funcionalidades propuestas.

- Para encender los puntos en las cuatro esquinas del display utilizamos el método **pixel()** para establecer los puntos en sus coordenadas, actualizando el cambio mediante **display8x8.show().**

- El efecto de cuadrados que van reduciendo su tamaño se genera llamando a las funciones **encender_cuadro()** y **apagar_cuadro().**

  La función **encender_cuadro()** recibe cuatro parámetros: las coordenadas (**x1, y1**) de la esquina superior izquierda del cuadrado y las coordenadas (**x2, y2**) de la esquina inferior derecha del cuadrado. Luego, utiliza dos bucles **for** anidados para iterar sobre todas las posiciones dentro del área del cuadro especificado y enciende cada LED en esas posiciones utilizando el método **pixel(x, y, 1**) del objeto **display8x8**. Finalmente, llama al método **show()** para actualizar el display y hacer visible el cuadro.

  La función **apagar_cuadro()** actúa de la misma forma, pero en este caso, enviando un 0 al método píxel para apagar los LEDs encendidos.

  Finalmente, entre encendido y apagado de cada cuadrado, se modifican las coordenadas de la esquina superior izquierda (x1, y1) y de la esquina inferior derecha (x2, y2) con la finalidad de que sea más pequeño. Definimos funciones para encender y apagar cuadrados en el display LED.

- El efecto de contador del 0 al 9 se basa en una lista llamada **digitos** que contiene los números del 0 al 9. Mediante un bucle **for**, recorremos el método **text(digito, 0, 0, 1)** para cada valor de dígito consiguiendo que el display muestre cada uno de los elementos de la lista.

- El último efecto consiste en hacer un barrido horizontal y vertical LED a LED de todas las columnas y filas del display.

Las funciones **encender_linea_horizontal(y)** y **encender_linea_vertical(x)**, funcionan de forma similar a la generación de los cuadrados, solo que, para esta funcionalidad, se itera el método **pixel()** para todas las columnas y filas del display LED a LED.

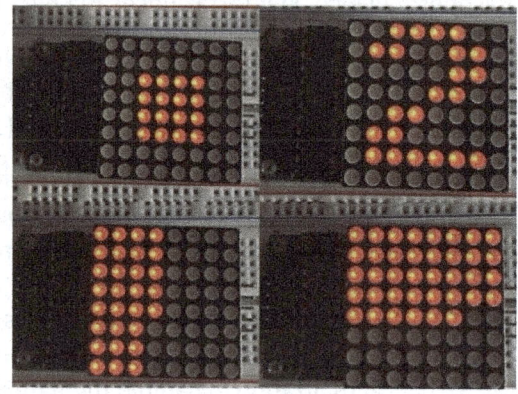

Cada encendido de un nuevo LED dispone de un pequeño retardo para que el efecto de barrido y movimiento sea más perceptible.

PROYECTO 17. PANTALLA OLED LCD 0,91"

Vamos a terminar el capítulo dedicado a los displays, con un modelo miniatura OLED, que puede ser de gran utilidad para sistemas embebidos que no requieran de un control de visualización "grande" como, por ejemplo, un sencillo termómetro de temperatura.

Existe mucha variedad de displays OLED de diferentes medidas y resoluciones de pantalla. La que vamos a emplear en este proyecto es compatible con el controlador **SSD1306** (como la mayoría de las OLED) a una resolución de 128x32 (rectangular).

Display OLED LCD 0,91" – 128 x 32

El SSD1306 admite gran variedad de funciones y es compatible con interfaces de comunicación como I2C y SPI, lo que lo convierte en un complemento más que recomendado para sistemas embebidos como la Raspberry Pi Pico.

- El display tiene muy buena calidad de imagen y contraste, lo que lo hace ideal para aplicaciones donde se requiera una buena legibilidad.

- Las pantallas OLED son conocidas por su bajo consumo de energía en comparación con otras tecnologías de pantalla, lo que las hace ideales para dispositivos portátiles y de bajo consumo.

- El SSD1306 admite tanto la interfaz I2C como SPI, lo que permite una fácil integración con la Raspberry Pi Pico.

MATERIALES

Los materiales que necesitaremos para este proyecto son:

- Protoboard.
- Varios cables para puentes y conexiones.
- Raspberry Pi Pico W + cable USB para conexión a PC.
- Display OLED LCD SSD1306 128 x 32

CONEXIONADO

Los GPIO utilizados en este proyecto son:

Pin	Función
GPIO0	SDA (Data) para I2C
GPIO1	SCL (Clock) para I2C
VCC	Alimentación (3.3V)
GND	Conexión a negativo (GND)

- El GPIO0 se utiliza como SDA (Data) para la comunicación I2C.
- El GPIO1 se usa como SCL (Clock) para la comunicación I2C.
- El pin VCC de la pantalla OLED debe estar conectado a la alimentación de 3.3V en la placa.
- El pin GND de la pantalla OLED debe estar conectado a negativo.

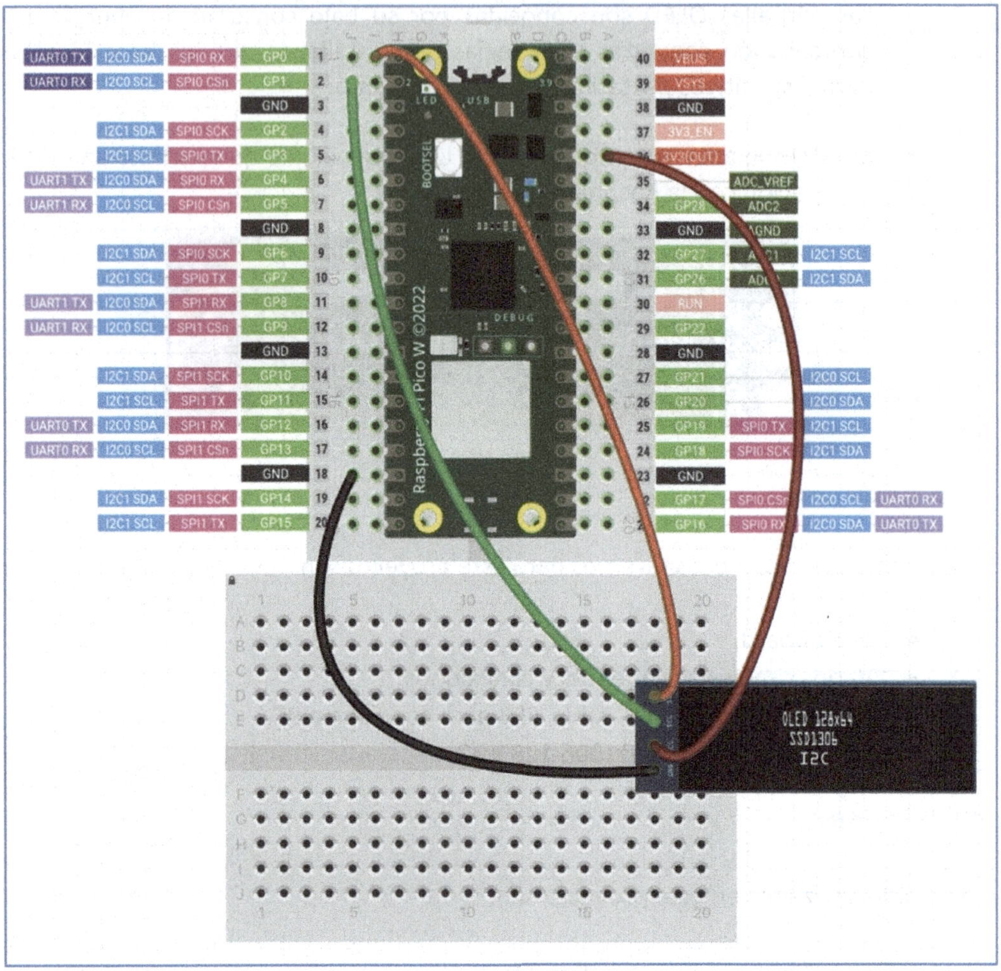

Croquis de conexionado del display OLED ssd1306 del proyecto 17

CÓDIGO

Como hemos visto en los últimos proyectos, los dispositivos que disponen de controladores o interfaces integrados necesitan disponer en la propia Raspberry Pi Pico de la librería de control de dicha interfaz.

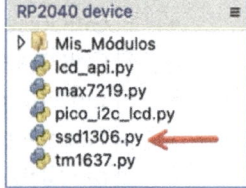

El display que vamos a usar en este proyecto trabaja con la librería **ssd1306** y la librería **framebuf** que permite trabajar con el **framebuffer**.

 El **framebuffer** es una estructura de datos que guarda la imagen que se muestra en una pantalla. Funciona como una matriz de píxeles, donde cada píxel puede estar activo (1) o inactivo (0). En la Raspberry Pi Pico, el framebuffer se usa para almacenar temporalmente una imagen antes de mostrarla en la pantalla.

Librería ssd1306.py

A continuación, mostramos el código que hay que grabar en la Raspberry Pi Pico con el nombre de **ssd1306.py.**

```
1. # MicroPython SSD1306 OLED driver, I2C and SPI interfaces
2.
3. from micropython import const
4. import framebuf
5.
6.
7. # register definitions
8. SET_CONTRAST = const(0x81)
9. SET_ENTIRE_ON = const(0xA4)
10. SET_NORM_INV = const(0xA6)
11. SET_DISP = const(0xAE)
12. SET_MEM_ADDR = const(0x20)
13. SET_COL_ADDR = const(0x21)
14. SET_PAGE_ADDR = const(0x22)
15. SET_DISP_START_LINE = const(0x40)
16. SET_SEG_REMAP = const(0xA0)
17. SET_MUX_RATIO = const(0xA8)
18. SET_COM_OUT_DIR = const(0xC0)
19. SET_DISP_OFFSET = const(0xD3)
20. SET_COM_PIN_CFG = const(0xDA)
21. SET_DISP_CLK_DIV = const(0xD5)
22. SET_PRECHARGE = const(0xD9)
23. SET_VCOM_DESEL = const(0xDB)
24. SET_CHARGE_PUMP = const(0x8D)
25.
26. # Subclassing FrameBuffer provides support for graphics
primitives
27. #
http://docs.micropython.org/en/latest/pyboard/library/framebuf.html
28. class SSD1306(framebuf.FrameBuffer):
29.     def __init__(self, width, height, external_vcc):
30.         self.width = width
31.         self.height = height
32.         self.external_vcc = external_vcc
```

```
33.            self.pages = self.height // 8
34.            self.buffer = bytearray(self.pages * self.width)
35.            super().__init__(self.buffer, self.width, self.height,
framebuf.MONO_VLSB)
36.            self.init_display()
37.
38.    def init_display(self):
39.        for cmd in (
40.            SET_DISP | 0x00,  # off
41.            # address setting
42.            SET_MEM_ADDR,
43.            0x00,  # horizontal
44.            # resolution and layout
45.            SET_DISP_START_LINE | 0x00,
46.            SET_SEG_REMAP | 0x01,  # column addr 127 mapped to
SEG0
47.            SET_MUX_RATIO,
48.            self.height - 1,
49.            SET_COM_OUT_DIR | 0x08,  # scan from COM[N] to COM0
50.            SET_DISP_OFFSET,
51.            0x00,
52.            SET_COM_PIN_CFG,
53.            0x02 if self.width > 2 * self.height else 0x12,
54.            # timing and driving scheme
55.            SET_DISP_CLK_DIV,
56.            0x80,
57.            SET_PRECHARGE,
58.            0x22 if self.external_vcc else 0xF1,
59.            SET_VCOM_DESEL,
60.            0x30,  # 0.83*Vcc
61.            # display
62.            SET_CONTRAST,
63.            0xFF,  # maximum
64.            SET_ENTIRE_ON,  # output follows RAM contents
65.            SET_NORM_INV,  # not inverted
66.            # charge pump
67.            SET_CHARGE_PUMP,
68.            0x10 if self.external_vcc else 0x14,
69.            SET_DISP | 0x01,
70.        ):  # on
71.            self.write_cmd(cmd)
72.        self.fill(0)
73.        self.show()
74.
75.    def poweroff(self):
76.        self.write_cmd(SET_DISP | 0x00)
77.
```

```
78.      def poweron(self):
79.          self.write_cmd(SET_DISP | 0x01)
80.
81.      def contrast(self, contrast):
82.          self.write_cmd(SET_CONTRAST)
83.          self.write_cmd(contrast)
84.
85.      def invert(self, invert):
86.          self.write_cmd(SET_NORM_INV | (invert & 1))
87.
88.      def show(self):
89.          x0 = 0
90.          x1 = self.width - 1
91.          if self.width == 64:
92.              # displays with width of 64 pixels are shifted by 32
93.              x0 += 32
94.              x1 += 32
95.          self.write_cmd(SET_COL_ADDR)
96.          self.write_cmd(x0)
97.          self.write_cmd(x1)
98.          self.write_cmd(SET_PAGE_ADDR)
99.          self.write_cmd(0)
100.          self.write_cmd(self.pages - 1)
101.          self.write_data(self.buffer)
102.
103.
104. class SSD1306_I2C(SSD1306):
105.     def __init__(self, width, height, i2c, addr=0x3C,
external_vcc=False):
106.         self.i2c = i2c
107.         self.addr = addr
108.         self.temp = bytearray(2)
109.         self.write_list = [b"\x40", None]  # Co=0, D/C#=1
110.         super().__init__(width, height, external_vcc)
111.
112.     def write_cmd(self, cmd):
113.         self.temp[0] = 0x80   # Co=1, D/C#=0
114.         self.temp[1] = cmd
115.         self.i2c.writeto(self.addr, self.temp)
116.
117.     def write_data(self, buf):
118.         self.write_list[1] = buf
119.         self.i2c.writevto(self.addr, self.write_list)
120.
121.
122. class SSD1306_SPI(SSD1306):
```

```
123.    def __init__(self, width, height, spi, dc, res, cs,
external_vcc=False):
124.        self.rate = 10 * 1024 * 1024
125.        dc.init(dc.OUT, value=0)
126.        res.init(res.OUT, value=0)
127.        cs.init(cs.OUT, value=1)
128.        self.spi = spi
129.        self.dc = dc
130.        self.res = res
131.        self.cs = cs
132.        import time
133.
134.        self.res(1)
135.        time.sleep_ms(1)
136.        self.res(0)
137.        time.sleep_ms(10)
138.        self.res(1)
139.        super().__init__(width, height, external_vcc)
140.
141.    def write_cmd(self, cmd):
142.        self.spi.init(baudrate=self.rate, polarity=0, phase=0)
143.        self.cs(1)
144.        self.dc(0)
145.        self.cs(0)
146.        self.spi.write(bytearray([cmd]))
147.        self.cs(1)
148.
149.    def write_data(self, buf):
150.        self.spi.init(baudrate=self.rate, polarity=0, phase=0)
151.        self.cs(1)
152.        self.dc(1)
153.        self.cs(0)
154.        self.spi.write(buf)
155.        self.cs(1)
156.
```

Algunos de sus métodos más usados que podemos emplear para mostrar contenido en el display son:

- **fill**: Llena la pantalla con un color específico. En el caso de displays monocromáticos con 0 o 1 encendemos o apagamos los píxeles.
- **text**: Permite mostrar texto en la pantalla OLED en una posición específica, lo que permite la creación de interfaces de usuario simples.

- **show**: Actualiza la pantalla OLED con los cambios realizados desde el último show(). Es decir, los cambios realizados en la pantalla no serán visibles hasta que se llame a este método.
- **pixel**: Enciende o apaga un píxel en una posición específica de la pantalla.

Código del proyecto 17

Veamos a continuación un ejemplo que utiliza diferentes métodos para mostrar información en la pantalla.

```python
1.  # ----------------------------------------------------------
2.  #    DISPLAY OLED SSD1306 128 x 32
3.  #    Proyecto_17.py
4.  # ----------------------------------------------------------
5.
6.  from machine import Pin, I2C
7.  from ssd1306 import SSD1306_I2C
8.  import framebuf
9.  import utime
10.
11. ancho  = 128    # Ancho de la pantalla OLED
12. alto = 32     # Alto de la pantalla OLED
13.
14. # Inicializar I2C
15. i2c = I2C(0, scl=Pin(1), sda=Pin(0), freq=200000)
16.
17. # Inicializar la pantalla OLED SSD1306
18. oled = SSD1306_I2C(ancho, alto, i2c)
19.
20. # Icono batería 32 x 32
21. icono = [
22.     0x00, 0x00, 0x00, 0x00, 0x00, 0x00, 0x00, 0x00, 0x03, 0xE0,
0x07, 0xC0, 0x07, 0xF0, 0x0F, 0xE0,
23.     0x07, 0xF0, 0x0F, 0xE0, 0x07, 0xF0, 0x0F, 0xE0, 0x00, 0x00,
0x00, 0x00, 0x3F, 0xFF, 0xFF, 0xFF, 0xFC,
24.     0xFF, 0xFF, 0xFF, 0xFF, 0xFF, 0xFF, 0xFF, 0xFF, 0xFF, 0xFF,
0xFF, 0xFF, 0xFF, 0xFF, 0xFF, 0xFF,
25.     0xFF, 0xFF, 0xFF, 0xFF, 0xFF, 0xFF, 0xFF, 0xFF, 0xFF, 0xFF,
0xFF, 0xFF, 0xFF, 0xFE, 0x3F,
26.     0xFF, 0xFF, 0xFE, 0x3F, 0xF0, 0x1F, 0xF8, 0x0F, 0xF0, 0x1F,
0xF8, 0x0F, 0xF0, 0x1F, 0xF8, 0x0F,
27.     0xFF, 0xFF, 0xFE, 0x3F, 0xFF, 0xFF, 0xFE, 0x3F, 0xFF, 0xFF,
0xFF, 0xFF, 0xFF, 0xFF, 0xFF, 0xFF,
```

```
28.      0xFF, 0xFF, 0xFF, 0xFF, 0xFF, 0xFF, 0xFF, 0xFF, 0xFF, 0xFF,
0xFF, 0xFF, 0xFF, 0xFF, 0xFF, 0xFF,
29.      0x7F, 0xFF, 0xFF, 0xFE, 0x3F, 0xFF, 0xFF, 0x00, 0x00, 0x00,
0x00, 0x00, 0x00, 0x00, 0x00, 0x00
30. ]
31. bateria = bytearray(icono)
32.
33. # Cargar el icono batería en el framebuffer
34. fb = framebuf.FrameBuffer(bateria, 32, 32, framebuf.MONO_HLSB)
35.
36. while True:
37.     # Limpiar la pantalla OLED
38.     oled.fill(0)
39.
40.     # Mensaje 1
41.     # Dibuja un cuadrado lleno (1) de 32x32 posición (0, 0)
42.     oled.fill_rect(0, 0, 32, 32, 1)
43.     # Pinta/borra un cuadrado más pequeño dentro del primero
44.     oled.fill_rect(2, 2, 28, 28, 0)
45.     oled.text('LIBROS RC', 40, 0)
46.     oled.text('R', 8, 8)
47.     oled.text('C', 18, 18)
48.     oled.text('RASPBERRY ', 40, 12)
49.     oled.text('PI PICO', 40, 24)
50.     oled.show()
51.     utime.sleep(2)
52.
53.     # Mostrar mensaje 2
54.     oled.fill(0)
55.     oled.text("MONITOR SISTEMA",2,8)
56.     oled.show()
57.     utime.sleep(2)
58.
59.     # Limpiar la pantalla y mostrar  mensaje 3 + icono
60.     oled.fill(0)
61.     oled.blit(fb, 90, 0)
62.     oled.text("ALARMA",10,2)
63.     oled.text("BATERIA",10,14)
64.     oled.text("BAJA!!!",14,25)
65.
66.     # Actualizar la pantalla OLED
67.     oled.show()
68.     utime.sleep(2)
69.
```

El programa comienza importando las bibliotecas necesarias para controlar el display OLED **SSD1306.**

Configuramos las dimensiones del display (en nuestro caso, 128 x 32), así como los detalles de la comunicación con el dispositivo para los pines SCL y SDA.

Se define con una matriz de bytes (**bytearray**) un icono de 32 x 32 píxeles con el aspecto de una batería, que se carga en un **framebuffer** para ser usado más adelante.

En un bucle, se configuran tres tipos diferentes de mensajes. Estos mensajes utilizan distintos métodos para dibujar líneas, mostrar textos o representar iconos.

Para el primer mensaje, dibuja un cuadrado con el método **fill_rect()** y se coloca texto por la pantalla con el método **text().**

El segundo mensaje simplemente coloca en el centro del display un mensaje de texto.

El tercer mensaje, además de texto, muestra en pantalla el icono cargado en el inicio del programa en el **framebuffer** mediante el método **blit().**

PROYECTOS CON DISPOSITIVOS VARIOS

7

INTRODUCCIÓN

En capítulos anteriores, hemos abordado cómo controlar con la Raspberry Pi Pico diodos LED, sensores e incluso mostrar información en displays. Estos son elementos básicos y fundamentales al trabajar con la Raspberry Pi Pico y MicroPython.

Sin embargo, el mundo de la electrónica y la programación embebida es infinito y existen numerosos dispositivos más allá de los populares LED y sensores que merecen nuestra atención.

En este capítulo, analizaremos dispositivos más particulares, explorando cómo interactuar con componentes como servomotores, joysticks o relés, entre otros. Aunque estos dispositivos pueden no ser tan comunes en los proyectos iniciales, ofrecen un potencial emocionante para la creación de proyectos más avanzados y especializados.

PROYECTO 18. CONTROL JOYSTICK

Los joysticks son dispositivos de entrada que permiten el control multidireccional. Son comúnmente utilizados en aplicaciones de juegos, pero también pueden ser útiles en proyectos de control de movimiento, navegación o manipulación remota de dispositivos.

En este proyecto veremos cómo leer la entrada de un joystick analógico y utilizarla para mostrar diferentes flechas en un display dot de 8x8 (ya estudiado en el capítulo anterior) a modo de indicador de movimiento.

La idea es que cada uno de los movimientos (arriba, abajo, derecha e izquierda del joystick), así como el propio pulsador del mando, se vean reflejados en el display con una flecha que indique el sentido hacia el que se está moviendo el mando, y un punto, para la confirmación de la detección de pulsación.

Por otro lado, en la consola de Thonny mostraremos información sobre los parámetros que recoge el sistema sobre su movimiento.

Joystick 2 ejes y un pulsador (KY-023 o HW-504)

El joystick analógico con pulsador KY-023 o HW-504 son mandos articulados con dos potenciómetros que determinan la posición de los ejes **X** e **Y**, además de la pulsación del pulsador.

Al mover el mando, se giran los potenciómetros y se modifica la tensión de salida analógica de cada eje, pudiendo así saber el grado de desviación del mando con respecto al punto central y detectar hacia dónde se está moviendo.

Por regla general los joysticks que encontramos en el mercado, los modelos populares como el KY-023 o HW-504, no devuelven valores exactos para sus distintas posiciones, es por eso que tendremos que considerar la posición central del botón y la del resto de movimientos, dentro de un rango de valores y no como un valor exacto.

Dependiendo de la versión del joystick que tengamos, los valores analógicos que obtendremos podrán variar entre dispositivos similares.

Otro tema importante son los valores que vamos a leer desde la Raspberry Pi Pico. En la mayoría de los casos los valores analógicos para este controlador deberían rondar entre los valores 0 y 1023.

Esto es así, porque utilizan una resolución de 10 bits para la conversión analógica a digital (ADC).

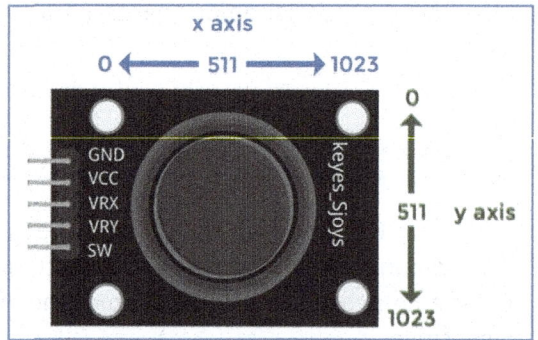

Si usamos resoluciones de lectura analógica superiores (16 bits), como es nuestro caso, obtendremos valores que oscilan entre 0 y 65535 en lugar de entre 0 y 1023.

Si nos fijamos en las especificaciones del fabricante para nuestro joystick, veremos que los valores esperados para las distintas posiciones de los ejes X e Y se encuentran entre 0 y 1023.

El método que vamos a usar para la lectura del valor analógico de cada eje, del joystick es **read_u16()**, por lo que la lectura analógica devolverá un número entero en el rango de 0 a 65535 en el que valor mínimo es 0 y el valor máximo 65535.

Para escalar o convertir el valor obtenido a los parámetros que indica el fabricante, bastará con multiplicar dicho valor por 1023 y luego dividirlo de forma entera por 65535.

```
valorX = int(ejeX.read_u16() * 1023) // 65535
valorY = int(ejeY.read_u16() * 1023) // 65535
```

Esto ajustará el valor leído al rango de 0 a 1023 para cumplir con las indicaciones del fabricante.

Dot Matrix 8x8 con driver MAX7219

El display de 8x8 ya estudiado en el capítulo anterior se usará para confirmar gráficamente la manipulación del joystick.

Recordemos que, para este display, es necesaria la librería **MAX7219.py** que deberá estar precargada en la Raspberry Pi Pico.

MATERIALES

Los materiales que necesitaremos para este proyecto son:

- Protoboard.
- Cables varios para puentes y conexiones.
- Raspberry Pi Pico W + cable USB para conexión a PC.
- Joystick KY-023 o HW-504.
- Módulo LED Dot Matrix 8x8 con driver MAX7219.

CONEXIONADO

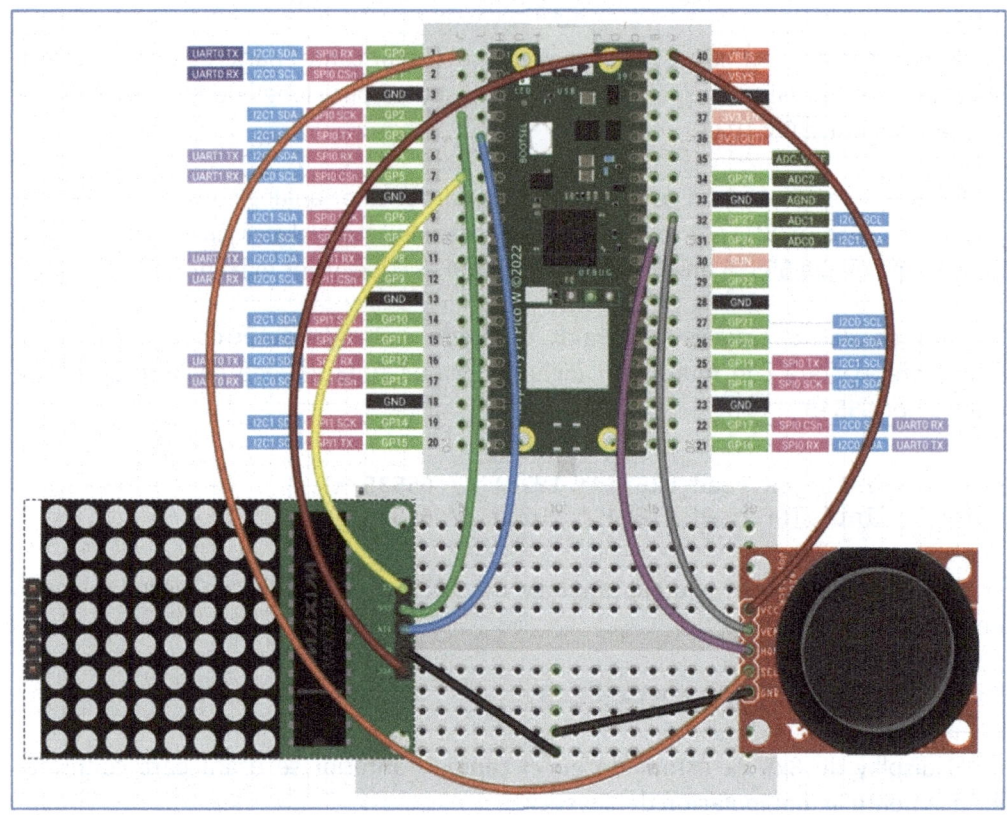

Croquis de conexionado del sensor del proyecto 18

Los GPIO utilizados en este proyecto son:

Pin	Función
GPIO2	CLK (Clock) para el bus SPI
GPIO3	MOSI (Data Out) para el bus SPI
GPIO5	CS (Chip Select) para el bus SPI
GPIO0	Pulsador del joystick
GPIO26	Eje Y del joystick
GPIO27	Eje X del joystick
VCC	Alimentación 5V Joystick y display
GND	Negativo Display y Joystick

- El GPIO2 se utiliza como CLK (Clock) para el bus SPI.
- El GPIO3 se usa como MOSI (Data Out) para el bus SPI.
- El GPIO5 se utiliza como CS (Chip Select) para el bus SPI.
- El GPIO0 se emplea para el pulsador del joystick.
- El pin VCC del display y del joystick deben estar conectados a la alimentación de 5V.
- El pin GND de la pantalla y el joystick deben estar conectados a negativo.

CÓDIGO

Mostramos a continuación el programa que se encargará de mostrar en el display el sentido del movimiento del display o de la pulsación del mando.

```
1.  # -------------------------------------------------------
2.  #    CONTROL JOYSTICK Y DIRECCIÓN EN DISPLAY
3.  #    Proyecto_18.py
4.  # -------------------------------------------------------
5.
6.  from machine import Pin, ADC, SPI
7.  import max7219
8.  import utime
9.
10. # Configurar SPI, CLK en GP2 y DIN en GP3
11. spi = SPI(0, sck=Pin(2), mosi=Pin(3))
12.
13. # Configuración del display LED 8x8
14. # Número de matrices MAX7219 conectadas en cascada
15. num_displays = 1
16. # Pin CS conectado al GPIO5
17. cs_pin = Pin(5, Pin.OUT)
18. display8x8 = max7219.Matrix8x8(spi, cs_pin, num_displays)
19.
20. # Inicialización de los pines ADC para el joystick
21. ejeX = ADC(Pin(27))
22. ejeY = ADC(Pin(26))
23. boton = Pin(0, Pin.IN, Pin.PULL_UP)
24.
25. # Limpiar el display
26. display8x8.fill(0)
27.
28. # Matrices de flechas y pulsador
29. flecha_arriba = [
30.     [0, 0, 0, 1, 1, 0, 0, 0],
31.     [0, 0, 1, 1, 1, 1, 0, 0],
32.     [0, 1, 1, 1, 1, 1, 1, 0],
```

```
33.        [1, 1, 1, 1, 1, 1, 1, 1],
34.        [0, 0, 0, 1, 1, 0, 0, 0],
35.        [0, 0, 0, 1, 1, 0, 0, 0],
36.        [0, 0, 0, 1, 1, 0, 0, 0],
37.        [0, 0, 0, 1, 1, 0, 0, 0]
38. ]
39.
40. flecha_abajo = [
41.        [0, 0, 0, 1, 1, 0, 0, 0],
42.        [0, 0, 0, 1, 1, 0, 0, 0],
43.        [0, 0, 0, 1, 1, 0, 0, 0],
44.        [0, 0, 0, 1, 1, 0, 0, 0],
45.        [1, 1, 1, 1, 1, 1, 1, 1],
46.        [0, 1, 1, 1, 1, 1, 1, 0],
47.        [0, 0, 1, 1, 1, 1, 0, 0],
48.        [0, 0, 0, 1, 1, 0, 0, 0]
49. ]
50.
51. flecha_derecha = [
52.        [0, 0, 0, 0, 1, 0, 0, 0],
53.        [0, 0, 0, 0, 1, 1, 0, 0],
54.        [0, 0, 0, 0, 1, 1, 1, 0],
55.        [1, 1, 1, 1, 1, 1, 1, 1],
56.        [1, 1, 1, 1, 1, 1, 1, 1],
57.        [0, 0, 0, 0, 1, 1, 1, 0],
58.        [0, 0, 0, 0, 1, 1, 0, 0],
59.        [0, 0, 0, 0, 1, 0, 0, 0]
60. ]
61.
62. flecha_izquierda = [
63.        [0, 0, 0, 1, 0, 0, 0, 0],
64.        [0, 0, 1, 1, 0, 0, 0, 0],
65.        [0, 1, 1, 1, 0, 0, 0, 0],
66.        [1, 1, 1, 1, 1, 1, 1, 1],
67.        [1, 1, 1, 1, 1, 1, 1, 1],
68.        [0, 1, 1, 1, 0, 0, 0, 0],
69.        [0, 0, 1, 1, 0, 0, 0, 0],
70.        [0, 0, 0, 1, 0, 0, 0, 0]
71. ]
72.
73. pulsador = [
74.        [0, 0, 0, 1, 1, 0, 0, 0],
75.        [0, 0, 1, 1, 1, 1, 0, 0],
76.        [0, 1, 1, 1, 1, 1, 1, 0],
77.        [1, 1, 1, 1, 1, 1, 1, 1],
78.        [1, 1, 1, 1, 1, 1, 1, 1],
79.        [0, 1, 1, 1, 1, 1, 1, 0],
```

```
80.        [0, 0, 1, 1, 1, 1, 0, 0],
81.        [0, 0, 0, 1, 1, 0, 0, 0]
82. ]
83.
84.
85. # Función para mostrar una flecha en el display
86. def mostrar_flecha(display, flecha, duracion=0.5):
87.     for y, row in enumerate(flecha):
88.         for x, value in enumerate(row):
89.             display.pixel(x, y, value)
90.     display.show()
91.     utime.sleep(duracion)
92.
93. # Bucle principal
94. while True:
95.     # Apagar todos los LEDs del display al inicio del bucle
96.     display8x8.fill(0)
97.     display8x8.show()
98.
99.     # Leer los valores de los ejes X e Y del joystick
100.    # Calibramos a 10 bits
101.    valorX = int(ejeX.read_u16() * 1023) // 65535
102.    valorY = int(ejeY.read_u16() * 1023) // 65535
103.    valorBoton = boton.value()
104.    utime.sleep(0.1)
105.
106.    # Variables para el estado del joystick y el botón
107.    estadoX = "CENTRO"
108.    estadoY = "CENTRO"
109.    estadoBoton = "LIBRE"
110.
111.    # Determinar el estado del eje X
112.    if valorX <= 700:
113.        estadoX = "IZQUIERDA"
114.        mostrar_flecha(display8x8, flecha_izquierda)
115.    elif valorX >= 850:
116.        estadoX = "DERECHA"
117.        mostrar_flecha(display8x8, flecha_derecha)
118.
119.    # Determinar el estado del eje Y
120.    if valorY <= 700:
121.        estadoY = "ARRIBA"
122.        mostrar_flecha(display8x8, flecha_arriba)
123.    elif valorY >= 850:
124.        estadoY = "ABAJO"
125.        mostrar_flecha(display8x8, flecha_abajo)
126.
```

```
127.      # Determinar el estado del botón
128.      if valorBoton == 0:
129.          estadoBoton = "PRESIONADO"
130.          mostrar_flecha(display8x8, pulsador)
131.      else:
132.      # Si el botón no está presionado mostrar 4 LEDs centrales
133.          display8x8.pixel(3, 3, 1)
134.          display8x8.pixel(4, 3, 1)
135.          display8x8.pixel(3, 4, 1)
136.          display8x8.pixel(4, 4, 1)
137.          display8x8.show()
138.          utime.sleep(0.3)
139.
140.      # Imprimir los valores en la consola
141.      print("Eje X:", estadoX, "Eje Y:", estadoY, "Botón:",
estadoBoton)
142.
```

Vamos a ver con detalle el funcionamiento del programa. En primer lugar, se establecen las importaciones necesarias y se configuran los pines y la comunicación **SPI** para interactuar con el módulo **MAX7219** y el joystick.

También definimos las matrices de visualización para representar las flechas y el botón en el display LED para los diferentes movimientos del joystick.

Para mostrar las flechas, definimos una función llamada **mostrar_flecha()** que usará la matriz que corresponda a la dirección en la que se está moviendo el del joystick, o bien, a la pulsación del mando.

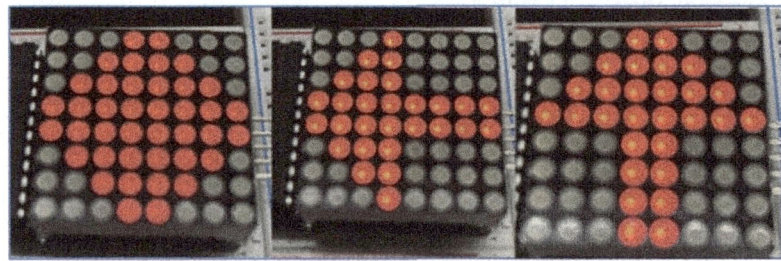

En un bucle, recogemos las diferentes partes del programa que va a funcionar de forma indefinida. En primer lugar, apagamos todos los LEDs del display para preparar la visualización de la siguiente iteración.

Leemos los valores de los ejes **X** e **Y** del joystick utilizando los pines **ADC** configurados anteriormente, escalando dichos valores en un rango comprendido entre 0 a 1023 almacenando esos valores en las variables **valorX** y **valorY**. También leemos el estado del pulsador.

En función de los valores leídos para los ejes X e Y, se muestra en el display una flecha con la dirección del movimiento.

De igual forma se actúa con el botón para saber si está presionado o no. Si el botón está presionado, se actualiza el estado y se muestra un punto grande. Mientras no está presionado, se muestran cuatro LEDs en el centro del display a modo de indicador de que el botón está libre.

Para confirmar el correcto funcionamiento del programa, en la consola de Thonny se muestra la información sobre el estado del joystick y del botón para que el usuario pueda ver qué dirección está siendo seleccionada y si se ha presionado el botón.

Consola	Excepción	Árbol del programa

```
Eje X: CENTRO Eje Y: ARRIBA Botón: LIBRE

Eje X: CENTRO Eje Y: ARRIBA Botón: LIBRE

Eje X: DERECHA Eje Y: ABAJO Botón: LIBRE

Eje X: IZQUIERDA Eje Y: CENTRO Botón: LIBRE

Eje X: CENTRO Eje Y: CENTRO Botón: LIBRE

Eje X: CENTRO Eje Y: CENTRO Botón: PRESIONADO

Eje X: CENTRO Eje Y: CENTRO Botón: PRESIONADO
```

Consola de Thonny que muestra información sobre el manejo del joystick

PROYECTO 19. SERVOMOTOR

En este proyecto vamos a ver cómo controlar un servomotor usando la Raspberry Pi Pico y la modulación de ancho pulso **PWM** que ya se vio en el proyecto 6 donde estudiamos cómo controlar la intensidad de un LED RGB.

La técnica de modulación por ancho de pulso se emplea para regular la amplitud de las señales digitales que se envían a un servomotor, lo que posibilita el control de la velocidad en motores de corriente continua.

Este tipo de dispositivos se pueden utilizar para pequeños robots, controles de modelismo RC, brazos robóticos, etc.

Para este proyecto vamos a usar el modelo SG90.

Servomotor SG90

El modelo SG90 es un microservomotor por su reducido tamaño, que dispone de un ligero motor con alta potencia de salida. El servo puede girar aproximadamente entre 0 y 180 grados (90 grados en cada dirección) y se controla mediante 3 pines.

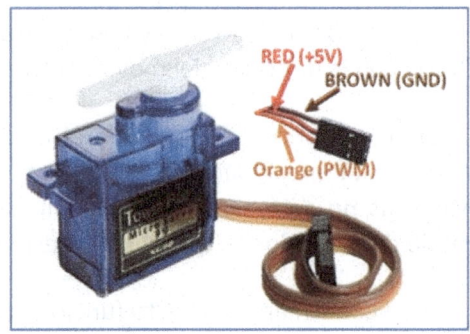

El conexionado del servomotor, como ya se ha comentado, se realiza mediante 3 pines. Alimentación positiva (5V), masa y señal PWM.

El motor DC del servo está conectado a un potenciómetro y un circuito de control, que permite ajustar la velocidad del motor según la posición del potenciómetro devolviendo una señal sobre la posición del eje.

La señal de control indica la posición deseada del eje, mientras que la señal de retorno proporciona información en tiempo real sobre la posición actual del eje. El circuito de control compara estas dos señales y ajusta la energía suministrada al motor para moverlo hacia la posición deseada y mantenerlo en esa posición mientras no varíe la señal de entrada.

Para controlar la posición del servomotor SG90 necesitamos producir señales PWM con una frecuencia de 50Hz.

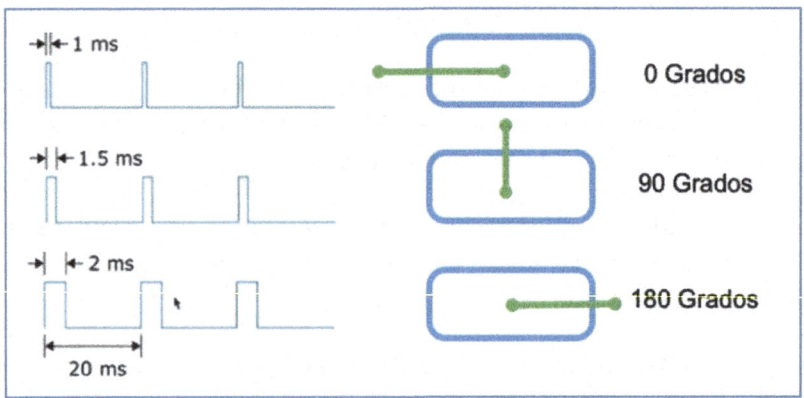

Gráfica de control del servomotor por PWM

La posición neutral de un servomotor se establece generalmente con un pulso de 1.5 ms que correspondería a 90 grados. Un pulso más corto de aproximadamente 1 ms moverá el eje a una posición de 0 grados y, finalmente, un pulso largo de por ejemplo 2ms, lo moverá a 180 grados.

Jugando con la amplitud total del pulso con valores comprendidos entre 1 ms y 2 ms, dispondremos de un rango de control del servomotor de aproximadamente 180 grados.

Para obtener los valores PWM que moverán el servo, usaremos el método **duty_u16()** que en MicroPython, trabaja a una resolución de 16 bits. Esto permite especificar valores de ciclo de trabajo en un rango de 0 a 65535 mucho mayor que el de la Raspberry Pi que trabaja a una resolución de 12 bits.

Dado que el servo SG90 acepta pulsos en un rango de entre 1 ms y 2 ms, para cubrir un rango completo de movimiento de 0 a 180 grados necesitaremos ajustar esos valores de acuerdo a dicha resolución.

Por lo tanto, al utilizar duty_u16(), en vez de usar unos valores mínimos y máximos de 1000 y 2000 microsegundos, deberemos establecer dichos valores en un rango de 1000 y 9000 microsegundos. Estos valores se mapearán internamente a los pulsos en microsegundos que son interpretados por el servo para controlar su posición.

Más adelante, en el código del proyecto veremos con más detalle esta implementación que, de no realizarse, no permitiría gestionar la totalidad del radio de giro del servomotor.

MATERIALES

Los materiales que necesitaremos para este proyecto son:

- Protoboard.
- Cables varios para puentes y conexiones.
- Raspberry Pi Pico W + cable USB para conexión a PC.
- Servomotor SG90 o similar.

CONEXIONADO

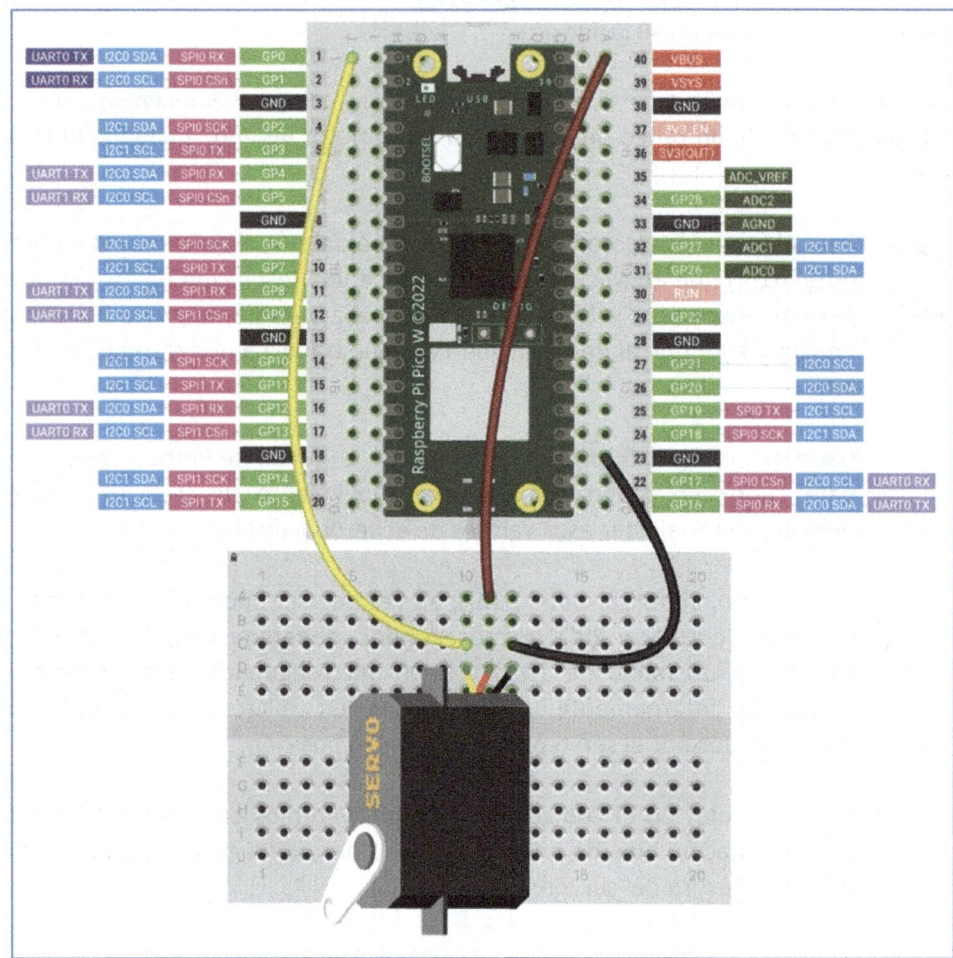

Croquis de conexionado del sensor del proyecto 19

Los GPIO utilizados en este proyecto son:

Pin	Función
GPIO0	Señal de control del servo
VCC	Alimentación (5V)
GND	Conexión a negativo

- El GPIO0 (Señal de control del servo) se conecta al control PWM del servo.
- VCC a 5V en la placa.
- GND se conecta a negativo en la placa.

CÓDIGO

Se muestra a continuación el programa necesario para mover el servomotor en un rango de 0 a 180 grados, y viceversa, mostrando, además, en la consola de Thonny el angulo de giro y el valor del PWM.

```
1.  # ---------------------------------------------------------
2.  #    SERVOMOTORES
3.  #    Proyecto_19.py
4.  # ---------------------------------------------------------
5.
6.  from machine import Pin, PWM
7.  from utime import sleep
8.
9.  # Configuración del pin del servo
10. pin_servo = PWM(Pin(0))
11. pin_servo.freq(50)
12.
13. # Función para calcular el PWM equivalente para un ángulo dado
14. def mover_servo(grados):
15.     '''
16.     Configuración giro servo
17.     '''
18.     # Rango de giro permitido
19.     if grados > 180:
20.         grados = 180
21.     if grados < 0:
22.         grados = 0
23.
24.     # Definir el rango de pulsos PWM para el servo
25.     max_pulso = 9000  # microsegundos 9 ms
26.     min_pulso = 1000  # microsegundos 1 ms
27.
28.     # Cálculo del pulso PWM para el ángulo
29.     pulso = min_pulso + (max_pulso - min_pulso) * (grados / 180)
30.
31.     # Configuración pulso PWM para mover servo al ángulo deseado
32.     pin_servo.duty_u16(int(pulso))
33.
34.     # Mostrar el ángulo y el valor del pulso PWM en la consola
```

```
35.     print("Posición Servo {} grados - Valor PWM
{}.".format(grados, int(pulso)))
36.
37.
38. # Bucle de 0 a 180 y 180 a 0
39. while True:
40.     for angulo in range(0, 181, 5):
41.         mover_servo(angulo)
42.         sleep(0.02)
43.     for angulo in range(180, -1, -5):
44.         mover_servo(angulo)
45.         sleep(0.02)
```

En primer lugar configuramos el pin del servo y la frecuencia PWM. El pin GPIO 0 como un pin PWM para controlar el servo a una frecuencia de 50 Hz, que es la frecuencia comúnmente utilizada para el control de servos estándar.

Definimos la función **mover_servo(grados)** que recibirá un parámetro en grados que representará el ángulo al que se desea mover el servo. El propósito de esta función es calcular el valor del pulso PWM correspondiente al ángulo dado y configurar el servo para moverse a esa posición. Para ello, definimos los valores mínimo y máximo del pulso PWM en microsegundos, que son específicos para el servo SG90 y en relación con los que luego se calcula el valor del pulso PWM para el ángulo.

Con el método duty_u16() configuramos el pulso PWM e imprimimos en la consola, el valor del ángulo al que se ha movido el servo y el valor del pulso PWM aplicado.

Finalmente, un bucle mueve indefinidamente el servo de 0 a 180 grados, y viceversa, en pasos de 5 grados. Esto se logra mediante la función **mover_servo(angulo)** para cada ángulo en los rangos especificados y pausando brevemente entre cada movimiento utilizando **sleep(0.02)**.

Consola	Excepción	Árbol del programa
Posición Servo 55 grados - Valor PWM 3444.		
Posición Servo 50 grados - Valor PWM 3222.		
Posición Servo 45 grados - Valor PWM 3000.		
Posición Servo 40 grados - Valor PWM 2777.		

Consola de Thonny que muestra información sobre ángulo de giro y valor PWM

PROYECTO 20. RELÉ ELECTROMECÁNICO Y SÓLIDO

El objetivo de este proyecto es utilizar la Raspberry Pi Pico para controlar dos tipos de relés: uno con lógica de disparo positiva y electromecánico (el relé de toda la vida) y otro con disparo de nivel bajo, de varios canales y de estado sólido.

Realmente estamos ante un proyecto muy sencillo, ya que básicamente, activamos o desactivamos salidas digitales para atacar a los relés, algo que ya hemos ido viendo a lo largo de este libro. No obstante, como veremos en el capítulo siguiente, gracias a estos dispositivos, podremos activar o desactivar elementos de potencia, que directamente desde la Raspberry Pi Pico no sería viable.

Relés electromecánicos y de estado sólido

Los **relés electromecánicos** permiten controlar dispositivos de alta potencia o corriente utilizando señales de bajo voltaje y corriente, lo que los hace ideales para aplicaciones de automatización y control. Funcionan mediante el uso de un electroimán para abrir o cerrar contactos mecánicos por

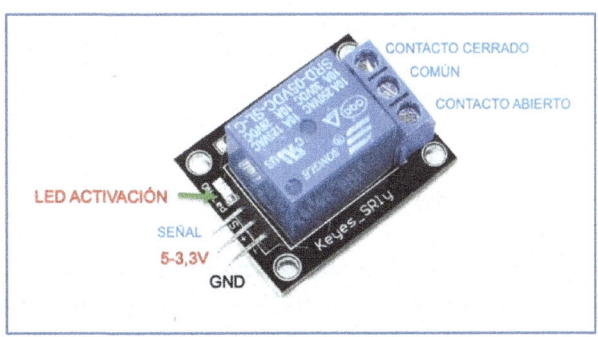

lo que, es habitual oír el "clack" cuando cambian de estado.

Los **relés de estado sólido**, a diferencia de los electromecánicos, no tienen partes móviles y funcionan utilizando componentes semiconductores como transistores, triacs o tiristores, entre otros.

En este proyecto, se explora cómo con figurar y controlar estos dos tipos de relés. Como siempre, la idea es comprender cómo interactuar con los pines GPIO de Raspberry Pi Pico para activar y desactivar los relés según sea necesario, abordando, en este caso, la diferencia en la

lógica de disparo entre los dos tipos de relés propuestos: positiva para uno (relé convencional) y de nivel bajo para el otro (relé estado sólido).

Los relés, tanto electromecánicos como de estado sólido, tienen diferentes configuraciones de contactos que determinan cómo se comportan eléctricamente.

En los contactos de salida del relé, encontraremos habitualmente un contacto común **(COM)**, uno identificado como **NO** (normalmente abierto) y otro como **NC** (normalmente cerrado).

- **Contacto Común (COM):** Es el terminal central del relé al que se conecta la carga. Cuando el relé está inactivo, el contacto común está conectado al terminal NC. Cuando el relé se activa, el contacto común se conecta al terminal NO.

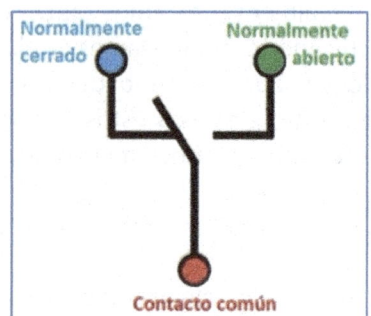

- **Normalmente Abierto (NO):** Cuando el relé está inactivo, el contacto NO está abierto, es decir, no hay continuidad eléctrica. Cuando el relé se activa, el contacto NO se cierra y se establece una conexión eléctrica.

- **Normalmente Cerrado (NC):** Cuando el relé está inactivo, el contacto NC está cerrado, es decir, hay conectividad eléctrica con el común. Cuando el relé se activa, el contacto NC se abre y se pierde la conectividad.

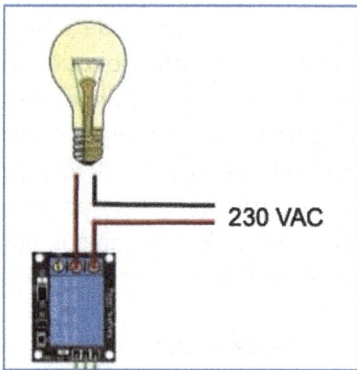

Vamos a ver, a continuación, con unos gráficos, el funcionamiento de las salidas de un relé, para comprender su funcionamiento y su potencial para diferentes proyectos.

MATERIALES

Los materiales que necesitaremos para este proyecto son:

- Protoboard.
- Cables varios para puentes y conexiones.
- Raspberry Pi Pico W + cable USB para conexión a PC.
- Relé electromecánico de un canal 5V 10A.
- Multi Relé cuatro canales estado sólido (Low Level Trigger).

CONEXIONADO

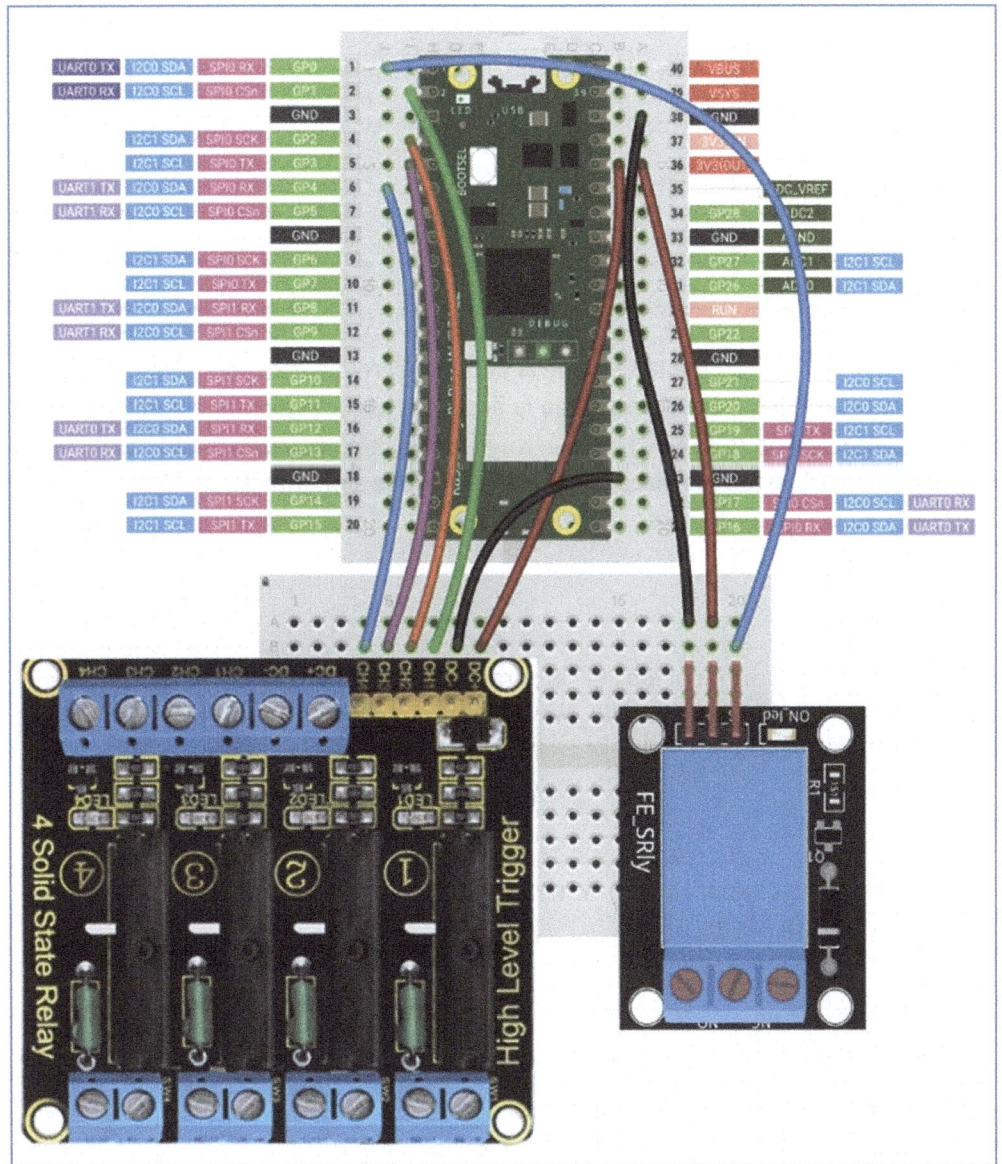

Croquis de conexionado del sensor del proyecto 20

Los GPIO utilizados en este proyecto son:

Pin	Función
GPIO0	Control del relé electromecánico
GPIO1	Control sólido 1
GPIO2	Control sólido 2
GPIO3	Control sólido 3
GPIO4	Control sólido 4
VCC	Alimentación (5V)
GND	Conexión a negativo

- El GPIO0 controla la señal de la bobina del relé electromecánico.
- Los GPIO del 1 al 4 controlan la activación de los relés de estado sólido de la placa de relés.
- El VCC de ambas placas de relés debe ir a la alimentación de 3.3V.
- El GND debe ir al negativo de la placa.

CÓDIGO

Se muestra a continuación el programa que permite encender de forma secuencial los 5 relés, empezando por el electromecánico y continuando por los cuatro de estado sólido.

```
1. # --------------------------------------------------
2. #    RELÉ ELECTROMECÁNICO Y ESTADO SÓLIDO
3. #    Proyecto_20.py
4. # --------------------------------------------------
5.
6. import machine
7. import utime
8.
9. # Configurar los pines para los relés
10. rele_electromecanico = machine.Pin(0, machine.Pin.OUT)
11. reles_estado_solido = [machine.Pin(pin, machine.Pin.OUT) for pin
in range(1, 5)]
12.
13. # Estado inicial de los pines
14. estado_inicial_electromecanico = 0
15. estado_inicial_solido = 1
16.
17. # Configurar pin relé electromecánico en el estado inicial
```

```
18. rele_electromecanico.value(estado_inicial_electromecanico)
19.
20. # Configurar pines relés de estado sólido en el estado inicial
21. for pin in reles_estado_solido:
22.     pin.value(estado_inicial_solido)
23.
24. # Función para cambiar el estado de los relés secuencialmente
25. def encendido_secuencial(rele_electromecanico,
reles_estado_solido):
26.     for pin in reles_estado_solido:
27.         # Activar relé electromecánico
28.         rele_electromecanico.value(1)
29.         utime.sleep(1)
30.         # Desactivar relé electromecánico
31.         rele_electromecanico.value(0)
32.
33.     for i, pin in enumerate(reles_estado_solido):
34.         # Activar relé (i) sólido
35.         pin.value(0)
36.         utime.sleep(1)
37.         # Desactivar relé (i) sólido
38.         pin.value(1)
39. # Inicio secuencia
40. print("Iniciando secuencia...")
41. encendido_secuencial(rele_electromecanico, reles_estado_solido)
42. print("*** Secuencia completada ***")
```

El código proporcionado configura los pines de Raspberry Pi Pico para controlar un relé electromecánico conectado al pin 0 y cuatro relés de estado sólido conectados a los pines del 1 al 4.

En primer lugar, se establece el estado inicial de los pines para asegurarse de que todos los relés estén en el estado deseado al iniciar el programa.

Recordemos que trabajan con lógica diferente: el electromecánico con lógica positiva y el de estado sólido, con lógica negativa.

El relé electromecánico se configura para iniciar en un estado de desactivación (0), mientras que los relés de estado sólido se configuran para iniciar en un estado de activación (1).

La función **encendido_secuencial** se encarga de activar secuencialmente los relés, primero el electromecánico y luego los de estado sólido mediante un bucle.

Cada relé sólido se activa durante un segundo establecimiento su pin a 0 y luego se desactiva, poniendo el pin a 1 antes de pasar al siguiente relé.

Finalmente, se imprime un mensaje en la consola de Thonny indicando el inicio y la finalización de la secuencia de activación.

PROYECTO IoT

INTRODUCCIÓN

El **Internet de las Cosas (IoT)** ha revolucionado la forma de interactuar con el mundo que nos rodea. El IoT ofrece un amplio abanico de posibilidades para crear aplicaciones funcionales y reales que resuelvan problemas concretos y mejoren nuestra calidad de vida como automatización del hogar, gestión de la energía, monitorización de la salud, etc.

Con los conocimientos previos que hemos adquirido en capítulos anteriores sobre el manejo de componentes como diodos LED, sensores, displays y servomotores, estamos preparados para dar el siguiente paso y aplicarlos en proyectos de IoT. Esto nos permitirá crear soluciones innovadoras que integren la conectividad a Internet para lograr objetivos específicos y funcionales.

Por ejemplo, podríamos diseñar un sistema de monitorización de la calidad del aire en el hogar, utilizando sensores de gas y temperatura, o bien un sistema de riego automatizado para un jardín, donde los sensores de humedad del suelo detectan el nivel de humedad y envían esta información a una aplicación móvil a través de IoT.

El Internet de las Cosas (IoT) ha revolucionado la forma en que interactuamos con el mundo que nos rodea ya que permite conectar dispositivos y objetos cotidianos a la red para recopilar datos, intercambiar información y realizar acciones automatizadas.

PROYECTO 21. CONTROL REMOTO LUCES JARDÍN

Este proyecto tiene como objetivo crear un sistema de control remoto de las luces exteriores de un jardín utilizando una Raspberry Pi Pico con conectividad WIFI. Mediante este sistema, se podrán encender y apagar en remoto las luces del porche y de la piscina, utilizando cualquier dispositivo conectado a la misma red WiFi.

MATERIALES

Los materiales que necesitaremos para este proyecto son:

- Protoboard y cables varios para puentes y conexiones.
- Raspberry Pi Pico W + cable USB para conexión a PC.
- 2 relés electromecánicos de un canal 5V 10A.

CONEXIONADO

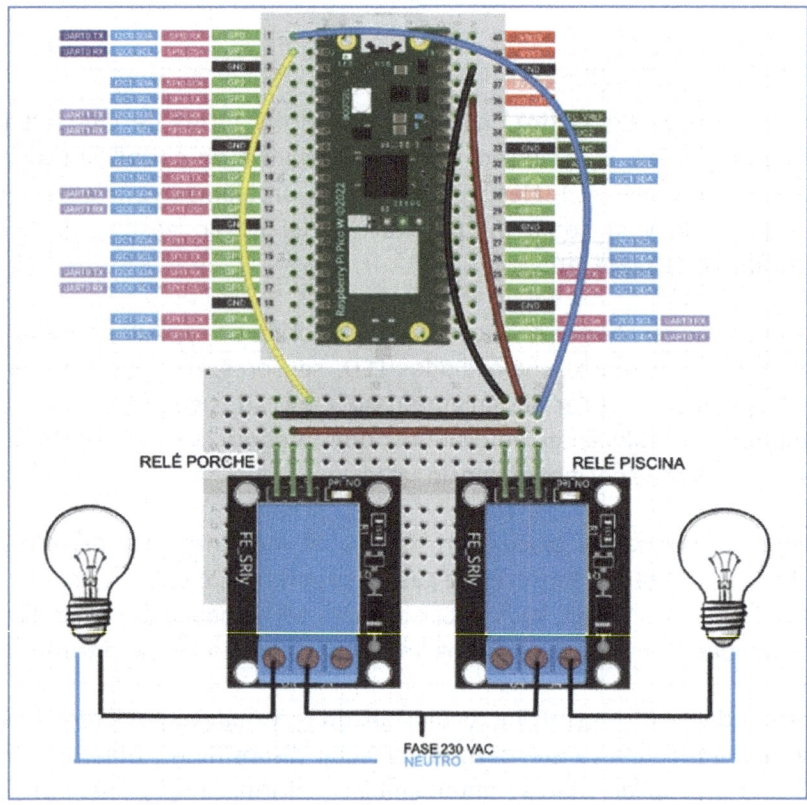

Croquis de conexionado del sensor del proyecto 21

Los GPIO utilizados en este proyecto son:

Pin	Función
GPIO0	Controla relé estado de la luz de la piscina
GPIO1	Controla relé estado de la luz del porche
VCC	Alimentación 3.3 para relés
GND	Conexión a negativo

Los contactos de salida usados para cada relé son los normalmente abiertos, de forma que, al activarse, cierran el circuito y dan continuidad para el encendido de las luces.

CÓDIGO

Este proyecto se centra en el desarrollo de un servidor web integrado en la Raspberry Pi Pico, desde el que podremos interactuar con las luces exteriores a través de una interfaz web intuitiva desde dispositivos móviles u ordenadores.

Combinaremos la potencia de la Raspberry Pi Pico W con la versatilidad del **Internet de las Cosas (IoT)** para proporcionar una solución de control de iluminación exterior eficiente y accesible desde cualquier lugar de nuestra red local WIFI a través de dos relés electromecánicos que permitirán controlar 230VAC en sus contactos.

Vamos a ir detallando el programa paso a paso para ver las particularidades de este proyecto en lo que hace referencia a las comunicaciones.

En primer lugar, importamos los módulos necesarios para el funcionamiento de la aplicación.

```
from machine import Pin
import network
import time
try:
    import usocket as socket
except:
    import socket
```

Como novedad, importamos el módulo **import network** para proporcionar funcionalidades de red y poder configurar y administrar la conectividad en la Raspberry Pi Pico W. Con este módulo, podemos establecer conexiones WIFI, configurar direcciones IP, administrar interfaces de red, etc.

La estructura **try...except...** se utiliza para manejar posibles errores al importar el módulo **usocket**, que proporciona funcionalidades de socket en MicroPython. Si usocket no está disponible, el código importará el módulo **socket** estándar de Python en su lugar.

El módulo usocket en MicroPython permite crear, conectar y comunicarse a través de sockets TCP/IP y UDP/IP en redes locales o en Internet. Esto posibilita la construcción de aplicaciones de IoT, sistemas de control remoto, protocolos de comunicación personalizados, etc., utilizando pocos recursos de memoria y procesador. Es básico para habilitar la comunicación de red en dispositivos con MicroPython.

Se configuran los pines de la Raspberry Pi Pico que controlarán los relés de las luces de la piscina y del porche.

```
pin_luz_piscina = Pin(0, Pin.OUT)
pin_luz_porche = Pin(1, Pin.OUT)
```

Se configura y establece la conexión WIFI de la Raspberry Pi Pico. El usuario deberá cambiar **los datos de SSID y contraseña del código por los de su red local.**

```
wifi = network.WLAN(network.STA_IF)
wifi.active(True)
wifi.connect("SSID", "CONTRASEÑA")
```

A continuación, establecemos el tiempo de espera para la conexión, así como el manejo de errores, caso de que la conexión no esté disponible. Por la consola de Thonny se informa al usuario de cualquier incidencia, así como de la correcta conexión con la red local.

```
espera = 10
while espera > 0:
    if wifi.status() < 0 or wifi.status() >= 3:
        break
    espera -= 2
    print('Esperando conexión...')
    time.sleep(1)
if wifi.status() != 3:
    raise RuntimeError('La conexión WiFi falló')
else:
    print('*** CONECTADO ***')
    ip = wifi.ifconfig()[0]
    print('IP Conexión:', ip)
```

Se define una función que generará el código HTML para la página web de control de luces y se configura el servidor socket TCP mediante la creación de un objeto llamado **servidor**.

```
def generar_pagina_web():
servidor = socket.socket(socket.AF_INET, socket.SOCK_STREAM)
```

Continuamos con la gestión del servidor web intentando vincular el servidor al puerto 80 y manejando el error en caso de que puerto ya esté en uso.

En caso de que esté en uso, deberemos reiniciar físicamente la Raspberry Pi Pico y cerrar la ventana del navegador desde el que nos conectamos a la Raspberry. Desde el Smartphone, bastaría con actualizar la ventana.

```
while True:
    try:
        servidor.bind(('', 80))
        servidor.listen(5)
        break
    except OSError as e:
        if e.args[0] == 98:
            print("El puerto 80 ya está en uso. Cerrando el
socket...")
            servidor.close()
            time.sleep(5)  # Esperar 5 segundos antes de volver a
intentar
        else:
            raise  # Si es un error diferente, propagarlo
```

Iniciamos un bucle para manejar las conexiones entrantes.

```
while True:
    try:
        conn, addr = servidor.accept()
        conn.settimeout(3.0)
        ...
    except OSError as e:
        conn.close()
        print('Conexión cerrada')
```

Gestionamos la solicitud http del punto de conexión.

```
solicitud = conn.recv(1024)
```

Identificamos las solicitudes de encendido y apagado de las luces y actuamos sobre los relés, en consecuencia a la petición.

```
if '/?luz=luz_piscina&estado=encendido' in solicitud:
    ...
elif '/?luz=luz_piscina&estado=apagado' in solicitud:
    ...
elif '/?luz=luz_porche&estado=encendido' in solicitud:
    ...
elif '/?luz=luz_porche&estado=apagado' in solicitud:
```

Para terminar, se genera la respuesta html y se envía al cliente desde el que realizó la solicitud.

```
respuesta = generar_pagina_web()
conn.send('HTTP/1.1 200 OK\n')
conn.send('Content-Type: text/html\n')
conn.send('Connection: close\n\n')
conn.sendall(respuesta)
conn.close()
```

Se muestra a continuación el programa completo con todas las implementaciones necesarias para el control de los dos relés en remoto.

```
1.  # -------------------------------------------------
2.  #    CONTROL IOT PARA ILUMINACIÓN JARDÍN
3.  #    Proyecto_21.py
4.  # -------------------------------------------------
5.
6.  from machine import Pin
7.  import network
8.  import time
9.
10. try:
11.     import usocket as socket
12. except:
13.     import socket
14.
```

```
15. # Configuración de los pines de los relés y establecimiento
inicial como apagados
16. pin_luz_piscina = Pin(0, Pin.OUT)
17. pin_luz_porche = Pin(1, Pin.OUT)
18. pin_luz_piscina.value(0)  # Estado inicial de la luz de la
piscina: apagado
19. pin_luz_porche.value(0)  # Estado inicial de la luz del porche:
apagado
20.
21. # Configuración de la conexión WIFI
22. wifi = network.WLAN(network.STA_IF)
23. wifi.active(True)
24. # Datos conexión WIFI. Sustituir por los adecuados
25. wifi.connect("SSID", "CONTRASEÑA")
26.
27. # Esperar a que se establezca la conexión WiFi
28. espera = 10
29. while espera > 0:
30.     if wifi.status() < 0 or wifi.status() >= 3:
31.         break
32.     espera -= 2
33.     print('Esperando conexión...')
34.     time.sleep(1)
35.
36. # Manejar errores de conexión
37. if wifi.status() != 3:
38.     raise RuntimeError('La conexión WiFi falló')
39. else:
40.     print('*** CONECTADO ***')
41.     ip = wifi.ifconfig()[0]
42.     print('IP Conexión:', ip)
43.
44.
45. def generar_pagina_web():
46.     # Determinar el estado de las luces para la página web
47.     estado_luz_piscina = '' if pin_luz_piscina.value() == 0 else
'checked'
48.     estado_luz_porche = '' if pin_luz_porche.value() == 0 else
'checked'
49.
50.     # HTML de la página web
51.     html = """
52. <html>
53. <head>
54. <meta name="viewport" content="width=device-width, initial-
scale=1">
55. <style>
```

```
56.     body {
57.         font-family: Arial;
58.         text-align: center;
59.         margin: 0px auto;
60.         padding-top: 30px;
61.     }
62.     .container {
63.         display: flex;
64.         justify-content: center;
65.         flex-direction: column;
66.     }
67.     .frame {
68.         border: 2px solid #000;
69.         padding: 10px;
70.         margin: 10px;
71.     }
72.     .switch-container {
73.         display: flex;
74.         align-items: center;
75.     }
76.     .switch-label {
77.         margin-right: 12px;
78.         margin-left: 12px;
79.     }
80.     .switch {
81.         position: relative;
82.         display: inline-block;
83.         width: 150px;
84.         height: 68px;
85.     }
86.     .switch input {
87.         display: none;
88.     }
89.     .slider {
90.         position: absolute;
91.         top: 0;
92.         left: 0;
93.         right: 0;
94.         bottom: 0;
95.         background-color: #ccc;
96.         border-radius: 40px;
97.         width: 150px;
98.         height: 68px;
99.     }
100.    .slider:before {
101.        position: absolute;
102.        content: "";
```

```
103.          height: 52px;
104.          width: 52px;
105.          left: 8px;
106.          bottom: 8px;
107.          background-color: #fff;
108.          transition: .4s;
109.          border-radius: 60px;
110.      }
111.      input:checked + .slider {
112.          background-color: #b0f542;
113.      }
114.      input:checked + .slider:before {
115.          transform: translateX(82px);
116.      }
117. </style>
118. <script>
119.      function toggleCheckbox(element, luz) {
120.          var xhr = new XMLHttpRequest();
121.          if(element.checked) {
122.              xhr.open("GET", "/?luz=" + luz +
"&estado=encendido", true);
123.          } else {
124.              xhr.open("GET", "/?luz=" + luz + "&estado=apagado",
true);
125.          }
126.          xhr.send();
127.      }
128.
129.      function closeWindow() {
130.          window.close();
131.      }
132. </script>
133. </head>
134. <body>
135.      <h1 style="color:blue;">CONTROL REMOTO Jardín</h1>
136.      <h2 style="color:black;">SELECCIONAR SECTOR</h2>
137.      <div class="frame">
138.          <div class="container">
139.              <div class="switch-container">
140.                  <span class="switch-
label"><strong>OFF</strong></span>
141.                  <label class="switch">
142.                      <input type="checkbox"
onchange="toggleCheckbox(this, 'luz_piscina')" %s>
143.                      <span class="slider"></span>
144.                  </label>
```

```
145.                    <span class="switch-label"><strong>Luz
Piscina</strong></span>
146.            </div>
147.            <div class="switch-container">
148.                    <span class="switch-
label"><strong>OFF</strong></span>
149.                    <label class="switch">
150.                        <input type="checkbox"
onchange="toggleCheckbox(this, 'luz_porche')" %s>
151.                        <span class="slider"></span>
152.                    </label>
153.                    <span class="switch-label"><strong>Luz
Porche</strong></span>
154.            </div>
155.        </div>
156.        <div class="frame">
157.            <h3 style="color:black;">LIBROS RC</h3>
158.            <h3 style="color:green;">Proyecto21.py</h3>
159.        </div>
160.    </div>
161.    <button onclick="closeWindow()">Cerrar Ventana</button>
162. </body>
163. </html>
164.
165. """ % (estado_luz_piscina, estado_luz_porche)
166.
167.    return html
168.
169.
170. # Configuración del servidor socket con manejo de error de
dirección ya en uso
171. servidor = socket.socket(socket.AF_INET, socket.SOCK_STREAM)
172. while True:
173.    try:
174.        servidor.bind(('', 80))
175.        servidor.listen(5)
176.        break
177.    except OSError as e:
178.        if e.args[0] == 98:   # EADDRINUSE
179.            print("El puerto 80 ya está en uso. Cerrando el
socket...")
180.            servidor.close()
181.            time.sleep(5)   # Esperar 5 segundos antes de volver
a intentar
182.        else:
183.            raise   # Si es un error diferente, propagarlo
184.
```

```
185. # Bucle principal para manejar las conexiones entrantes
186. while True:
187.     try:
188.         conn, addr = servidor.accept()
189.         conn.settimeout(3.0)
190.         print('Conexión establecida desde %s' % str(addr))
191.         solicitud = conn.recv(1024)
192.         conn.settimeout(None)
193.         solicitud = str(solicitud)
194.         print('Contenido = %s' % solicitud)
195.
196.         # Manejar solicitudes de encendido y apagado de las
luces
197.         if '/?luz=luz_piscina&estado=encendido' in solicitud:
198.             print('Luz de la piscina encendida')
199.             pin_luz_piscina.value(1)
200.         elif '/?luz=luz_piscina&estado=apagado' in solicitud:
201.             print('Luz de la piscina apagada')
202.             pin_luz_piscina.value(0)
203.         elif '/?luz=luz_porche&estado=encendido' in solicitud:
204.             print('Luz del porche encendida')
205.             pin_luz_porche.value(1)
206.         elif '/?luz=luz_porche&estado=apagado' in solicitud:
207.             print('Luz del porche apagada')
208.             pin_luz_porche.value(0)
209.
210.         # Generar respuesta para la página web
211.         respuesta = generar_pagina_web()
212.         conn.send('HTTP/1.1 200 OK\n')
213.         conn.send('Content-Type: text/html\n')
214.         conn.send('Connection: close\n\n')
215.         conn.sendall(respuesta)
216.         conn.close()
217.     except OSError as e:
218.         conn.close()
219.         print('Conexión cerrada')220.
```

La aplicación web desde el terminal se ha configurado para controlar los dos relés y mostrar información sobre el estado de activación de los dos puntos de control: porche y piscina.

Para ello solo tenemos que poner en el navegador la dirección web que facilita la consola de Thonny como conexión IP habilitada.

En las siguientes imágenes podemos ver cómo el sistema programado informa de todos los procesos que está gestionando relacionados con el encendido o apagado de las diferentes zonas.

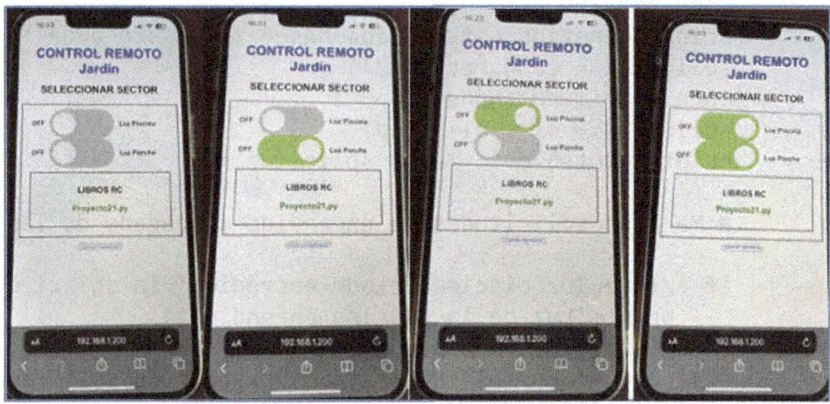

El sistema intenta conectar con la red local WIFI de acuerdo con los parámetros indicados en la configuración inicial.

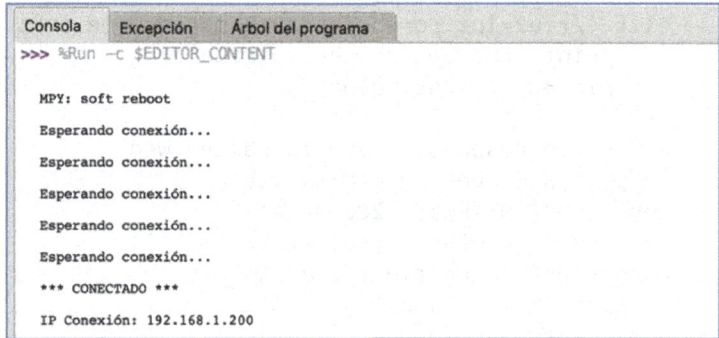

Consola donde se indica que se ha completado la conexión con la red wifi mostrando la IP que deberemos usar para acceder al control del encendido de luces.

Cuando establecemos conexión desde el cliente web, bien desde un PC o desde nuestro smartphone, el sistema confirma la conexión indicando datos sobre la misma.

```
Conexión establecida desde ('192.168.1.203', 51904)

Contenido = b'GET / HTTP/1.1\r\nHost: 192.168.1.200\r\nUpgrade-Insecure-Requests: 1\r\nAccept: text/html,application/xhtml+x
ml,application/xml;q=0.9,*/*;q=0.8\r\nUser-Agent: Mozilla/5.0 (iPhone; CPU iPhone OS 17_4_1 like Mac OS X) AppleWebKit/605.1
.15 (KHTML, like Gecko) Version/17.4.1 Mobile/15E148 Safari/604.1\r\nAccept-Language: es-ES,es;q=0.9\r\nAccept-Encoding: gzi
p, deflate\r\nConnection: keep-alive\r\n\r\n'
```

A partir de aquí, cualquier actuación que se haga sobre los botones de control de la aplicación serán reflejados en la consola a modo de confirmación (log) de la actuación ejecutada.

Recordamos que si guardamos el programa en un archivo llamado **main.py** en la Raspberry Pi Pico, este se ejecutará automáticamente al iniciar el dispositivo sin necesidad de que esté conectado al IDE de Thonny o similar.

Es importante para aplicaciones que requieran de funcionamiento autónomo.

PROYECTO ESTACIÓN METEOROLÓGICA

INTRODUCCIÓN

En este proyecto vamos a diseñar una estación meteorológica que utiliza dos sensores para medir parámetros como temperatura, presión atmosférica, altitud y humedad mostrando esos datos en una pantalla de LED MAX7219 de 32 x 8 puntos.

Objetivo del proyecto. Mostrar en un display dot 32 x 8 valores meteorológicos

PROYECTO 22. ESTACIÓN METEOROLÓGICA

Los sensores utilizados incluyen un sensor de temperatura, presión atmosférica y altitud **BMP180** (que no hemos tratado hasta el momento) y el sensor de humedad y temperatura **DHT11**, ya tratado en capítulos anteriores y del que solo vamos a tomar el valor de la humedad.

El objetivo es recopilar de varios sensores información para proporcionar mediciones ambientales y mostrarlas en una matriz de puntos.

La estación formateará los datos para mostrarlos en la pantalla. Cada parámetro medido se presentará junto a su unidad de medida. Por ejemplo, la temperatura se mostrará como "*TEMP: 23.0C*" y, además, redondearemos algunos de los valores obtenidos de los sensores para que se vean mejor en el display.

La pantalla de la estación meteorológica mostrará los datos de manera legible y se irán actualizando en bucle sus lecturas mediante un intervalo de tiempo definido.

Veremos cómo diseñar también una librería con un conjunto de caracteres configurados a una resolución concreta, para que se puedan visualizar en el display mejor los parámetros facilitados por los sensores.

En resumen, con este proyecto aprenderemos a diseñar una sencilla estación meteorológica que informará visualmente de la temperatura, humedad, altitud y presión atmosférica del entorno y a crear nuestra propia librería de caracteres.

MATERIALES

Los materiales que necesitaremos para este proyecto son:

- Protoboard y cables varios para puentes y conexiones.
- Raspberry Pi Pico W + cable USB para conexión a PC.
- Display 32 x 8 Max7219.
- Sensor BMP180.
- Sensor DHT11.

Sensor BMP180

El sensor BMP180 es un sensor de presión atmosférica y temperatura. Es capaz de medir la presión atmosférica con una precisión de hasta 0.03 hPa y la temperatura con una precisión de hasta 0.5°C.

CONEXIONADO

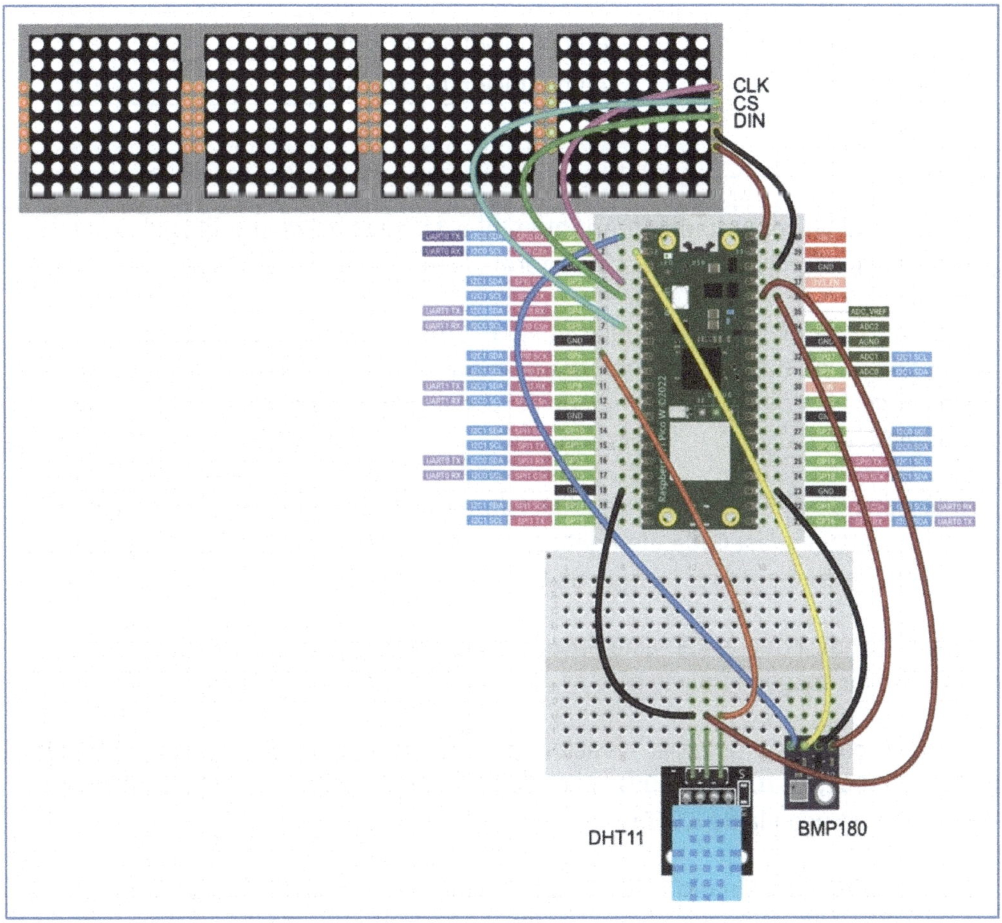

Croquis de conexionado de los sensores del proyecto 22

Los GPIO utilizados en este proyecto son:

Pin	Función
GPIO0	SDA (Serial Data) BMP180
GPIO1	SCL (Serial Clock) bmp180
GPIO2	Clock Display
GPIO3	Din Display
GPIO5	CS Display
GPIO6	Señal sensor DHT11
GND	Conexión a negativo sensores y display
VCC 3.3v	Alimentación (3.3V) sensores
VCC 5V	Alimentación (5V) display

CÓDIGO

Como ya se ha comentado anteriormente, esta estación meteorológica mostrará los datos en un display de 32 x 8 puntos formado por cuatro módulos de 8x8.

Una matriz de LED de 8x8 puede mostrar un solo carácter a la vez, por lo que, para optimizar el "lienzo" disponible en la matriz, diseñaremos nuestros propios caracteres de 4 x 7 puntos consiguiendo así poder mostrar más texto de una sola vez en el display.

La filosofía de diseño es muy sencilla. La matriz de LED de 8x8 es una cuadrícula de 8 filas y 8 columnas. Cada elemento de la lista representa una fila de la matriz y cada bit en ese elemento representa un LED en esa fila.

El valor **1** indica que el LED está encendido (activo), mientras que el valor **0** indica que el LED está apagado (inactivo).

Veamos, como ejemplo, la creación del carácter cero "0": **[0b0110, 0b1001, 0b1001, 0b1001, 0b1001, 0b1001, 0b0110]**. Cada número binario **(0bxxxx)** en esta lista representa una fila de 8 LEDs.

El primer número binario **0b0110** corresponde a la primera fila de la matriz. Si interpretamos este número como una fila de bits, obtenemos 0110.

Interpretando los bits de derecha a izquierda, el primer bit **0** indica que el primer LED de la fila está apagado, el segundo bit **1** indica que el segundo LED está encendido, el tercer bit **1** indica que el tercer LED está encendido, y el cuarto bit **0** indica que el cuarto LED está apagado.

Siguiendo este patrón para cada elemento de la lista, podemos visualizar cómo se forma el carácter "0" en la matriz de LED de 8x8.

Utilizando esta codificación, podemos definir cualquier carácter que queramos mostrar en una matriz de LED de 8x8.

Mostramos a continuación la librería **matrix_font.py** que formatea los caracteres usados en el proyecto para mostrarlos en el display. Recuerde que esta librería debe cargarse en la Raspberry Pi Pico.

Librería matrix_font.py

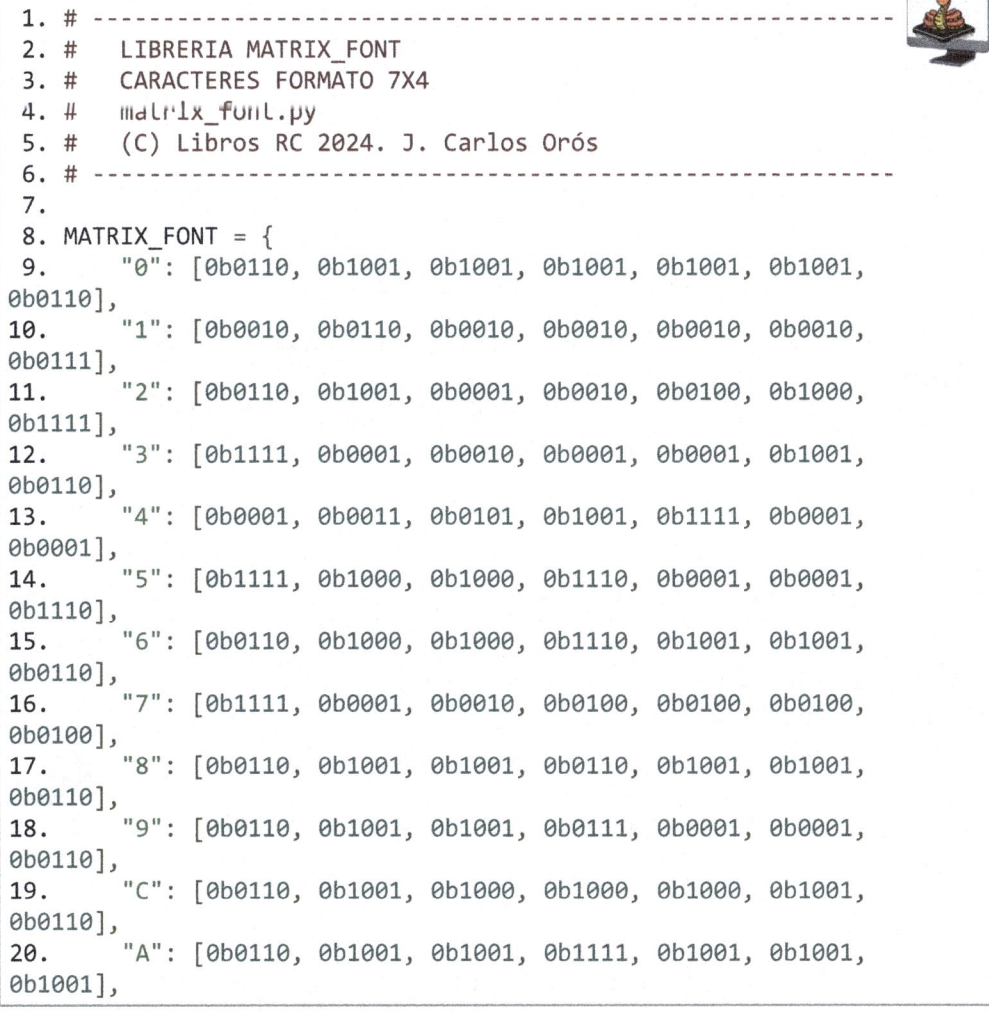

```
1.  # -----------------------------------------------------------
2.  #    LIBRERIA MATRIX_FONT
3.  #    CARACTERES FORMATO 7X4
4.  #    matrix_font.py
5.  #    (C) Libros RC 2024. J. Carlos Orós
6.  # -----------------------------------------------------------
7.
8.  MATRIX_FONT = {
9.      "0": [0b0110, 0b1001, 0b1001, 0b1001, 0b1001, 0b1001,
0b0110],
10.     "1": [0b0010, 0b0110, 0b0010, 0b0010, 0b0010, 0b0010,
0b0111],
11.     "2": [0b0110, 0b1001, 0b0001, 0b0010, 0b0100, 0b1000,
0b1111],
12.     "3": [0b1111, 0b0001, 0b0010, 0b0001, 0b0001, 0b1001,
0b0110],
13.     "4": [0b0001, 0b0011, 0b0101, 0b1001, 0b1111, 0b0001,
0b0001],
14.     "5": [0b1111, 0b1000, 0b1000, 0b1110, 0b0001, 0b0001,
0b1110],
15.     "6": [0b0110, 0b1000, 0b1000, 0b1110, 0b1001, 0b1001,
0b0110],
16.     "7": [0b1111, 0b0001, 0b0010, 0b0100, 0b0100, 0b0100,
0b0100],
17.     "8": [0b0110, 0b1001, 0b1001, 0b0110, 0b1001, 0b1001,
0b0110],
18.     "9": [0b0110, 0b1001, 0b1001, 0b0111, 0b0001, 0b0001,
0b0110],
19.     "C": [0b0110, 0b1001, 0b1000, 0b1000, 0b1000, 0b1001,
0b0110],
20.     "A": [0b0110, 0b1001, 0b1001, 0b1111, 0b1001, 0b1001,
0b1001],
```

```
21.      "R": [0b1111, 0b1001, 0b1001, 0b1111, 0b1010, 0b1001,
0b1001],
22.      "L": [0b1000, 0b1000, 0b1000, 0b1000, 0b1000, 0b1000,
0b1111],
23.      "O": [0b1111, 0b1001, 0b1001, 0b1001, 0b1001, 0b1001,
0b1111],
24.      "S": [0b0110, 0b1001, 0b1000, 0b0110, 0b0001, 0b1001,
0b0110],
25.      "M": [0b1001, 0b1111, 0b1001, 0b1001, 0b1001, 0b1001,
0b1001],
26.      "E": [0b1111, 0b1000, 0b1000, 0b1111, 0b1000, 0b1000,
0b1111],
27.      "T": [0b1111, 0b0010, 0b0010, 0b0010, 0b0010, 0b0010,
0b0010],
28.      "H": [0b1001, 0b1001, 0b1001, 0b1111, 0b1001, 0b1001,
0b1001],
29.      ".": [0b0000, 0b0000, 0b0000, 0b0000, 0b0000, 0b0000,
0b0100],
30.      "a": [0b1110, 0b0001, 0b0001, 0b1111, 0b1001, 0b1001,
0b0110],
31.      "m": [0b0000, 0b0000, 0b1001, 0b1111, 0b1001, 0b1001,
0b1001],
32.      "P": [0b1110, 0b1001, 0b1001, 0b1110, 0b1000, 0b1000,
0b1000],
33.      "%": [0b0100, 0b0101, 0b0010, 0b0100, 0b1000, 0b0010,
0b0010],
34.      "I": [0b111, 0b010, 0b010, 0b010, 0b010, 0b010, 0b111],
35.      "U": [0b1001, 0b1001, 0b1001, 0b1001, 0b1001, 0b1001,
0b0110],
36.      "x": [0b0000, 0b0000, 0b1001, 0b0110, 0b0110, 0b1001, 0b0000]
37. }
```

Librería bmp085.py

En este proyecto también necesitamos trabajar con la librería que gestiona el sensor de presión BMP180.

```
1. '''
2. bmp085 is a micropython module for the Bosch bmp085 sensor. It
measures
3. temperature as well as pressure, with a high enough resolution
to calculate
4. altitude.
5. data-sheet: BST-BMP085-DS000-05.pdf
6.
```

```
 7. The MIT License (MIT)
 8. Copyright (c) 2014 Sebastian Plamauer, oeplse@gmail.com
 9.
10. Update 2018:
11. - streamlined the code, especially __init__()
12. - added a setter/getter for the sealevel pressure
13. - return hPa for pressure.
14. - remove all memory allocations from nextgauge()
15. - simplified the calculation, using integer arithmetic and
shifts where
16.   possible, making use if the unlimited integer size in Python.
Since
17.   these number can get very large, heap memory may get allocted
18. - remove try/except at places where it cannot fail
19. - use ticks_diff() instead of arithmetic difference
20.
21. Permission is hereby granted, free of charge, to any person
obtaining a copy
22. of this software and associated documentation files (the
"Software"), to deal
23. in the Software without restriction, including without
limitation the rights
24. to use, copy, modify, merge, publish, distribute, sublicense,
and/or sell
25. copies of the Software, and to permit persons to whom the
Software is
26. furnished to do so, subject to the following conditions:
27. The above copyright notice and this permission notice shall be
included in
28. all copies or substantial portions of the Software.
29. THE SOFTWARE IS PROVIDED "AS IS", WITHOUT WARRANTY OF ANY KIND,
EXPRESS OR
30. IMPLIED, INCLUDING BUT NOT LIMITED TO THE WARRANTIES OF
MERCHANTABILITY,
31. FITNESS FOR A PARTICULAR PURPOSE AND NONINFRINGEMENT. IN NO
EVENT SHALL THE
32. AUTHORS OR COPYRIGHT HOLDERS BE LIABLE FOR ANY CLAIM, DAMAGES OR
OTHER
33. LIABILITY, WHETHER IN AN ACTION OF CONTRACT, TORT OR OTHERWISE,
ARISING FROM,
34. OUT OF OR IN CONNECTION WITH THE SOFTWARE OR THE USE OR OTHER
DEALINGS IN
35. THE SOFTWARE.
36. '''
37.
38. from ustruct import unpack as unp
39. import math
```

```
40. import time
41.
42.
43. # BMP085 class
44. class BMP085():
45.     '''
46.     Module for the BMP085 pressure sensor.
47.     '''
48.     # init
49.     def __init__(self, i2c=None):
50.         # internal module defines
51.         if i2c is None:
52.             raise ValueError("The I2C bus must be specified")
53.         else:
54.             self._bmp_i2c = i2c
55.         self._bmp_addr = 119  # fix
56.         self.chip_id =
self._bmp_i2c.readfrom_mem(self._bmp_addr, 0xD0, 2)
57.         self._delays = (7, 8, 14, 28)
58.         self._diff_sign = time.ticks_diff(1, 0)
59.
60.         # read calibration data from EEPROM
61.         (self._AC1, self._AC2, self._AC3, self._AC4, self._AC5,
self._AC6,
62.          self._B1, self._B2, self._MB, self._MC, self._MD) = \
63.             unp('>hhhHHHhhhhh',
64.                 self._bmp_i2c.readfrom_mem(self._bmp_addr, 0xAA,
22))
65.
66.         # settings to be adjusted by user
67.         self._oversample = 3
68.         self._baseline = 1013.25
69.
70.         # output preset
71.         self._UT_raw = bytearray(2)
72.         self._B5 = 0
73.         self._MLX = bytearray(3)
74.         self._COMMAND = bytearray(1)
75.         self.gauge = self.makegauge()  # Generator instance
76.         for _ in range(128):
77.             next(self.gauge)
78.             time.sleep_ms(1)
79.
80.     def compvaldump(self):
81.         '''
82.         Returns a list of all compensation values
83.         '''
```

```
84.         return [self._AC1, self._AC2, self._AC3, self._AC4,
self._AC5,
85.                 self._AC6, self._B1, self._B2, self._MB,
self._MC, self._MD,
86.                 self._oversample]
87.
88.     # gauge raw
89.     def makegauge(self):
90.         '''
91.         Generator refreshing the raw measurments.
92.         '''
93.         while True:
94.             self._COMMAND[0] = 0x2e
95.             self._bmp_i2c.writeto_mem(self._bmp_addr, 0xF4,
self._COMMAND)
96.             t_start = time.ticks_ms()
97.             while (time.ticks_diff(time.ticks_ms(), t_start) *
98.                     self._diff_sign) <= 5:   # 5mS delay
99.                 yield None
100.            try:
101.                self._bmp_i2c.readfrom_mem_into(self._bmp_addr,
0xf6,
102.                                                self._UT_raw)
103.            except:
104.                yield None
105.
106.            self._COMMAND[0] = 0x34 | (self._oversample << 6)
107.            self._bmp_i2c.writeto_mem(self._bmp_addr, 0xF4,
self._COMMAND)
108.            t_pressure_ready = self._delays[self._oversample]
109.            t_start = time.ticks_ms()
110.            while (time.ticks_diff(time.ticks_ms(), t_start) *
111.                    self._diff_sign) <= t_pressure_ready:
112.                yield None
113.            try:
114.                self._bmp_i2c.readfrom_mem_into(self._bmp_addr,
0xf6,
115.                                                self._MLX)
116.            except:
117.                yield None
118.            yield True
119.
120.    def blocking_read(self):
121.        if next(self.gauge) is not None:  # Discard old data
122.            pass
123.        while next(self.gauge) is None:
124.            pass
```

```
125.
126.      @property
127.      def sealevel(self):
128.          return self._baseline
129.
130.      @sealevel.setter
131.      def sealevel(self, value):
132.          if 300 < value < 1200:  # just ensure some reasonable
value
133.              self._baseline = value
134.
135.      @property
136.      def oversample(self):
137.          return self._oversample
138.
139.      @oversample.setter
140.      def oversample(self, value):
141.          if value in range(4):
142.              self._oversample = value
143.          else:
144.              print('oversample can only be 0, 1, 2 or 3, using 3
instead')
145.              self._oversample = 3
146.
147.      @property
148.      def temperature(self):
149.          '''
150.          Temperature in degree C.
151.          '''
152.          next(self.gauge)
153.          X1 = ((unp(">H", self._UT_raw)[0] - self._AC6) *
self._AC5) >> 15
154.          X2 = (self._MC << 11) // (X1 + self._MD)
155.          self._B5 = X1 + X2
156.          return ((self._B5 + 8) >> 4) / 10.0
157.
158.      @property
159.      def pressure(self):
160.          '''
161.          Pressure in hPa.
162.          '''
163.          self.temperature  # Get values for temperature AND
pressure
164.          UP = (((self._MLX[0] << 16) + (self._MLX[1] << 8) +
self._MLX[2]) >>
165.              (8 - self._oversample))
166.          B6 = self._B5 - 4000
```

```
167.          X1 = (self._B2 * ((B6 * B6) >> 12)) >> 11
168.          X2 = (self._AC2 * B6) >> 11
169.          B3 = (((self._AC1 * 4 + X1 + X2) << self._oversample) +
2) >> 2
170.          X1 = (self._AC3 * B6) >> 13
171.          X2 = (self._B1 * ((B6 * B6) >> 12)) >> 16
172.          X3 = ((X1 + X2) + 2) >> 2
173.          B4 = (self._AC4 * (X3 + 32768)) >> 15
174.          B7 = (UP - B3) * (50000 >> self._oversample)
175.          p = (B7 * 2) // B4
176.          X1 = (((p >> 8) * (p >> 8)) * 3038) >> 16
177.          X2 = (-7357 * p) // 65536
178.          return (p + (X1 + X2 + 3791) // 16) / 100
179.
180.      @property
181.      def altitude(self):
182.          '''
183.          Altitude in m.
184.          '''
185.          try:
186.              p = 44330 * (1.0 - math.pow(self.pressure /
187.                                          self._baseline, 0.1903))
188.          except:
189.              p = 0.0
190.          return p
191.
192.
193. class BMP180(BMP085):
194.     def __init__(self, i2c=None):
195.         super().__init__(i2c)
196.
```

La librería **bmp085.py** deberá quedar instalada en la Raspberry Pi Pico para el correcto funcionamiento del programa, junto con ella, también deberá estar la ya estudiada anteriormente, max7219.py que se encargará de controlar el display de matriz de puntos 32 x 8.

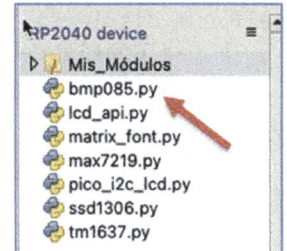

Vamos a ver paso a paso cómo se ha estructurado el programa del proyecto de la estación meteorológica.

En primer lugar, como de costumbre, importamos las librerías necesarias para el funcionamiento del programa.

```
import max7219
from machine import Pin, SPI, I2C
# Importar la matriz de fuentes de caracteres
from matrix_font import MATRIX_FONT  # Importar la matriz de fuentes
de caracteres
# Importar uasyncio para ejecución código de manera asíncrona
import uasyncio as asyncio
# Importar la biblioteca BMP180 para el sensor de presión y
temperatura
from bmp085 import BMP180
# Importar la biblioteca DHT para el sensor de humedad y temperatura
import dht
import utime
```

La librería max7219 ya la tenemos instalada en nuestra Raspberry Pi Pico si realizamos el proyecto 18, de no ser así, deberemos implementarla en el dispositivo.

La que no se ha tratado hasta ahora es la del sensor de presión BMP180.

A continuación, definimos la clase **PantallaMatriz**, que se encargará de configurar y controlar la pantalla de matriz LED MAX7219.

```
class PantallaMatriz():
    def __init__(self, num_displays=4, brillo=2):
        # Inicializar la pantalla matriz
        # Número de matrices LED conectadas
        self.num_displays = num_displays
        self.pin_cs = 5
        self.spi = SPI(0, sck=Pin(2), mosi=Pin(3))
        # Configurar la pantalla
        self.display = max7219.Matrix8x8(self.spi, Pin(self.pin_cs),
self.num_displays)
        # Configurar el brillo de la pantalla
        self.display.brightness(brillo)
```

__init__, es el método configura la pantalla matriz con el número de matrices LED y el brillo especificado.

Para lograr que el display muestre los valores de los sensores y que estos sean los configurados en la librería **matrix_font**, se requiere la creación de una función asíncrona que itere sobre los caracteres a mostrar y durante dicha iteración, los caracteres sean sustituidos por sus equivalentes en la librería matrix_font.

Recuerde el lector que solo se han definido en la librería los caracteres que se usarán en el programa, es decir, del 0 al 9 y los caracteres de las letras que indicarán las mediciones. Por lo tanto, si cambiamos algún carácter en el programa y este no dispone de su definición en la librería matrix_font, el display no podrá recodificarlo y no aparecerá nada en el display.

```python
async def mostrar_texto(self, texto):
    # Mostrar texto en la pantalla matriz
    # Limpiar la pantalla
    self.display.fill(0)
    # Calcular el ancho total del texto
    ancho_total = (len(texto) * 4) + (len(texto) - 1)
    # Calcular la posición inicial en el eje x
    inicio_x = (32 - ancho_total) // 2

    for caracter in texto:
        # Verificar si el caracter está en la matriz de fuentes
        if caracter in MATRIX_FONT:
            matriz_caracter = MATRIX_FONT[caracter]
            for y in range(7):
                for x in range(4):
                    bit = (matriz_caracter[y] >> (3 - x)) & 1
                    # Establecer el pixel en la pantalla
                    self.display.pixel(x + inicio_x, y, bit)
            inicio_x += 5
        else:
            inicio_x += 5
    # Mostrar el texto en la pantalla
    self.display.show()
```

La función **mostrar_texto(self, texto)** recibe un texto como entrada y lo muestra en la pantalla matriz utilizando la información de la matriz de fuentes de caracteres matrix_font. Cada carácter se dibuja píxel por píxel en la pantalla.

Seguimos con la lectura de los sensores y el lanzamiento de los valores al display mediante la función asíncrona leer_**sensores(pantalla)** que configura los sensores BMP180 y DHT11, así como el tiempo de espera entre lecturas.

```python
async def leer_sensores(pantalla):
    # Configurar los sensores
    i2c = I2C(0, sda=Pin(0), scl=Pin(1), freq=100000)
    bmp = BMP180(i2c)
    # Configurar la precisión de la medición
```

```
bmp.oversample = 2
# Configurar la presión al nivel del mar
bmp.sealevel = 101325
PIN_DHT11 = Pin(6)
dht_sensor = dht.DHT11(PIN_DHT11)
delay = 1.8
```

Definidas las funciones asíncronas más importantes del programa, toca generar el bucle principal que se encargará de leer los datos de los sensores y mostrarlos en el display de forma continua. En dicho bucle configuramos la forma en que se mostrarán los valores de temperatura, altitud, presión y humedad.

```
while True:
        try:
                # Leer los datos de los sensores
                # Temperatura redondeada a un decimal
                temperatura_bmp = round(bmp.temperature, 1)
                presion = bmp.pressure
                # Altitud redondeada a un decimal
                altitud = round(bmp.altitude, 1)
                txt_temp = "{}C".format(temperatura_bmp)
                txt_pre = "{}Pa".format(round(presion))
                txt_alt = " {}m".format(altitud)
                dht_sensor.measure()
                humedad = dht_sensor.humidity()
                txt_hum = " {}%".format(humedad)

                # Mostrar información en la pantalla matriz
                await pantalla.mostrar_texto("METEO")
                utime.sleep(delay)
                await pantalla.mostrar_texto("x RC x")
                utime.sleep(delay)
                await pantalla.mostrar_texto("TEMP")
                utime.sleep(delay)
                await pantalla.mostrar_texto(txt_temp)
                utime.sleep(delay)
                await pantalla.mostrar_texto("PRES")
                utime.sleep(delay)
                await pantalla.mostrar_texto(txt_pre)
                utime.sleep(delay)
                await pantalla.mostrar_texto("ALTI")
                utime.sleep(delay)
                await pantalla.mostrar_texto(txt_alt)
                utime.sleep(delay)
                await pantalla.mostrar_texto("HUM")
```

```
                utime.sleep(delay)
                await pantalla.mostrar_texto(txt_hum)
                utime.sleep(delay)
```

Finamente, la función **main** se encargará de definir el punto de entrada del programa y ejecutar las funciones asíncronas definidas anteriormente.

```
async def main():
    # Configurar y ejecutar el bucle principal
    pantalla = PantallaMatriz()
    await asyncio.gather(
        leer_sensores(pantalla)
    )
#Ejecutar funciones asincronas
loop = asyncio.get_event_loop()
loop.create_task(main())
loop.run_forever()
```

Iniciamos la función **leer_sensores** como una tarea asíncrona utilizando **asyncio.gather** y creamos y ejecutamos el bucle de eventos **asyncio**, que ejecutará de forma indefinida, mediante **loop.run.forever**, las funciones asíncronas creadas.

Veamos en conjunto el programa para el proyecto 22 de la estación meteorológica.

```
 1. # -------------------------------------------------------
 2. #    ESTACIÓN METEOROLÓGICA
 3. #    Proyecto_22.py
 4. # -------------------------------------------------------
 5.
 6.
 7. import max7219
 8. from machine import Pin, SPI, I2C
 9. # Importar la matriz de fuentes de caracteres
10. from matrix_font import MATRIX_FONT  # Importar la matriz de
fuentes de caracteres
11. # Importar uasyncio para ejecución código de manera asíncrona
12. import uasyncio as asyncio
13. # Importar la biblioteca BMP180 para el sensor de presión y
temperatura
14. from bmp085 import BMP180
15. # Importar la biblioteca DHT para el sensor de humedad y
temperatura
16. import dht
```

```
17. import utime
18.
19. class PantallaMatriz():
20.     def __init__(self, num_displays=4, brillo=2):
21.         # Inicializar la pantalla matriz
22.         # Número de matrices LED conectadas
23.         self.num_displays = num_displays
24.         self.pin_cs = 5
25.         self.spi = SPI(0, sck=Pin(2), mosi=Pin(3))
26.         # Configurar la pantalla
27.         self.display = max7219.Matrix8x8(self.spi,
Pin(self.pin_cs), self.num_displays)
28.         # Configurar el brillo de la pantalla
29.         self.display.brightness(brillo)
30.
31.     async def mostrar_texto(self, texto):
32.         # Mostrar texto en la pantalla matriz
33.         # Limpiar la pantalla
34.         self.display.fill(0)
35.         # Calcular el ancho total del texto
36.         ancho_total = (len(texto) * 4) + (len(texto) - 1)
37.         # Calcular la posición inicial en el eje x
38.         inicio_x = (32 - ancho_total) // 2
39.
40.         for caracter in texto:
41.             # Verificar si el caracter está en la matriz de
fuentes
42.             if caracter in MATRIX_FONT:
43.                 matriz_caracter = MATRIX_FONT[caracter]
44.                 for y in range(7):
45.                     for x in range(4):
46.                         bit = (matriz_caracter[y] >> (3 - x)) &
1
47.                         # Establecer el pixel en la pantalla
48.                         self.display.pixel(x + inicio_x, y, bit)
49.                 inicio_x += 5
50.             else:
51.                 inicio_x += 5
52.         # Mostrar el texto en la pantalla
53.         self.display.show()
54.
55. async def leer_sensores(pantalla):
56.     # Configurar los sensores
57.     i2c = I2C(0, sda=Pin(0), scl=Pin(1), freq=100000)
58.     bmp = BMP180(i2c)
59.     # Configurar la precisión de la medición
60.     bmp.oversample = 2
```

```
61.        # Configurar la presión al nivel del mar
62.        bmp.sealevel = 101325
63.        PIN_DHT11 = Pin(6)
64.        dht_sensor = dht.DHT11(PIN_DHT11)
65.        delay = 1.8
66.
67.        while True:
68.            try:
69.                    # Leer los datos de los sensores
70.                    # Temperatura redondeada a un decimal
71.                    temperatura_bmp = round(bmp.temperature, 1)
72.                    presion = bmp.pressure
73.                    # Altitud redondeada a un decimal
74.                    altitud = round(bmp.altitude, 1)
75.                    txt_temp = "{}C".format(temperatura_bmp)
76.                    txt_pre = "{}Pa".format(round(presion))
77.                    txt_alt = " {}m".format(altitud)
78.                    dht_sensor.measure()
79.                    humedad = dht_sensor.humidity()
80.                    txt_hum = " {}%".format(humedad)
81.
82.                    # Mostrar información en la pantalla matriz
83.                    await pantalla.mostrar_texto("METEO")
84.                    utime.sleep(delay)
85.                    await pantalla.mostrar_texto("x RC x")
86.                    utime.sleep(delay)
87.                    await pantalla.mostrar_texto("TEMP")
88.                    utime.sleep(delay)
89.                    await pantalla.mostrar_texto(txt_temp)
90.                    utime.sleep(delay)
91.                    await pantalla.mostrar_texto("PRES")
92.                    utime.sleep(delay)
93.                    await pantalla.mostrar_texto(txt_pre)
94.                    utime.sleep(delay)
95.                    await pantalla.mostrar_texto("ALTI")
96.                    utime.sleep(delay)
97.                    await pantalla.mostrar_texto(txt_alt)
98.                    utime.sleep(delay)
99.                    await pantalla.mostrar_texto("HUM")
100.                   utime.sleep(delay)
101.                   await pantalla.mostrar_texto(txt_hum)
102.                   utime.sleep(delay)
103.
104.           except Exception as e:
105.                   print("Error:", e)
106.
107. async def main():
```

```
108.      # Configurar y ejecutar el bucle principal
109.      pantalla = PantallaMatriz()
110.      await asyncio.gather(
111.          leer_sensores(pantalla)
112.      )
113. #Ejecutar funciones asincronas
114. loop = asyncio.get_event_loop()
115. loop.create_task(main())
116. loop.run_forever()
117.
```

Se muestran a continuación algunas pantallas con la información que muestra la estación meteorológica y que va actualizando en tiempo real con relación a las lecturas de los sensores instalados.

Estación meteorológica en funcionamiento

PROYECTO CRUCE SEMAFÓRICO

INTRODUCCIÓN

El último proyecto de este libro lo vamos a dedicar a un clásico. Un cruce de semáforos. No nos vamos a quedar con el típico encendido de las tres luces rojo, ámbar y verde, sino que vamos a ir más allá, creando un cruce semafórico completo con preavisos y activación de paso de peatones mediante pulsador.

Objetivo del proyecto 23. Cruce semafórico completo

PROYECTO 23. CRUCE SEMAFÓRICO

Nuestro cruce semafórico no solo regulará el tráfico vehicular, sino que también garantizará la seguridad de los peatones al activar el paso mediante un pulsador, como sucede en las instalaciones reales. Además, para mejorar el diseño, se dispondrá de un display que informará al usuario con información útil sobre el funcionamiento del cruce como vemos en la imagen anterior del sistema funcionando.

En la siguiente imagen, podemos ver la configuración de los semáforos que se van a programar.

Cruce semafórico completo con los semáforos a implementar

Como podemos ver, el sistema estará formado por dos semáforos de precaución en los extremos (semáforos de preaviso) y un paso peatonal regulado por dos semáforos peatonales y dos vehiculares, que se pondrán en rojo, cuando el pulsador de activación se presione.

MATERIALES

Los materiales que necesitaremos para este proyecto son:

- Protoboard y cables varios para puentes y conexiones.
- Raspberry Pi Pico W + cable USB para conexión a PC.
- 6 diodos LED ámbar, 4 rojos y 4 verdes
- Pulsador
- Display **20 x 4 LCD** IIC/I2C STM32

CONEXIONADO

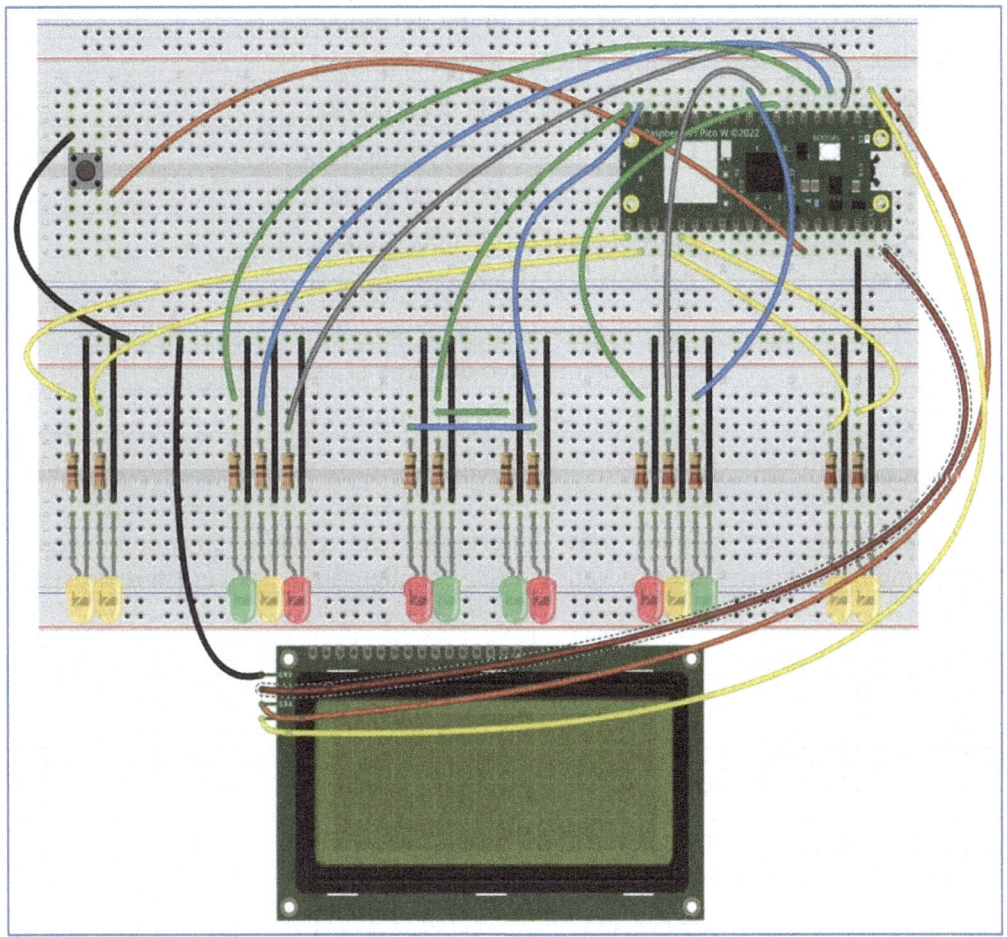

Croquis de conexionado de los sensores del proyecto 23

Los GPIO utilizados en este proyecto son:

Pin	Función
GPIO0	(SDA) comunicación I2C con el LCD.
GPIO1	(SCL) para la comunicación I2C con el LCD.
GPIO17	Controla el preaviso para la dirección Norte.
GPIO16	Controla el preaviso para la dirección Norte.
GPIO18	Controla el preaviso para la dirección Sur
GPIO19	Controla el preaviso para la dirección Sur.

GPIO2	Controla el LED rojo del grupo 1.
GPIO3	Controla el LED ámbar del grupo 1.
GPIO4	Controla el LED verde del grupo 1.
GPIO6	Controla el LED rojo del grupo 2.
GPIO7	Controla el LED ámbar del grupo 2.
GPIO8	Controla el LED verde del grupo 2.
GPIO14	Controla el LED rojo del grupo 3.
GPIO15	Controla el LED verde del grupo 3.
GPIO28	Controla el estado del pulsador para activar demanda
GND	Conexión negativo display y LEDs
VCC	Alimentación de 5V para display LCD

CÓDIGO

Vamos a ver los bloques más importantes del código. En primer lugar, importamos las librerías que se van a usar y configuramos las características del display.

```
# Librerías iniciales programa tráfico

import machine
import uasyncio as asyncio
from machine import I2C, Pin
from time import sleep
from pico_i2c_lcd import I2cLcd

i2c = I2C(0, sda=Pin(0), scl=Pin(1), freq=400000)
I2C_ADDR = i2c.scan()[0]

# Inicializa para 4 líneas y 20 caracteres por línea
lcd = I2cLcd(i2c, I2C_ADDR, 4, 20)
```

Seguimos con la asignación de los grupos semafóricos a cada GPIO de la Raspberry Pi Pico según lo indicado en la siguiente imagen.

Pensemos que cada "color" del semáforo necesita una salida para él, así como el pulsador para activar el cruce peatonal.

```
pre1 = machine.Pin(17, machine.Pin.OUT)
pre2 = machine.Pin(16, machine.Pin.OUT)
pre3 = machine.Pin(18, machine.Pin.OUT)
```

```
pre4 = machine.Pin(19, machine.Pin.OUT)

grupo1_r = machine.Pin(2, machine.Pin.OUT)
grupo1_a = machine.Pin(3, machine.Pin.OUT)
grupo1_v = machine.Pin(4, machine.Pin.OUT)

grupo2_r = machine.Pin(6, machine.Pin.OUT)
grupo2_a = machine.Pin(7, machine.Pin.OUT)
grupo2_v = machine.Pin(8, machine.Pin.OUT)

grupo3_r = machine.Pin(14, machine.Pin.OUT)
grupo3_v = machine.Pin(15, machine.Pin.OUT)

pulsador_pin = machine.Pin(28, machine.Pin.IN, machine.Pin.PULL_UP)
```

En la siguiente imagen podemos ver la posición asignada a cada uno de los grupos.

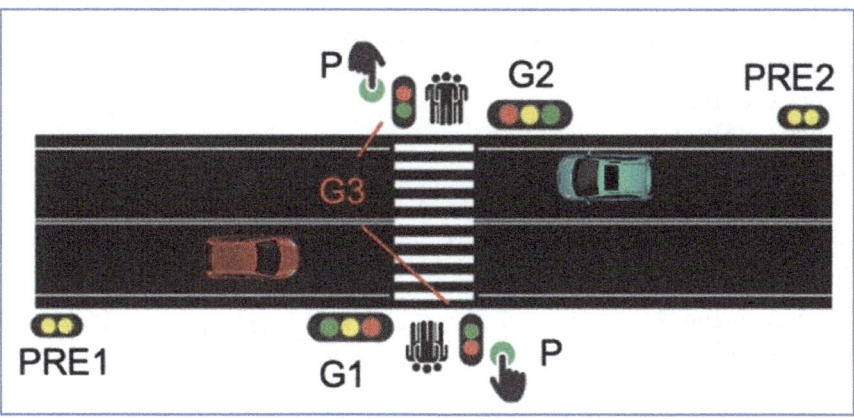

El siguiente paso es definir las funciones asíncronas que controlarán los diferentes aspectos del cruce semafórico. Estas funciones incluyen la secuencia de entrada, rutina de preaviso, la monitorización del pulsador y las fases del semáforo.

 Recordamos que la ventaja de las funciones asíncronas es que pueden funcionar de manera independiente gracias a su modelo de ejecución asíncrona, lo que permite que múltiples tareas trabajen de forma simultánea sin bloquear el hilo principal en ejecución.

```
# Función para ejecutar sec_entrada
async def ejecutar_sec_entrada():
    while True:
        await sec_entrada(grupo1_a, grupo2_a, grupo3_r)
```

```python
# Secuencia de entrada
async def sec_entrada(grupo1_a, grupo2_a, grupo3_r):
    #Apago todas las salidas
    grupo1_r.value(0)
    grupo1_a.value(0)
    grupo1_v.value(0)
    grupo2_r.value(0)
    grupo2_a.value(0)
    grupo2_v.value(0)
    grupo3_r.value(0)
    grupo3_v.value(0)

    # Entrada Destellos
    for _ in range(10):  # 5 segundos de destellos
        grupo1_a.value(not grupo1_a.value())
        grupo2_a.value(not grupo2_a.value())
        await asyncio.sleep(0.5)

#Definición preaviso Norte -Sur
async def rutina_preaviso(pre1, pre2, pre3, pre4):
    while True:
        pre1.value(1)
        pre2.value(0)
        pre3.value(1)
        pre4.value(0)
        await asyncio.sleep(0.5)
        pre1.value(0)
        pre2.value(1)
        pre3.value(0)
        pre4.value(1)
        await asyncio.sleep(0.5)

# Definición estado del pulsador
async def monitor_pulsador(pulsador_pin):
    global boton_pulsado
    while True:
        if pulsador_pin.value() == 0:  # Verificar si el pulsador se
"pulsa"
            boton_pulsado = True
            lcd.move_to(0, 1)
            lcd.putstr("* DEMANDA PULSADOR *")
            lcd.putstr("      RECIBIDA      ")
            await asyncio.sleep(1)  # Retardo para evitar pulsaciones
múltiples
        await asyncio.sleep(0.1)
```

Los tiempos de las distintas fases y el estado inicial del pulsador se configuran con las siguientes variables:

```
# Control Estado Pulsador
boton_pulsado = False

#Tiempos de las fases y posiciones
F1 = 10 #Tiempo Fase1
F2 = 6 #Tiempo Fase2
DA = 2 #Despeje ámbar genérico
DR = 2 #Despeje Todo Rojo genérico
```

La parte más importante es la definición de la estructura de los semáforos, es decir, que colores se tienen que encender en cada fase o posición para la correcta señalización. Para ello, se han definido una serie de movimientos.

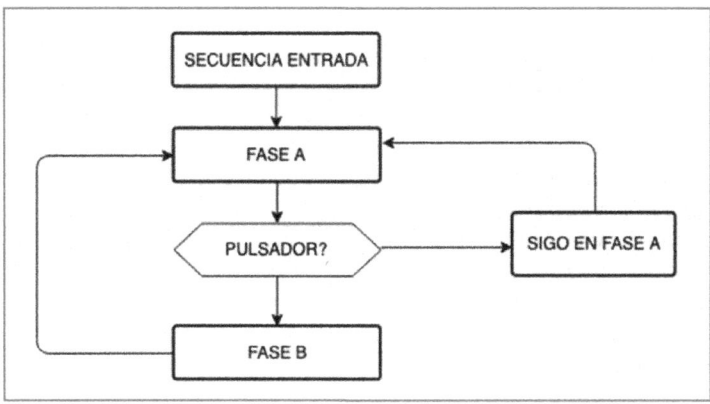

Estructura de la programación del cruce de semáforos

Y en relación con ellos, se define lo que ha de hacer cada grupo, variando el estado de las salidas de cada grupo semafórico.

```
#Definición Estructura de las FASES por grupos
async def A(grupo1_r, grupo1_a, grupo1_v, grupo2_r, grupo2_a,
grupo2_v, grupo3_r, grupo3_v ):
    global boton_pulsado  # Declaro de forma global la variable del
estado del pulsador para que se pueda "resetear" en la Fase B

    while True:
        if not boton_pulsado:
            #Fase A
```

```
            lcd.clear()
            lcd.move_to(0, 0)
            lcd.putstr("      FASE A")
            grupo1_r.value(0)
            grupo1_a.value(0)
            grupo1_v.value(1)
            grupo2_r.value(0)
            grupo2_a.value(0)
            grupo2_v.value(1)
            grupo3_r.value(1)
            grupo3_v.value(0)
            await asyncio.sleep(F1)
        # Permanecer en Fase A mientras no se pulsa el botón
            while not boton_pulsado:
                await asyncio.sleep(1)  # Verificar el estado del
botón cada segundo
        #Posición 1
        lcd.clear()
        lcd.move_to(0, 1)
        lcd.putstr("      Pos 01")
        grupo1_r.value(0)
        grupo1_a.value(1)
        grupo1_v.value(0)
        grupo2_r.value(0)
        grupo2_a.value(1)
        grupo2_v.value(0)
        grupo3_r.value(1)
        grupo3_v.value(0)
        await asyncio.sleep(DA)
        #Posición 2
        lcd.move_to(0, 2)
        lcd.putstr("      Pos 02")
        grupo1_r.value(1)
        grupo1_a.value(0)
        grupo1_v.value(0)
        grupo2_r.value(1)
        grupo2_a.value(0)
        grupo2_v.value(0)
        grupo3_r.value(1)
        grupo3_v.value(0)
        await asyncio.sleep(DR)
        #Fase B
        lcd.clear()
        lcd.move_to(0, 0)
        lcd.putstr("      FASE B")
        grupo1_r.value(1)
        grupo1_a.value(0)
```

```
        grupo1_v.value(0)
        grupo2_r.value(1)
        grupo2_a.value(0)
        grupo2_v.value(0)
        grupo3_r.value(0)
        grupo3_v.value(1)
        await asyncio.sleep(F2)

        # Reset boton_pulsado
        boton_pulsado = False

        #Posición 3
        #Intermitencia RÁPIDA del peatón
        for _ in range(10):  # 10 ciclos de 0.3 segundos (3 segundos
en total)
            lcd.move_to(0, 1)
            lcd.putstr("      Pos 03")
            grupo3_v.value(not grupo3_v.value())  # Cambiar el estado
del grupo3_v para la intermitencia
            await asyncio.sleep(0.3)

        #Posición 4
        lcd.move_to(0, 2)
        lcd.putstr("      Pos 04")
        grupo3_r.value(1)
        grupo3_v.value(0)
        await asyncio.sleep(DR)
```

Finalmente, para que todas las tareas asíncronas funcionen correctamente, se crean dichas tareas de forma que estas se ejecuten en segundo plano mientras la rutina principal del programa está en funcionamiento.

```
#Ejecución de las diferentes "tareas" asíncronas definidas en segundo
plano.
async def Programa1():
    while True:  # Keep running the program indefinitely
        await sec_entrada(grupo1_a, grupo2_a, grupo3_r)
        grupo1 = asyncio.create_task(A(grupo1_r, grupo1_a, grupo1_v,
grupo2_r, grupo2_a, grupo2_v, grupo3_r, grupo3_v))
        await grupo1

#Generación del bucle de eventos
loop = asyncio.get_event_loop()
# Crear una tarea para monitorizar el pulsador
loop.create_task(monitor_pulsador(pulsador_pin))
```

```
#Ejecución de la tarea de preaviso en segundo plano
loop.create_task(rutina_preaviso(pre1, pre2, pre3, pre4))
#Ejecución del programa 1 del regulador en segundo plano
loop.create_task(Programa1())
#Ejecución indefinida del programa
loop.run_forever()
```

Vamos a ver a continuación cómo quedaría el código completo listo para funcionar.

La librería pico_i2c_lcd ya la tenemos instalada en nuestra Raspberry Pi Pico al realizar el proyecto 15, de no ser así, deberemos implementarla en el dispositivo para el correcto funcionamiento de este proyecto.

```
 1. # -----------------------------------------------------------
 2. #    INTERSECCIÓN SEMAFÓRICA PEATONAL CON PREAVISOS
 3. #    Proyecto_23.py
 4. # -----------------------------------------------------------
 5.
 6.
 7. # Librerías iniciales programa tráfico
 8. import machine
 9. import uasyncio as asyncio
10. from machine import I2C, Pin
11. from time import sleep
12. from pico_i2c_lcd import I2cLcd
13.
14. i2c = I2C(0, sda=Pin(0), scl=Pin(1), freq=400000)
15. I2C_ADDR = i2c.scan()[0]
16. # Inicializa para 4 líneas y 20 caracteres por línea
17. lcd = I2cLcd(i2c, I2C_ADDR, 4, 20)
18.
19. # Añado el título del Regulador en la primera línea del DISPLAY
20. lcd.move_to(0, 0)
21. lcd.putstr("CARLOS TRAFFIC LIGHT")
22. lcd.putstr("Peatonal + Preaviso ")
23. lcd.putstr("     Libros RC      ")
24. lcd.putstr("     v1.0 2024      ")
25.
26. # Configuración de pines para salidas grupo
27. # Preaviso
28. pre1 = machine.Pin(17, machine.Pin.OUT)
29. pre2 = machine.Pin(16, machine.Pin.OUT)
30. pre3 = machine.Pin(18, machine.Pin.OUT)
```

```
31. pre4 = machine.Pin(19, machine.Pin.OUT)
32.
33. # Grupo1 VH
34. grupo1_r = machine.Pin(2, machine.Pin.OUT)
35. grupo1_a = machine.Pin(3, machine.Pin.OUT)
36. grupo1_v = machine.Pin(4, machine.Pin.OUT)
37.
38. # Grupo2 VH
39. grupo2_r = machine.Pin(6, machine.Pin.OUT)
40. grupo2_a = machine.Pin(7, machine.Pin.OUT)
41. grupo2_v = machine.Pin(8, machine.Pin.OUT)
42.
43. # Grupo3 PPC
44. grupo3_r = machine.Pin(14, machine.Pin.OUT)
45. grupo3_v = machine.Pin(15, machine.Pin.OUT)
46.
47. # Definición pin entrada pulsador
48. pulsador_pin = machine.Pin(28, machine.Pin.IN,
machine.Pin.PULL_UP)
49.
50. # Control Estado Pulsador
51. boton_pulsado = False
52.
53. #Tiempos de las fases y posiciones
54. F1 = 10 #Tiempo Fase1
55. F2 = 6 #Tiempo Fase2
56. DA = 2 #Despeje ámbar genérico
57. DR = 2 #Despeje Todo Rojo genérico
58.
59.
60. # Función para ejecutar sec_entrada
61. async def ejecutar_sec_entrada():
62.     while True:
63.         await sec_entrada(grupo1_a, grupo2_a, grupo3_r)
64.
65. # Secuencia de entrada
66. async def sec_entrada(grupo1_a, grupo2_a, grupo3_r):
67.     #Apago todas las salidas
68.     grupo1_r.value(0)
69.     grupo1_a.value(0)
70.     grupo1_v.value(0)
71.     grupo2_r.value(0)
72.     grupo2_a.value(0)
73.     grupo2_v.value(0)
74.     grupo3_r.value(0)
75.     grupo3_v.value(0)
76.
```

```
77.      # Entrada Destellos
78.      for _ in range(10):  # 5 segundos de destellos
79.          grupo1_a.value(not grupo1_a.value())
80.          grupo2_a.value(not grupo2_a.value())
81.          await asyncio.sleep(0.5)
82.
83. #Definición preaviso Norte -Sur
84. async def rutina_preaviso(pre1, pre2, pre3, pre4):
85.     while True:
86.          pre1.value(1)
87.          pre2.value(0)
88.          pre3.value(1)
89.          pre4.value(0)
90.          await asyncio.sleep(0.5)
91.          pre1.value(0)
92.          pre2.value(1)
93.          pre3.value(0)
94.          pre4.value(1)
95.          await asyncio.sleep(0.5)
96.
97. # Definición estado del pulsador
98. async def monitor_pulsador(pulsador_pin):
99.      global boton_pulsado
100.     while True:
101.          if pulsador_pin.value() == 0:  # Verificar si el
pulsador se "pulsa"
102.              boton_pulsado = True
103.              lcd.move_to(0, 1)
104.              lcd.putstr("* DEMANDA PULSADOR *")
105.              lcd.putstr("       RECIBIDA        ")
106.              await asyncio.sleep(1)  # Retardo para evitar
pulsaciones múltiples
107.          await asyncio.sleep(0.1)
108.
109. #Definición Estructura de las FASES por grupos
110. async def A(grupo1_r, grupo1_a, grupo1_v, grupo2_r, grupo2_a,
grupo2_v, grupo3_r, grupo3_v ):
111.     global boton_pulsado  # Declaro de forma global la variable
del estado del pulsador para que se pueda "resetear" en la Fase B
112.
113.     while True:
114.          if not boton_pulsado:
115.              #Fase A
116.              lcd.clear()
117.              lcd.move_to(0, 0)
118.              lcd.putstr("       FASE A")
119.              grupo1_r.value(0)
```

```
120.               grupo1_a.value(0)
121.               grupo1_v.value(1)
122.               grupo2_r.value(0)
123.               grupo2_a.value(0)
124.               grupo2_v.value(1)
125.               grupo3_r.value(1)
126.               grupo3_v.value(0)
127.               await asyncio.sleep(F1)
128.          # Permanecer en Fase A mientras no se pulsa el botón
129.              while not boton_pulsado:
130.                  await asyncio.sleep(1)  # Verificar el estado
del botón cada segundo
131.          #Posición 1
132.          lcd.clear()
133.          lcd.move_to(0, 1)
134.          lcd.putstr("      Pos 01")
135.          grupo1_r.value(0)
136.          grupo1_a.value(1)
137.          grupo1_v.value(0)
138.          grupo2_r.value(0)
139.          grupo2_a.value(1)
140.          grupo2_v.value(0)
141.          grupo3_r.value(1)
142.          grupo3_v.value(0)
143.          await asyncio.sleep(DA)
144.          #Posición 2
145.          lcd.move_to(0, 2)
146.          lcd.putstr("      Pos 02")
147.          grupo1_r.value(1)
148.          grupo1_a.value(0)
149.          grupo1_v.value(0)
150.          grupo2_r.value(1)
151.          grupo2_a.value(0)
152.          grupo2_v.value(0)
153.          grupo3_r.value(1)
154.          grupo3_v.value(0)
155.          await asyncio.sleep(DR)
156.          #Fase B
157.          lcd.clear()
158.          lcd.move_to(0, 0)
159.          lcd.putstr("      FASE B")
160.          grupo1_r.value(1)
161.          grupo1_a.value(0)
162.          grupo1_v.value(0)
163.          grupo2_r.value(1)
164.          grupo2_a.value(0)
165.          grupo2_v.value(0)
```

```
166.          grupo3_r.value(0)
167.          grupo3_v.value(1)
168.          await asyncio.sleep(F2)
169.
170.          # Reset boton_pulsado
171.          boton_pulsado = False
172.
173.          #Posición 3
174.          #Intermitencia RÁPIDA del peatón
175.          for _ in range(10):  # 10 ciclos de 0.3 segundos (3
segundos en total)
176.              lcd.move_to(0, 1)
177.              lcd.putstr("       Pos 03")
178.              grupo3_v.value(not grupo3_v.value())  # Cambiar el
estado del grupo3_v para la intermitencia
179.              await asyncio.sleep(0.3)
180.
181.          #Posición 4
182.          lcd.move_to(0, 2)
183.          lcd.putstr("       Pos 04")
184.          grupo3_r.value(1)
185.          grupo3_v.value(0)
186.          await asyncio.sleep(DR)
187.
188. #Ejecución de las diferentes "tareas" asíncronas definidas en
segundo plano.
189. async def Programa1():
190.     while True:  # Keep running the program indefinitely
191.         await sec_entrada(grupo1_a, grupo2_a, grupo3_r)
192.         grupo1 = asyncio.create_task(A(grupo1_r, grupo1_a,
grupo1_v, grupo2_r, grupo2_a, grupo2_v, grupo3_r, grupo3_v))
193.         await grupo1
194.
195. #Generación del bucle de eventos
196. loop = asyncio.get_event_loop()
197. # Crear una tarea para monitorizar el pulsador
198. loop.create_task(monitor_pulsador(pulsador_pin))
199. #Ejecución de la tarea de preaviso en segundo plano
200. loop.create_task(rutina_preaviso(pre1, pre2, pre3, pre4))
201. #Ejecución del programa 1 del regulador en segundo plano
202. loop.create_task(Programa1())
203. #Ejecución indefinida del programa
204. loop.run_forever()
205.
```

Veamos a continuación algunas imágenes del cruce de semáforos operativo con la información que el display muestra en las diferentes etapas de funcionamiento.

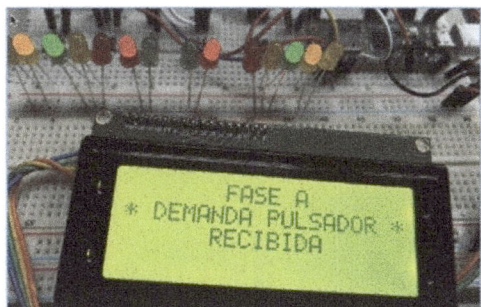 

Cruce de semáforos en funcionamiento con el display informando de los diferentes eventos

APÉNDICE A

PALABRAS RESERVADAS MICROPYTHON

En MicroPython, al igual que en otros lenguajes de programación, existen ciertas palabras reservadas que tienen funciones específicas y proporcionan un conjunto de instrucciones esenciales para el correcto funcionamiento del código.

Aunque ya se han ido viendo a lo largo de todos los capítulos, las recopilamos en la siguiente tabla:

and	as	assert	break	class	continue
def	del	elif	else	except	exec
finally	for	from	global	if	import
in	is	lambda	nonlocal	not	or
pass	raise	return	try	while	with
yield	True	False	None		

Estas palabras son fundamentales para establecer estructuras de control, definir funciones, manejar excepciones, trabajar con valores booleanos y operadores lógicos, y realizar la importación de módulos desde otros archivos.

Aquí hay un breve resumen de su uso:

- **if, else, elif**: Establecen estructuras condicionales para ejecutar bloques de código según ciertas condiciones.

- **while, for**: Permiten la creación de bucles, siendo *while* para bucles con una condición específica y *for* para iterar sobre elementos en una secuencia.

- **def**: Se utiliza para definir funciones, lo que permite encapsular bloques de código para su reutilización.

- **return**: Utilizado dentro de una función para devolver un resultado al lugar desde donde se llamó la función.

- **True, False, None**: Representan valores booleanos y el valor especial *None*, que indica la ausencia de valor.

- **import, from, as**: Se usan para importar módulos, funciones o clases desde otros archivos o bibliotecas externas.

- **try, except, finally**: Permiten manejar excepciones y errores en el código, posibilitando realizar acciones específicas cuando ocurren errores.

- **and, or, not**: Operadores lógicos utilizados para combinar o negar condiciones booleanas.

Tener un conocimiento claro de estas palabras reservadas y su aplicación es esencial para escribir código estructurado y funcional en MicroPython, así como para evitar conflictos al utilizar nombres de variables o funciones que coincidan con estas palabras clave.

APÉNDICE B

CÓMO USAR UNA PROTOBOARD

Una protoboard, o placa de prototipos, es una herramienta esencial en el mundo de la electrónica. Facilita el diseño, prueba y depuración rápida de circuitos sin necesidad de soldar componentes.

Disponible en varios tamaños, la filosofía común de todas ellas es estar formadas por orificios interconectados en filas y columnas donde insertar las "patas" de los componentes. Cada columna de cinco orificios forma una pista, y permite conectar componentes simplemente pinchándolos en ellos.

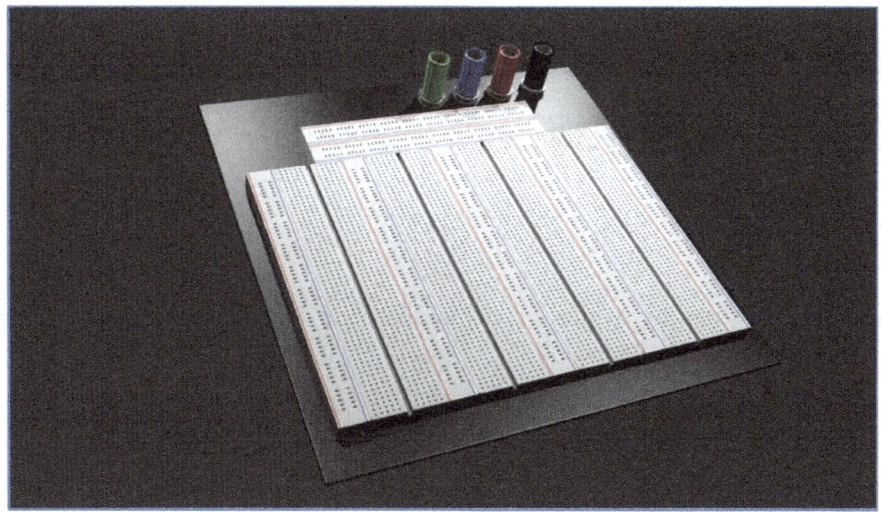

Partes de una protoboard

Las placas se componen de dos partes: las pistas y los buses.

- Los **buses** son tiras de metal que se encargan de conectar normalmente las tensiones de alimentación del circuito. Están ubicados en los laterales de la protoboard y suelen venir identificados mediante franjas de color rojo (+) y azul (-).

- Las **pistas** son las filas y columnas de orificios separadas verticalmente e identificadas normalmente con números y letras.

Pueden variar en el número de pistas de alimentación y diseño, pero la mayoría dispone de dos pistas de alimentación (una arriba y otra abajo) identificadas con color rojo o azul. Esas líneas están unidas a lo largo de todo el lateral de la placa, por lo que son de gran ayuda para la conexión de alimentaciones para nuestros circuitos.

La capacidad de conexión y desconexión rápida es clave en la protoboard ya que, mediante cableados flexibles, es sencillo interconectar componentes, además de que, por su forma de inserción, las patillas de los componentes quedan accesibles para tomar medidas.

Los orificios superior e inferior están conectados horizontalmente mientras que la parte central se conecta verticalmente, como se muestra a continuación:

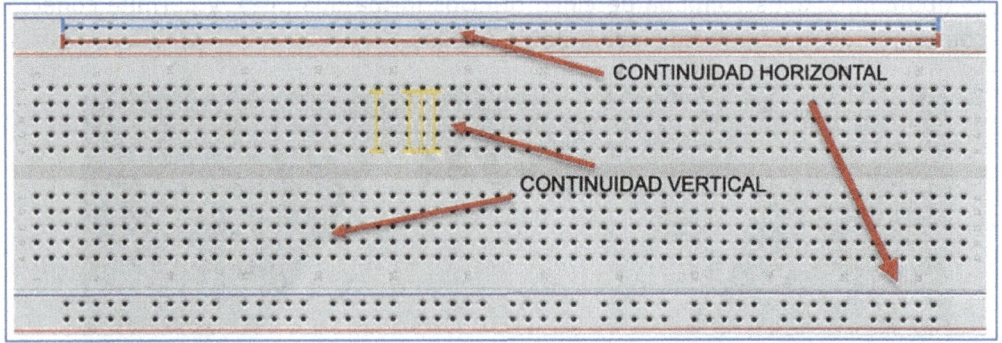

Las dos partes superior e inferior de la placa se utilizan generalmente para conexiones de alimentación.

Veamos un ejemplo para conectar tres resistencias en serie:

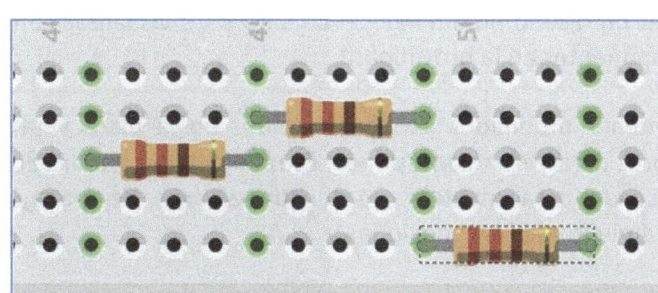

Como vemos en la imagen, los puntos verdes indican la continuidad entre orificios verticales, por lo que nos dará esa conexión en serie correctamente.

Hay que prestar mucha atención a los bloques de pines, ya que si por error, conectamos componentes en vertical en el mismo bloque, los estaremos poniendo "en corto".

Los orificios de cualquier protoboard están especialmente situados para que se pueda insertar cualquier tipo de circuito DIP, componentes electrónicos como transistores, resistencias, condensadores, LEDs, etc. Lo que no podemos usar, son componentes que tengan pines por cuatro lados ya que, como hemos visto, no hay posibilidad de insertar el componente sin que algunos de sus pines estén en cortocircuito.

Consejos de utilización

Utilizar una protoboard correctamente puede marcar la diferencia entre un proyecto exitoso y uno fallido. Vamos a ver algunos consejos que, seguramente, serán de gran ayuda para evitar decepciones en nuestros montajes.

- Antes de comenzar a conectar componentes a lo loco, es recomendable tener un diseño preliminar del circuito para visualizar cómo conectar los componentes en la protoboard.

- Mantener ordenados los componentes en la placa y utilizar cables de colores para evitar confusiones. Es recomendable usar cables de longitud adecuada para mantener ordenada el área de trabajo y facilitar el seguimiento de las conexiones.

- Si es posible, orientar el montaje por fases y realizar pruebas a medida que avanzamos con el diseño. Esto ayudará a detectar errores tempranos.

- Verificar que los componentes estén correctamente insertados en los orificios de la protoboard para evitar falsas conexiones.

APÉNDICE C

RESOLUCIÓN DE PROBLEMAS COMUNES

Trabajar con proyectos en los que intervienen dos partes tan diferentes entre sí como son el hardware o software, puede dar lugar a infinitos errores que pueden hacernos perder muchas horas en su identificación y posterior resolución.

Problemas comunes

La instalación de MicroPython en una Raspberry Pi Pico puede presentar algunos problemas de fácil resolución. Vamos a ver algunos de los habituales y algunas ideas sobre su posible resolución.

- **Problemas de conexión.** Revisar que el cable USB que se está utilizando es de datos y no solo de carga, ya que el cable de carga solo puede proporcionar energía y no transferir datos. También prestaremos atención a:

    o Verificar que el cable USB esté correctamente conectado tanto a la Raspberry Pi Pico como al ordenador.

    o Comprobar que la Raspberry Pi Pico está correctamente alimentada, si usamos una fuente de alimentación externa.

    o Verificar que estamos utilizando el puerto USB correcto en el ordenador.

- **Problemas de firmware**. Verificar que estamos usando la última versión del firmware adecuado para la Raspberry Pi Pico y no una versión de otro sistema como por ejemplo ESP32. También prestaremos atención a:

  o Ver que estamos utilizando el firmware correcto para el modelo de Raspberry Pi Pico.

  o Comprobar que el firmware no está corrupto descargándolo de nuevo desde la fuente oficial.

  o Verificar que estás siguiendo correctamente los pasos de instalación del firmware.

- **Errores de compilación al cargar el código.** Si aparecen errores al cargar código en la Raspberry Pi Pico, deberemos verificar lo siguiente:

  o Que estamos usando un entorno de desarrollo integrado (IDE) compatible con MicroPython y Raspberry Pi Pico, como por ejemplo Thonny.

  o Comprobar que no hay errores de sintaxis en el código.

  o Asegurarse de haber importado correctamente las librerías o bibliotecas necesarias para el programa y que estas también estén en la Raspberry Pi Pico instaladas.

Mensajes de error comunes

Al trabajar con Raspberry Pi Pico y MicroPython, es posible que te encuentres con varios mensajes de error comunes. Aquí hay algunos de ellos y sus posibles soluciones:

- **ImportError: no module named 'xxxx'.** Este error indica que estás intentando importar un módulo que no está disponible en tu entorno.

  o Verificar que has instalado la biblioteca requerida correctamente en tu dispositivo.

  o Verificar si el nombre del módulo está escrito correctamente y coincide con la biblioteca que estás intentando importar.

- **NameError: name 'xxxx' is not defined.** Este error ocurre cuando intentas utilizar una variable o función que no ha sido definida previamente en tu código.

  - Verificar si se ha escrito correctamente el nombre de la variable o función.

  - Verificar que se ha definido la variable o función antes de intentar utilizarla.

  - Revisar el ámbito de la variable o función para asegurarse de que está accesible donde se intenta utilizar. Global o local.

- **TypeError: xxxx() takes x positional arguments but y were given.** Este error indica que se está llamando a una función con un número incorrecto de argumentos.

  - Verificar que se están pasando los argumentos correctos.

  - Verificar que el número y el tipo de argumentos que se están pasando coincidan con los requeridos por la función.

- **IndentationError: unindent does not match any outer indentation level.** Este error ocurre cuando hay un problema con la indentación en tu código.

  - Verificar que se está utilizando la misma cantidad de espacios o tabulaciones para cada nivel de indentación en tu código.

- **SyntaxError: invalid syntax.** Este error indica que hay un problema de sintaxis en tu código.

  - Revisar la línea donde se encuentra el error y verificar si hay algún error tipográfico o de sintaxis, como un paréntesis que falte o un signo de puntuación incorrecto.

  - Utilizar un editor de texto que resalte la sintaxis para identificar los errores fácilmente.

Solución de problemas de hardware

Al enfrentarse a problemas de hardware con Raspberry Pi Pico y MicroPython, es importante seguir un enfoque sistemático para identificar y solucionar los problemas. Aquí vemos algunas soluciones para problemas de hardware comunes:

- **Problemas de conexión física**. Verificar que todos los cables están correctamente conectados a los pines GPIO y a cualquier dispositivo periférico que estemos utilizando.

  - Nos cercioraremos de que no hay cortocircuitos entre los pines GPIO o entre los pines y negativo (GND).

- **Problemas de suministro de energía.** Usaremos una fuente de alimentación que proporcione la cantidad adecuada de energía para la Raspberry Pi Pico y cualquier dispositivo periférico que se esté utilizando, sobre todo en caso de trabajar con muchas unidades de servomotores.

- **Problemas de periféricos.** Si se están utilizando periféricos como sensores o displays, nos aseguraremos de que están correctamente conectados y configurados según las especificaciones del fabricante.

  - Verificaremos que los periféricos están recibiendo la alimentación adecuada.

  - Revisaremos la disposición de los pines GPIO para evitar errores de conexión y que, además, estos estén bien configurados en el código.

- **Problemas de sobrecalentamiento.** Si la Raspberry Pi Pico se calienta demasiado, probablemente hay componentes mal conectados que afectan al procesador o fuente interna. Deberemos revisar las alimentaciones de los dispositivos externos.

ÍNDICE ANALÍTICO